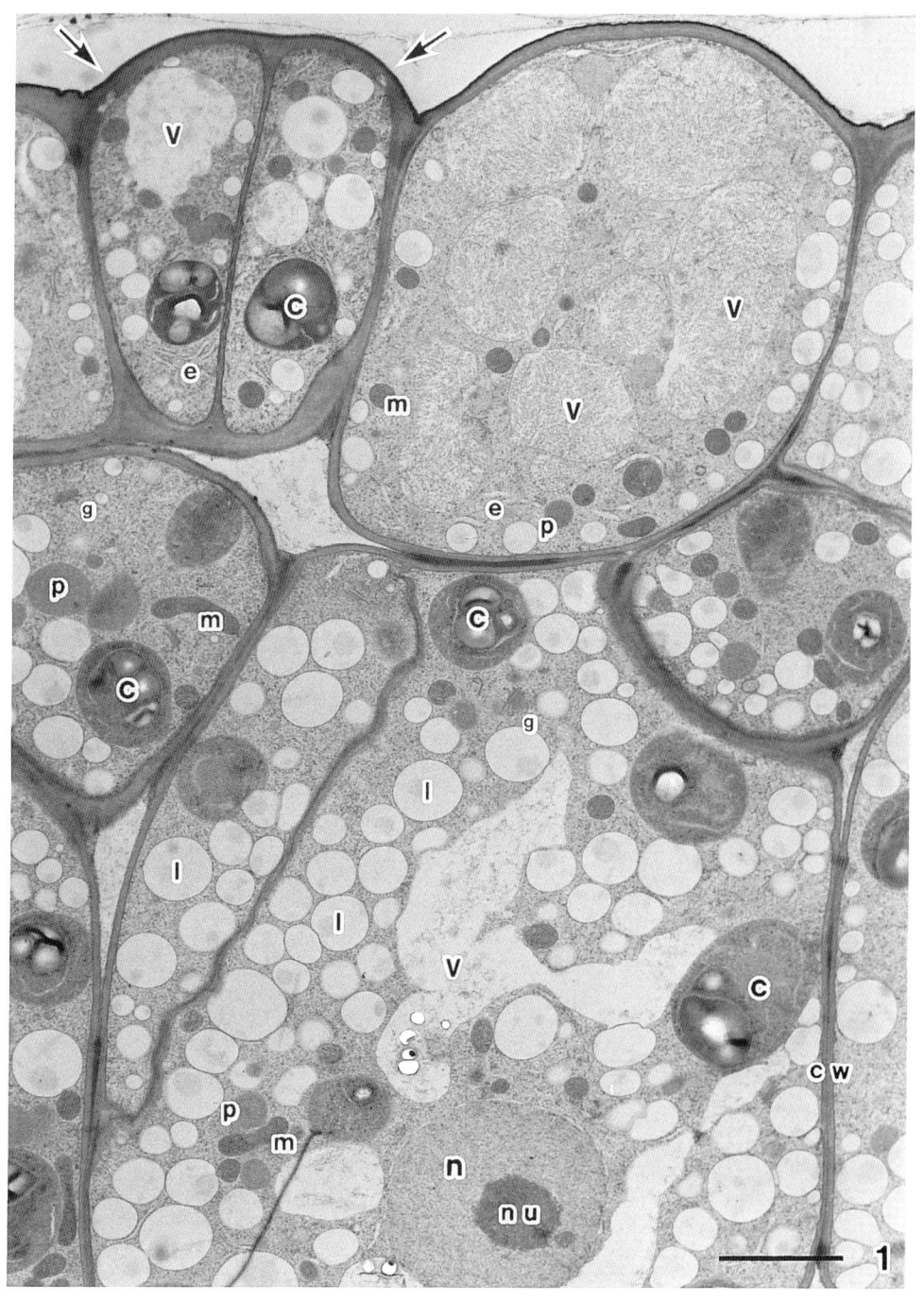

口絵写真 1~9　高圧凍結および凍結置換法によるシロイヌナズナ子葉の電子顕微鏡像
（写真説明は p. vi～vii 参照）

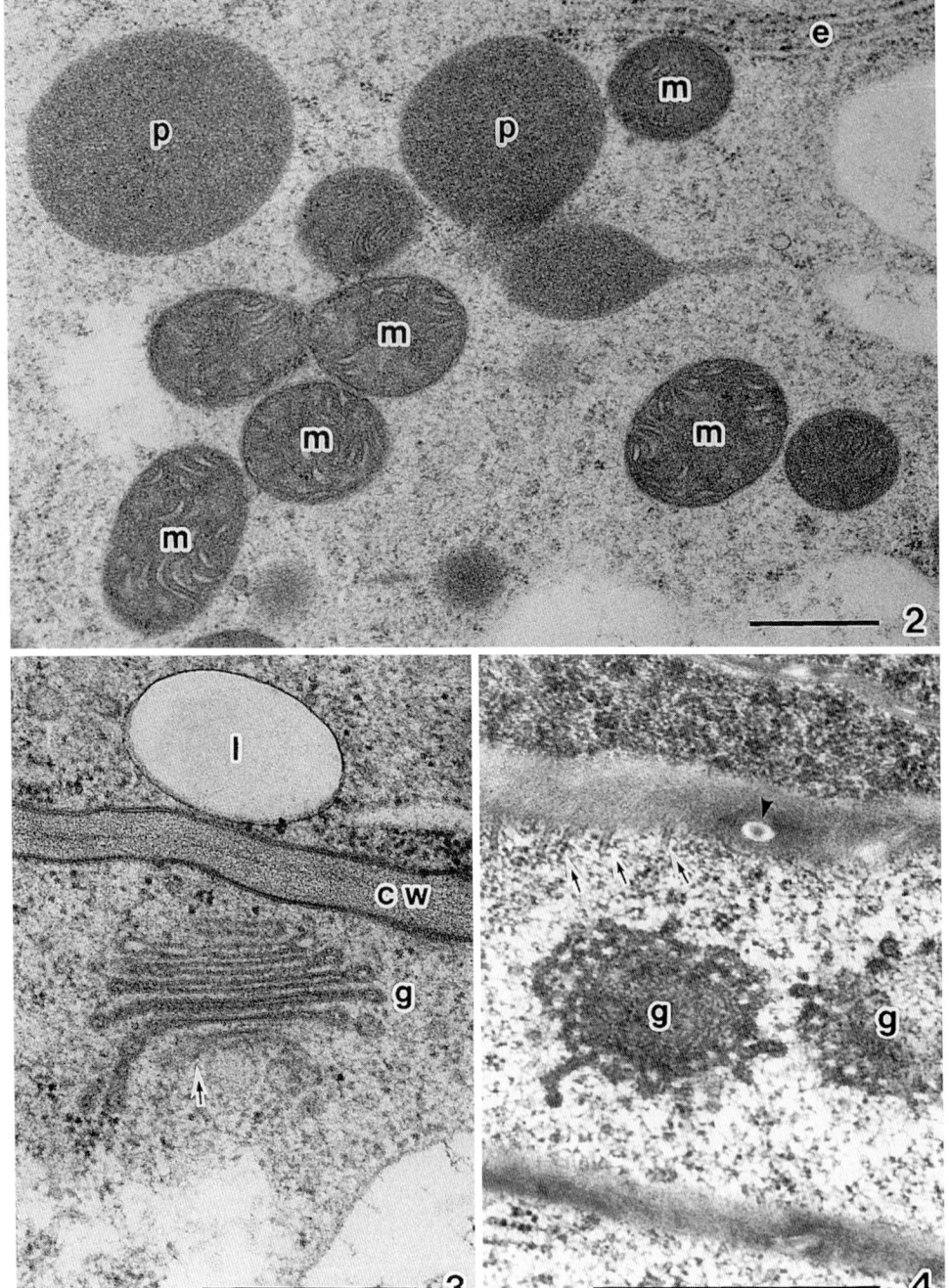

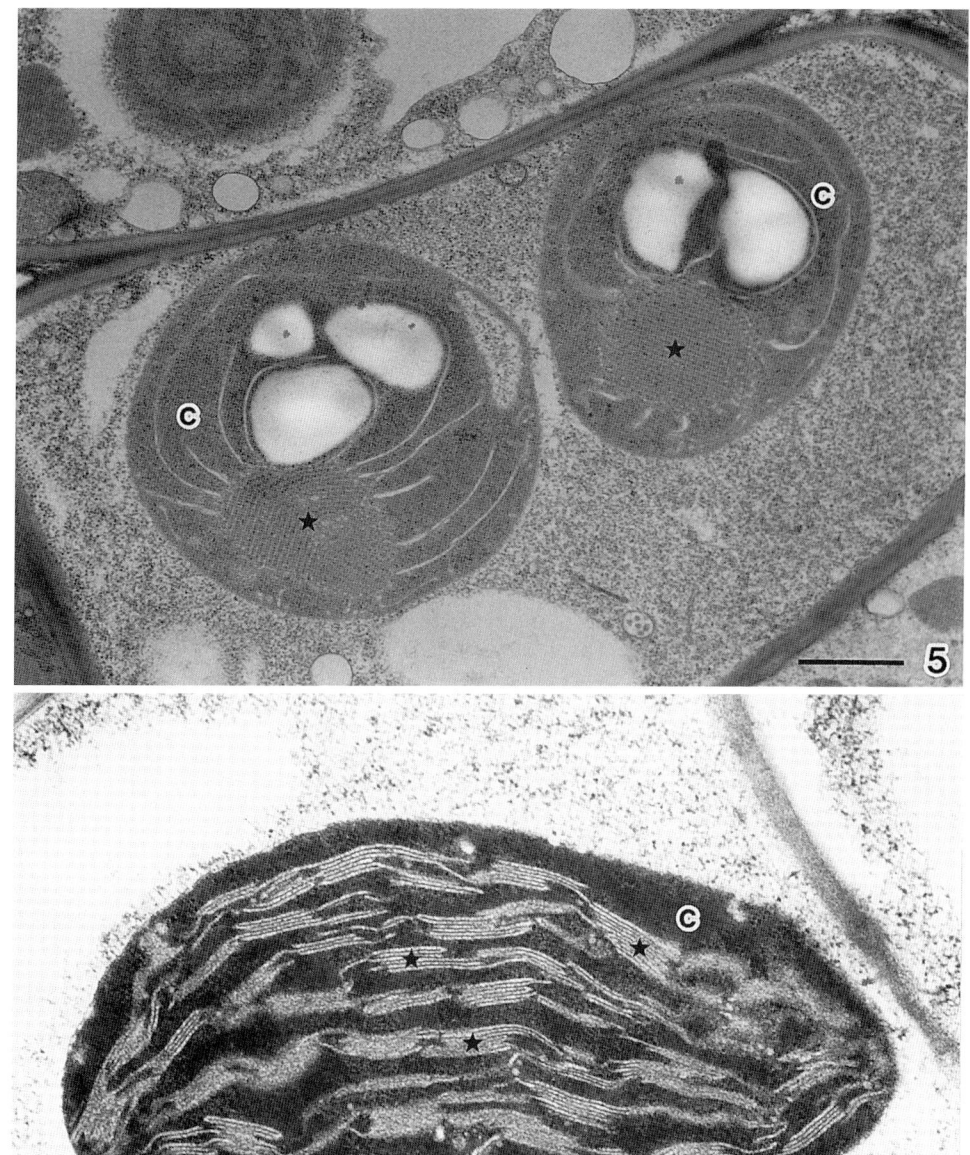

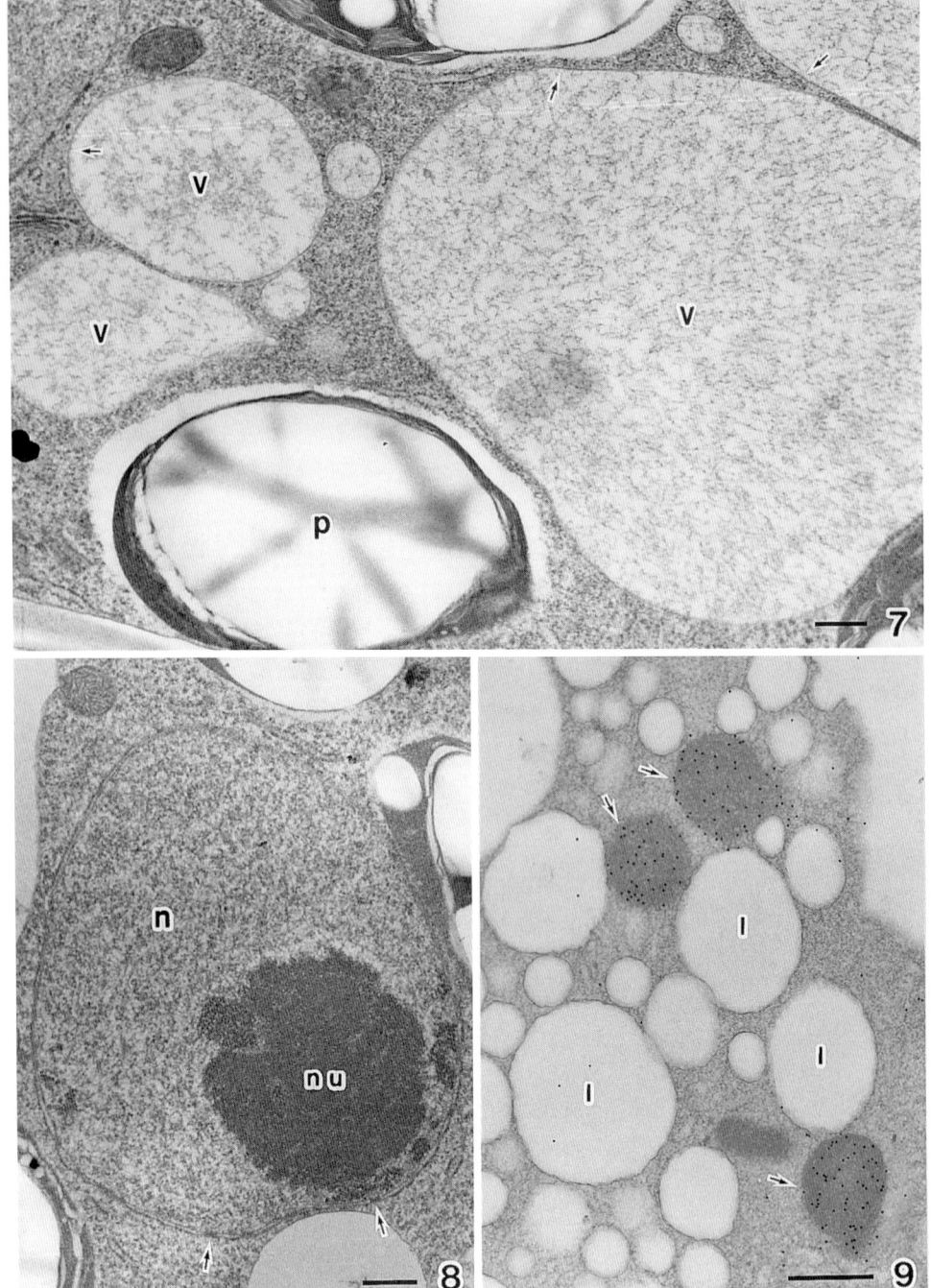

朝倉植物生理学講座 ❶

総編集=駒嶺 穆

植物細胞

西村幹夫［編集］

朝倉書店

朝倉植物生理学講座
〈全5巻〉

総編集

進化生物学研究所理事
東北大学名誉教授　駒　嶺　　穆

編　集

岡崎国立共同研究機構
基礎生物学研究所教授　西　村　幹　夫（第1巻）

東北大学大学院農学研究科教授　山　谷　知　行（第2巻）

アリゾナ州立大学客員教授
岡山大学名誉教授　佐　藤　公　行（第3巻）

東京大学大学院理学系研究科教授　福　田　裕　穂（第4巻）

大阪大学大学院理学研究科教授　寺　島　一　郎（第5巻）

朝倉植物生理学講座
刊行のことば

　前回朝倉書店より「現代植物生理学」＜全5巻＞が刊行されたのは1991年であった．そして今や21世紀を迎えた．この10年間における分子生物学，分子遺伝学，ゲノム科学の発展はわれわれの予想をはるかに越える速度で進み，目を見張るものがある．

　20世紀において，生物学は個体から組織へ，組織から細胞へ，さらに細胞から分子へと解析的な方向へと進み，21世紀に入った今，ゲノム科学を中心とした生物学が満開の時を迎えている．

　植物生理学においてもミクロへミクロへと研究は進んで，この10年間にその姿は一変してしまった．しかし21世紀には植物生理学は，精細に分析された要素の相互作用を明らかにして，それらを組み立てるマクロ化の方向に進み，植物生理学の本来の目的である一個体としての植物体の機能解析へ向かっていくに違いない．現在ややもすると細分化された特定の分野や方法に閉じこもりがちな植物生理学の研究者は自分の周囲を見渡し，植物の機能全般を知る必要があろう．これは植物生理学の研究者だけでなく，それを志そうとしている若い学生諸君にとっても重要である．

　この時期に，植物生理学の第一線において活躍しておられる研究者が，この10年間で一新された植物生理学の各分野を詳述した「朝倉植物生理学講座」を刊行することは大きな意義をもつ．本講座は，「植物細胞」「代謝」「光合成」「成長と分化」「環境応答」の5巻から成り立っており，できるだけ平易に，基礎的な知識から最先端の研究に至るまでが記述されている．本書が植物生理学のみならず，農業科学，分類系統学，生態学など，広く植物科学に関係する大学教官，研究者，学生諸君などにとって座右の書となり，植物科学の発展に寄与することを期待したい．

　21世紀の初頭

駒　嶺　　穆

第1巻　執筆者

岡崎国立共同研究機構基礎生物学研究所	西村　幹夫
岡崎国立共同研究機構基礎生物学研究所	真野　昌二
大阪市立大学大学院理学研究科	保尊　隆享
奈良女子大学理学部	三村　徹郎
横浜市立大学大学院総合理学研究科	田中　一朗
東京大学大学院新領域創成科学研究科	馳澤　盛一郎
東京大学大学院新領域創成科学研究科	熊谷　史
新潟大学農学部	三ツ井　敏明
理化学研究所	上田　貴志
理化学研究所	中野　明彦
京都大学大学院理学研究科	嶋田　知生
京都大学大学院理学研究科	西村いくこ
岡崎国立共同研究機構基礎生物学研究所	林　誠
奈良女子大学理学部	酒井　敦
岡山大学資源生物科学研究所	坂本　亘
九州大学大学院理学研究院	平田　徳宏
九州大学大学院理学研究院	射場　厚
東京大学大学院理学系研究科	黒岩　常祥
東京大学大学院理学系研究科	宮城島　進也
東京大学大学院新領域創成科学研究科	河野　重行
東京大学大学院理学系研究科	高原　学
新潟大学理学部	林　八寿子

(執筆順)

序

　本巻で取り扱うのは細胞である．細胞は生物の基本単位である．高等生物はこれらの細胞が集合し，組織，器官さらに個体を形成している．それゆえ，高等植物の示す高次の生命現象系である発生，分化，花成，形態形成などは密接に植物細胞の特質に結び付いている．植物細胞の特色の一つは細胞壁の存在である．土中に根を張っている植物が動くことができないように，植物細胞は堅牢な細胞壁の存在により移動することができない．移動できない植物細胞は，その中の構造体の機能，形態を柔軟に変化させることにより，その営みを続けている．しかも，この変化は植物の置かれた光・温度などの環境要因に大きく依存している．本巻では，植物細胞の各構造体の基本的な機能，構造を紹介するとともに，近年明らかになってきている植物細胞内におけるこれら構造体の動態に重点を置いて記載していただくよう執筆をお願いした．各章のタイトルに，分化，動態，ダイナミクスなどの言葉が含まれているゆえんである．このような環境に対する植物細胞内構造体の柔軟な対応自体が植物細胞の特徴であり，植物の生活環を特徴づけているといっても過言ではない．

　本書の構成は以下のとおりである．1章と2章では植物細胞の特徴と動態を研究の歴史とともにまとめている．3章は植物細胞の構築に主要な構造体として細胞壁，細胞膜，核，細胞骨格を取り上げた．4章は細胞内構造体の中から特に単膜系オルガネラ，ゴルジ体，液胞，ペルオキシソームの機能とその分化を扱い，これらオルガネラ間のタンパク質輸送にかかわる小胞輸送を記述している．さらに5章は複膜系オルガネラであるプラスチドとミトコンドリアの機能と分化を取り上げている．これらのオルガネラは個々に独立して機能しているわけではなく密接な相互作用のもとにその動態が維持されている．6章ではこれらオルガネラ間の相互作用，オルガネラの分裂機構の研究と現状が記されている．7章は従来あまり取り上げられていない植物細胞の進化に言及する．ミトコンドリア，プラスチドの共生説は真核細胞である植物細胞自体が一つの生命体から生じたものではなく，複数の生命体の統合によって生じていることを端的に示している．21世紀の細胞の理解はその歴史性の理解，すなわち進化に向かっていくことは論を

待たない．

　本巻では，特に植物細胞における各構造体の特徴を理解していただくために，シロイヌナズナ子葉の電子顕微鏡像を口絵に掲載した．形態と機能は不可分であり，各章に記載された構造体がどのような形態をしているか対比して把握してほしい．全体を通して，植物細胞を構成する各構造体の動態に重点を置くことを企画したため，それぞれの構造体を研究している第一線の研究者に執筆をお願いしている．各章の記述の中から現時点での植物細胞研究の実態を理解していただければ幸いである．

　最後に，最新の知見を含めて執筆いただいた執筆者の方々，編集面で支援いただいた朝倉書店編集部の方々に深くお礼申し上げる．

　2002 年 8 月

西　村　幹　夫

目　　次

1. 概　　説 ……………………………………………〔西村幹夫〕…1
   a. 細胞生物学研究の中の植物 ……………………………………1
   b. 動けない植物細胞 ………………………………………………1
   c. 植物細胞の大きさ ………………………………………………2
   d. 植物細胞の全能性 ………………………………………………2
   e. 植物細胞への進化 ………………………………………………2

2. 植物細胞の機能と構造のダイナミクス ……………〔真野昌二・西村幹夫〕…4
   a. 原核細胞と真核細胞 ……………………………………………5
   b. 植物細胞と動物細胞の違い ……………………………………6
   c. 独立栄養と従属栄養 ……………………………………………7
   d. 植物細胞内のタンパク質輸送系 ………………………………9
   e. オルガネラ間の物質輸送 ………………………………………10
   f. オルガネラの機能変換 …………………………………………12
   g. 細胞内のオルガネラの動態 ……………………………………13

3. 細 胞 の 構 築 ………………………………………………………16
   3.1 細　胞　壁 ………………………………………〔保尊隆享〕…16
     a. 細胞壁の構造 …………………………………………………16
     b. 細胞壁構造のダイナミクス …………………………………23
     c. 細胞壁の機能動態 ……………………………………………27
   3.2 細　胞　膜 ………………………………………〔三村徹郎〕…29
     a. 細胞膜とは ……………………………………………………29
     b. 細胞膜の構成要素 ……………………………………………31
     c. 物質の移動とエネルギーの変換 ……………………………34
     d. 情報の受容と伝達 ……………………………………………41
   3.3 核 ……………………………………………………〔田中一朗〕…44
     a. 間期核の構造 …………………………………………………45

b. 分裂期染色体の構造 ……………………………………… 48
　　　c. 核の構造と機能の動態 ……………………………………… 51
　3.4　細　胞　骨　格 ……………………………〔馳澤盛一郎・熊谷　史〕… 52
　　　a. 植物細胞の微小管 ……………………………………… 54
　　　b. 植物細胞のアクチン繊維 ……………………………………… 61
　　　c. 植物細胞の中間径繊維 ……………………………………… 64

4. 単膜系オルガネラとその分化 ……………………………………… 67
　4.1　ゴ ル ジ 体 ……………………………………〔三ツ井敏明〕… 67
　　　a. 構　　　造 ……………………………………… 67
　　　b. 機　　　能 ……………………………………… 68
　　　c. 形　　　成 ……………………………………… 73
　　　d. ゴルジ体は細胞内を移動する ……………………………………… 75
　　　e. ゴルジ体は植物細胞にとって必要か ……………………………………… 75
　4.2　小　胞　輸　送 ……………………………〔上田貴志・中野明彦〕… 76
　　　a. 小胞輸送の主な経路 ……………………………………… 76
　　　b. 小胞輸送の分子機構 ……………………………………… 79
　　　c. 植物における小胞輸送研究 ……………………………………… 85
　4.3　液　　　　胞 ……………………………〔嶋田知生・西村いくこ〕… 87
　　　a. 機能と形態 ……………………………………… 87
　　　b. 液胞タンパク質の輸送システム ……………………………………… 89
　　　c. 液胞プロセシングシステム ……………………………………… 93
　4.4　ペルオキシソーム ……………………………………〔林　誠〕… 96
　　　a. グリオキシソーム ……………………………………… 96
　　　b. 緑葉ペルオキシソーム ……………………………………… 100
　　　c. 特殊化していないペルオキシソーム ……………………………………… 101
　　　d. ペルオキシソームの機能変換 ……………………………………… 101
　　　e. ペルオキシソーム酵素の遺伝子発現 ……………………………………… 102
　　　f. ペルオキシソームへのタンパク質輸送 ……………………………………… 104
　　　g. ペルオキシソームタンパク質の分解 ……………………………………… 107
　　　h. ペルオキシソームの形成機構 ……………………………………… 108
　　　i. ペルオキシソームに関する分子遺伝学的研究 ……………………………………… 108

5. 複膜系オルガネラとその分化 ……………………………………111
5.1 プラスチド …………………………………〔酒井　敦〕…111
  a. 基本的性質 ………………………………………………111
  b. 機能と構造 ………………………………………………113
5.2 ミトコンドリア ……………………………〔坂本　亘〕…125
  a. 形態と分化 ………………………………………………125
  b. 機　能 ……………………………………………………127
  c. ゲノム構成と遺伝子発現 ………………………………129
  d. オルガネラ間の物質移動と相互作用 …………………131

6. 細胞オルガネラの動態 ……………………………………………135
6.1 核とオルガネラの相互作用……………〔平田徳宏・射場　厚〕…135
  a. 核とプラスチドの相互作用 ……………………………135
  b. ミトコンドリアと核, プラスチドの相互作用 …………139
  c. 細胞の分化に伴う核とプラスチドの相互作用 ………140
6.2 ミトコンドリアの分裂から色素体の核分裂とキネシスへ
   ……………………………………〔黒岩常祥・宮城島進也〕…145
  a. ミトコンドリアと色素体の分裂装置の発見 …………146
  b. 原始紅藻を用いたミトコンドリアと葉緑体の分裂機構の解析 …………152
  c. 葉緑体分裂の突然変異体を用いた解析 ………………155
  d. 原核生物の細胞質分裂に関与する *ftsZ* 遺伝子からの葉緑体の分裂の解析
   ……………………………………………………………156

7. オルガネラの起源とその進化 ………………〔河野重行・高原　学〕…160
  a. 生物の系統と地質年代 …………………………………160
  b. ミトコンドリアの起源と進化 …………………………163
  c. 色素体の起源と進化 ……………………………………168

索　引 …………………………………………………………………175

口絵写真

高圧凍結および凍結置換法によるシロイヌナズナ子葉の電子顕微鏡像

通常，電子顕微鏡の試料作成には化学固定法が用いられるが，ここでは，高圧凍結および凍結置換法により作成した電子顕微鏡像を紹介する．材料には，発芽後，暗所で5日間生育させた黄化子葉を用いた．緑化していない子葉は，貯蔵脂肪を多く含むため，化学固定液の浸透が悪い．一方，凍結固定法は，微細な構造の観察に優れているが，組織を材料とした場合，細胞内に氷結を生じるために難しいとされている．そこで，氷結の生成を抑えるために高圧下で凍結し，酵素の失活や細胞内物質の流出を最小限に抑えるために凍結置換を行った[1,2]．この方法を用いることにより，組織細胞では難しかった微小管の配列や瞬時的な膜構造，オルガネラの微細な構造の観察が可能となる．また，この方法で作成した免疫電子顕微鏡のための試料は，化学固定のものよりも優れた抗原性を示す．

写真1　表皮細胞と葉肉細胞
黄化子葉の葉肉細胞には，プロプラスチド(c)や，リピッドボディ(l)が多数存在している．表皮細胞は，プラスチドをもたず，液胞(v)で満たされている．孔辺細胞(矢印)にはプラスチドが存在する．シロイヌナズナの細胞内には，ゴルジ体(g)やミトコンドリア(m)，ペルオキシソーム(p)など，さまざまなオルガネラが存在していることがわかる．

写真2　ペルオキシソームとミトコンドリア
ミトコンドリア(m)は，呼吸・酸化的リン酸化によるATP(アデノシン三リン酸)合成の場であり，クリステと呼ばれるひだ状となった内膜をもつ．ペルオキシソーム(p)は，内部が均一な構造体であり，脂肪酸β酸化系やグリオキシル酸回路の酵素を含んでいる．リボゾームの付着した粗面小胞体(e)もみられる．

写真3　ゴルジ体(縦切り像)
ゴルジ体(g)は細胞内輸送の中継地であり，糖鎖修飾，輸送物質の選別や分配の役割を担っている．構造は，扁平な嚢(シスターナ)の重なりからなり，シスとトランス(矢印)の極性をもつ．

写真4　ゴルジ体(水平切り像)
ゴルジ体(g)のシスターナは，円盤状で，周辺部は網目状となっている．細胞壁付近には表層微小管(矢印)がみられ，細胞壁の中には原形質連絡(プラズモデスム：矢頭)がある．

写真5　プロプラスチド(前色素体)
黄化子葉のプラスチド(c)は，プロプラスチドと呼ばれ，チラコイドが発達せず，プロラメラボディ(星印)を形成している．プラスチドの内部にはデンプン粒もみられる．

写真6　クロロプラスト(葉緑体)
光条件下で生育させた緑化子葉のクロロプラスト(c)には，チラコイドが発達し，グラナ(星印)とストロマがはっきりと観察される．チラコイド内部には，光合成反応中心複合体と思われるタンパク質粒が認められる．

写真7　液　胞
液胞（v）は，物質の蓄積や分解の場としてはたらいている．多量の水分を含むため，通常の試料作成法では液胞内物質は流失してしまうが，高圧凍結法では，よく保持されており，液胞の内部が物質で満たされていることがわかる．トノプラスト（矢印）も明瞭に観察できる．

写真8　核
遺伝子情報であるDNAは，核膜によって細胞質から隔離されている．核-細胞質間の輸送は，核膜孔（矢印）を通じて行われる．核小体（nu）はリボソーム前駆体形成の場である．

写真9　免疫電子顕微鏡像
カタラーゼの存在部位を金コロイド法で調べた．カタラーゼに対するウサギ抗体を1次抗体とし，抗体を認識するプロテインAを結合させた金コロイドを2次抗体として用いた．ペルオキシソーム（矢印）内にカタラーゼの局在を示す金コロイドが多数検出される．

c：プラスチド，m：ミトコンドリア，g：ゴルジ体，e：小胞体，v：液胞，n：核，nu：核小体，p：ペルオキシソーム，l：リピッドボディ，cw：細胞壁，バー：$2\mu m$（写真1），$0.5\mu m$（写真2〜9）．

〔林　八寿子〕

1) McDonald, K.L.：*Methods in Molecular Biology*，**117**：77-97（1999）
2) 石丸八寿子，西村幹夫：モデル植物ラボマニュアル：細胞・組織の顕微鏡による観察：電子顕微鏡，pp.41-48，シュプリンガー・フェアラーク東京（2000）

1. 概　　説

a. 細胞生物学研究の中の植物

　細胞生物学研究の流れをひもといてみると，植物の研究が大きく貢献していることがわかる．細胞（cell）という言葉自身が植物の観察から名づけられた．1665年，Robert Hooke はコルクの薄切片を手づくりの顕微鏡で観察し，コルクの細胞壁からなる蜂の巣状の構造を細胞と名づけたのである．最初に名づけられた細胞は実は細胞壁で，生きた細胞ではなかった．その後，顕微鏡の改良に伴い多くの植物が観察され，核，プラスチド，液胞などの構造体の存在が報告されている．19 世紀に確立した「細胞説」も，植物の研究から提唱されていった．ドイツの植物学者 Mathias　Schleiden が 1837 年にすべての植物は一つあるいは多くの同じような単位「細胞」からなることを提唱したのである．その後，Theodor Schwann がその説を動物に拡張し，さらに Rudolf Virchow による「細胞は細胞より生じる」との考えを加えて，細胞説は完成された．細胞は動物，植物をはじめとする生物の基本単位であり，生物としての数多くの共通な性質をもっている．その共通点は他書に譲り[1〜3]，本章では植物細胞の特徴について触れてみたい．

b. 動けない植物細胞

　植物細胞は堅牢な細胞壁に囲まれているため移動することができない．この点は動物，植物の体制の違いに対応している．中枢神経系によって，中央集権的に各細胞を統御している動物に対し，植物では，各細胞がかなり独立性を保ちながら集まって個体を形成している．植物は細胞壁の存在により，ブロック建築のようにその形を形成していく．こうした植物細胞の独立性は，後で述べる植物細胞の全能性や分化の柔軟性に密接につながっている．Hooke のみた細胞壁は死んだ細胞の亡きがらであったが，生きた細胞の細胞壁は，植物の形態形成，情報伝達，他生物との相互作用など，植物の重要な機能を担っている．

c. 植物細胞の大きさ

細胞は通常 μm で測られる．ラン藻のあるものは 0.5 μm くらいの大きさであるのに対し，緑藻の車軸藻は数 cm の長さをもつ．このように大きさは非常に大きく変わるが，通常の植物細胞の大きさは 20～300 μm である．動物細胞の 10～25 μm に比べてかなり大きい．これは植物細胞には液胞が存在していることに起因する．液胞の存在により細胞質を細胞表面に押しつけるため，細胞表面に対する細胞質の割合が小さくなり，細胞外の成分のやりとりが効率的にできるようにしている．この液胞は高等植物細胞の特徴であるが，近年，液胞も機能的に大きく分化していることが明らかとなってきている（4.3節参照）．

d. 植物細胞の全能性

植物細胞は全能性をもっている．植物の体細胞を培養することにより，1個の個体まで成長させることができたことから，この植物の細胞はすべての分化した植物細胞に変わりうることになる．これが植物細胞の全能性である（第4巻の1章参照）．

この細胞の全能性は植物の特徴としてとらえられてきたが，最近，哺乳類でも体細胞クローン生物が誕生し，全能性は植物細胞の専売特許ではなくなってしまった．しかし植物細胞の分化は柔軟で，かなり可逆的であることは特徴としてあげることができる．このことが実は，植物細胞の中の構造体にも当てはまる．各章で詳しく述べるように，植物細胞の分化は，その細胞を構成するオルガネラの機能分化と対応する．プラスチド，ペルオキシソーム，液胞などでみられる機能分化は可逆的に生じることが明らかにされている．こうしたオルガネラの可逆的な機能転換の分子機構の解明が，植物細胞分化の柔軟性を理解する糸口になると考えられる．

e. 植物細胞への進化

細胞が生物の基本単位である．しかしこの細胞を考えていく場合，これら細胞が長い進化の道筋をたどってきたことを考慮しなくてはならない．細胞が生物の基本単位であるが，細胞自身は複数の生命から生じてきたことが明らかにされつつある．ミトコンドリア，プラスチドなどの内部共生説がそれである（7章参照）．

最近の一重膜オルガネラのペルオキシソームも内部共生の結果生じたとする説が提唱されている．ミトコンドリア，プラスチドと二つの共生オルガネラをもつ

植物細胞は，ミトコンドリアのみの動物細胞よりもさらに複雑な共生関係の後に形成されたことは間違いない．また，このことは，細胞の内の核を含めたオルガネラ間の相互作用が一段と巧妙に調節されていることを意味している．

　植物と動物はよく対比される．動き回る動物に対し，根を張り動かない植物は対照的に静的な生物としてとらえられている．しかしながら，動かない植物は，環境変化に対して動いて逃げるわけにはいかず，より巧妙な応答系を発達させてきている．植物細胞はそのため動物細胞以上にダイナミックにその生命の営みを行っている．本巻では特に，植物細胞を構成する各構造体の基本的な性質に加えて，その動態に力点を置き記述した．植物細胞が生きている様子，そのダイナミクスを理解していただきたいと思っている．

　最後に，細胞生物学が大きく発展したのは，新しい技術の開発，導入に起因している．1950年代の電子顕微鏡の開発，細胞分画法の導入がその後の細胞生物学の大きな発展をもたらした．本巻でもより自然な形態を保持するための高圧凍結法による電子顕微鏡写真を口絵に掲載したほか，緑色蛍光タンパク質（green fluorescent protein, GFP）による生体細胞内可視化技術などが説明されている．これらの技術のさらなる進展が，植物細胞の動態を理解していく上で重要な役割を担うことを付記しておきたい．

〔西村幹夫〕

文　　献

1) Alberts, B. *et al*. : Molecular Biology of the Cell, Garland Publishings（1997）
2) de Duve, C. : A Guided Tour of the Living Cell, Scientific American Books（1984）
3) Hall, J. L. *et al*. : Plant Cell Structure and Metabolism, Longman（1974）

2. 植物細胞の機能と構造のダイナミクス

　移動することのできない植物は，一見，静的なイメージがあるが，むしろ動物よりも精緻な環境に対する適応能力を有しており，乾燥や寒さ，傷害などさまざまな環境変化に対し，あらゆる調節機構を働かせて柔軟に適応して生きていかなければならない．この環境適応過程において，さまざまな情報が外界から細胞内へ，細胞から細胞へ行き交い，また，細胞の中においても，種々の細胞内小器官間を行き交っている．その結果，遺伝子発現をはじめとする複雑で多岐にわたる応答が引き起こされる．すなわち，植物の生命活動は，個々の細胞の営みに依存しているといってもよい．植物細胞は物質輸送や代謝産物の蓄積などに機能分化しており，細胞が集まって組織を形成し，組織は，根，茎，葉など特殊化した器官を形づくることにより，植物多細胞系を構築している．この精巧で複雑な植物の多細胞ネットワークを理解するためには，各細胞の構造と機能の理解が不可欠である．

　17世紀にHookeがコルクを顕微鏡で観察したときに「細胞」という用語が初めて使用されて以来，形態学的手法により植物細胞のみならず，原生動物細胞や細菌細胞など多様な細胞像が描き出されてきた．植物細胞一つをとっても，種や器官，組織が異なれば，細胞構造や機能は異なっている．つまり，これがすべての細胞の代表であるといえるような細胞はない．近年の生化学・分子生物学的手法の著しい発達により，形態学からは得られない情報がもたらされ，細胞内の構成成分についての詳細な解析によって多様な細胞の間においても基本的な営みは共通であることがわかってきた．また，動的な細胞の活動を支えるメカニズムも分子レベルで明らかにされつつあり，植物細胞のユニークさとともに他の細胞との間にみられる一般性も導き出されてきている．

　本章では，植物細胞の概観とその動態について紹介する．個々の細胞構成成分については他項で述べられているので，そちらを参照していただきたい．

a. 原核細胞と真核細胞—細胞内区画化による機能分担—

原核細胞（prokaryote）と真核細胞（eukaryote）との決定的な違いは，DNAが核膜に包まれているかいないかということである．もちろん，原核細胞と真核細胞の違いは核膜の有無だけではない．真核細胞は，原核細胞よりもはるかに大きく，その中身も複雑で非常に精巧なネットワークを形成している．原核細胞では遺伝情報が環状のDNAとしておさめられているが，真核細胞は高度に折り畳まれた染色体となって存在する．また，真核細胞の細胞礎質には，オルガネラ（細胞内小器官）と呼ばれる膜に囲まれた特殊化したコンパートメントが存在する（図 2.1）[1]．この膜構造により真核細胞の内部は多くの小区画に区切られ，（1）機能的に関連のある構成成分を隔離し，代謝系を構築できる，（2）オルガネラ内部に物質を蓄積することにより濃度を高めることができる，（3）膜の形成により表層領域が拡大し，その部位での反応が著しく促進されるなど，この膜構造は構造的にも機能的にも非常に重要な役割を果たしている．オルガネラには，ミトコンドリア，ペルオキシソーム（発見された当初はマイクロボディあるいはミクロボディと呼ばれていたが，生成された過酸化水素をカタラーゼが処理するという機能的な意味から，最近ではペルオキシソームと呼ばれるようになった），プラスチド，液胞，細胞核，小胞体，ゴルジ体などがある．これらオルガネラは，エネルギー生産，光合成，脂肪酸代謝と活性酸素消去など，独自の機能を有している（表 2.1）．たとえば，加水分解酵素群

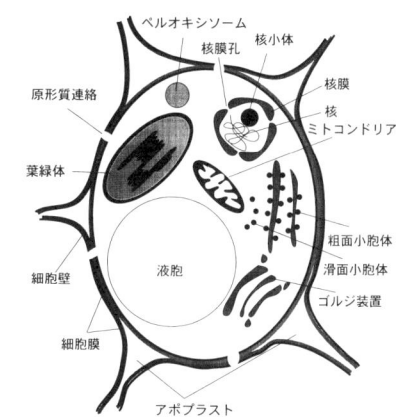

図 2.1 植物細胞の模式図（Heldt, 1998を改変）

表 2.1 植物細胞のオルガネラと主な機能

液胞	細胞内膨圧の維持 貯蔵タンパク質の蓄積 老廃物の分解
クロロプラスト	光合成 デンプン，脂質の合成
ミトコンドリア	細胞呼吸
ペルオキシソーム	脂質代謝 光呼吸 活性酸素消去
細胞核	細胞核ゲノムの維持
小胞体	カルシウムイオンの蓄積 細胞外および液胞へのタンパク質輸送に関与
ゴルジ体	細胞外および液胞へのタンパク質輸送に関与
細胞礎質	物質代謝 糖新生

はリソソームや液胞に，脂質分解系酵素群はペルオキシソームに（動物細胞ではミトコンドリアにも存在する），酸化的リン酸化反応に関与する酵素はミトコンドリアに局在している．このように，各オルガネラは独自の機能をもってはいるものの，それ単独で機能しているわけではなく，他のオルガネラとの協調性を保ちながら，細胞全体の機能を支えている．この区画化により一部の低分子物質を除いて，代謝系の基質や代謝生成物は細胞内を自由に移動できないが，細胞は特定の物質を濃縮できたり，細胞全体にダメージを与えないように有害な物質を隔離することができる．これこそが真核生物細胞の特徴である．もちろん，細胞の機能維持には，後述するようにオルガネラ間の物質のやりとりが必要であるが，その膜を介したやりとりのために，オルガネラ膜上にはトランスロケーターと呼ばれる基質特異的な膜透過に関与するタンパク質群が存在し，膜を隔てた物質輸送装置として機能している．

　しかしながら，おのおののオルガネラは常に膜によって隔離されているわけではなく，ある膜構成成分は他の膜構成成分と融合でき，その際，膜で囲まれたオルガネラに存在する成分も混ざり合うことができる．この膜融合は手当たりしだいに行われるのではなく，精緻に制御された現象であり，細胞内における非常に重要な機能の一つである．

　他項で述べられるように，プラスチドやミトコンドリアは，それぞれ，シアノバクテリアとα-プロテオバクテリアが，細胞内共生により始原原核細胞内に取り込まれたことにより誕生したと推定されている[2]．それは，プラスチドとミトコンドリアがバクテリアと同様の環状DNAをもち，その転写システムもバクテリアと非常に似たものをもっているという事実からもうかがえる[3]．このオルガネラの進化に関しては，7章を参照されたい．

b.　植物細胞と動物細胞の違い

　植物細胞も動物細胞もともに真核細胞であり，その構造は，（1）細胞表層の構造，（2）細胞礎質の構造，（3）細胞内の膜構造の三つから構成されている．細胞内の膜構造として，原形質膜，核，小胞体，ゴルジ体，ペルオキシソーム，ミトコンドリア，リボソーム，また，微小繊維や微小管から構成される細胞骨格が存在するなど，いくつかの構造上の特徴は共有している（各構成成分については他項を参照していただきたい）．しかしながら，植物細胞は，これらに加え，厚い細胞壁を外側にもち，多量の糖や代謝産物を含む液胞が細胞容積の大部分を

占め，さらにプラスチドをもっている（口絵参照）．

　細胞壁は植物細胞と動物の細胞の最も大きな違いである．この細胞壁の存在により，植物細胞は一定の体積以上に膨張することが制限されるものの，機械的な安定性を保つことができる．また，細胞壁は植物体を支える支持構造として機能しているだけでなく，その形と力学的性質により植物細胞の形を決定づけている．植物細胞は細胞壁によって完全に隔たれているわけではなく，隣り合う植物細胞は細胞壁を貫通した原形質連絡で連結されている．原形質連絡は，分子量800～900までの低分子物質を通過させることができるので，植物細胞は，この原形質連絡を通して糖やアミノ酸，ヌクレオチドなど，種々の中間代謝産物を互いに交換している．また，多くの植物ウイルスは，この原形質連絡を利用して植物全体に伝播することも明らかにされている[4]．この原形質連絡でつながれた植物細胞系はシンプラストと呼ばれる．それに対し，細胞外をつなぐ空間をアポプラストと呼ぶ（3.2節参照）．

　液胞は，少し前までは動物細胞のリソソームに対応するものとされてきた．もちろん，リソソームと同様，複数の酸性分解酵素をもち，不要になった成分を分解するなど類似の機能はもっているが，植物の成長段階に応答して，その機能をダイナミックに変化させ，貯蔵タンパク質を蓄積するという分解系とは全く逆の機能ももちうる[5]．また，液胞にはさまざまな成分が溶け込むことにより浸透圧が高くなっており，その結果，細胞外から液胞内への水の流入が起こるため，液胞，ひいては細胞体積の増加が引き起こされる．つまり，液胞は植物の吸水成長の原動力となっている（4.3節参照）．

　プラスチドは，存在する組織と植物の生育段階に応じて，その機能を変化させる．葉では光合成を行うクロロプラスト（葉緑体）として存在し，貯蔵組織ではデンプンを蓄積するアミロプラストとして，果実や花弁ではカロテノイドを貯蔵するクロモプラスト，根ではエチオプラストなど，未分化なプロプラスチドの機能が変換することにより，特殊化した性質をもちうる[6]．また，根の根冠にはコルメラ細胞という重力感受性細胞が存在するが，このコルメラ細胞中のアミロプラストの移動・沈降によって，植物は重力を感受することが明らかとなっている[7]．

c. 独立栄養と従属栄養

　植物とシアノバクテリアは光エネルギーをとらえ，そのエネルギーを利用して光合成を行うことにより，自分自身の代謝エネルギーや細胞構成成分を産生でき

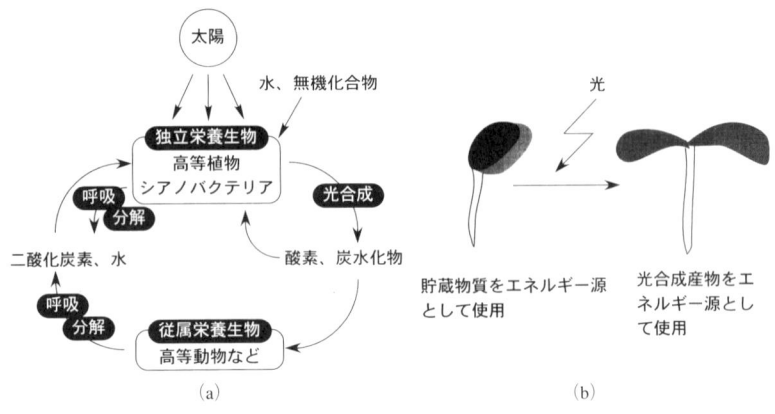

図 2.2 独立栄養と従属栄養
(a) 独立栄養生物と従属栄養生物の関係，(b) 植物の従属栄養的状態から独立栄養的状態への転換．発芽直後の幼植物体は，まだ光合成を行うことができない．光が当たるとクロロプラストが発達し光合成能を獲得する．それまでは貯蔵物質を分解することによって，エネルギーを獲得する．

るので，独立栄養生物である．これに対し，動物はその生命活動に必要なエネルギーを食物として取り入れなければならないので，従属栄養生物である（図 2.2 (a)）．植物は，根から，水と水に溶けている無機化合物を吸収する．さらに，葉に到達した水と，空気中から吸収した CO_2 から光合成を行う．光合成は葉のクロロプラストで行われ，光エネルギーを利用して水を酸素と水素に分解する．水素は還元力であるニコチンアミドアデニンジヌクレオチドリン酸（NADPH）となり，この NADPH とアデノシン三リン酸（ATP）を用いて，CO_2 から炭水化物を合成し，合成された炭水化物と吸収した無機化合物を用いて，必要な種々の化合物をつくり出す．われわれヒトを含めた動物は，直接・間接的に，この光合成によりつくり出された有機化合物を摂取している．また，摂取した有機化合物をエネルギーとして利用するには，それらが酸化される必要があり，その酸素も植物により供給されていることからも，地球上の従属栄養生物の生命活動のエネルギー源は植物に由来しているといえる．

しかしながら厳密にいえば，植物も一生を通じて独立栄養的状態にあるわけではない．発芽直後の幼植物体は光合成能を有していないため，自分を支えるエネルギーをつくり出すことができない．そのため，子葉などに貯えられた脂肪やデンプンなどの貯蔵物質を分解することにより，成長に必要なエネルギーを獲得しなければならないことから，発芽初期の幼植物体は従属的栄養状態にあるといえ

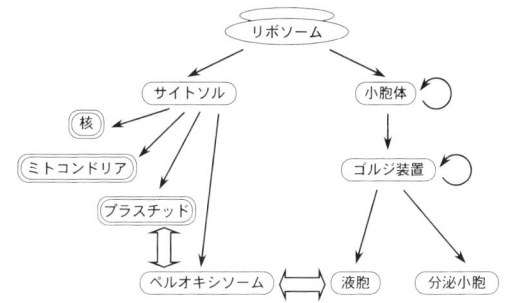

図 2.3　植物細胞内のタンパク質輸送
翻訳後のタンパク質は，それが機能するべきオルガネラへと輸送される．その輸送形態は多岐にわたっている．シロイヌナズナでは，ペルオキシソーム形成因子である Pex 16 p の機能が欠損すると，種子にリピッドボディではなくプラスチドの一種であるアミロプラストが蓄積することから，プラスチドとペルオキシソーム，あるいは他の研究からもペルオキシソームと液胞といったオルガネラ間のタンパク質輸送の一部に共通のメカニズムが存在することが示唆されている．

る．たとえば，シロイヌナズナの脂肪酸 β 酸化系酵素欠損株は貯蔵脂肪を分解できないので発芽できない[8,9]．やがて，緑化しクロロプラストの発達により光合成を開始すると独立栄養的状態になる（図2.2（b））．光合成の詳細な解析については本講座第3巻を参照されたい．この植物のみに備わっている光合成というシステムについては，古くから研究の対象であり，非常に精力的に解析がなされてきた．最近では，人口の増加に伴う食料生産の点から，光合成機能が増加した形質転換植物の作出など，エネルギー問題という観点からも研究が進められている．

d. 植物細胞内のタンパク質輸送系

真核細胞のオルガネラタンパク質の多くは核ゲノムにコードされており，それぞれの働くべき場所へと輸送されて初めて機能する（図2.3）．タンパク質合成はリボソーム上で行われるが，真核細胞には，リボソームが小胞体に結合した膜結合型リボソームと，細胞礎質に遊離している遊離型リボソームが存在する．前者は，液胞や細胞外へ輸送するタンパク質をつくる経路で，そのようなタンパク質はシグナル配列をもち，タンパク質合成途中で，そのシグナル配列によって小胞体内腔に導入される．小胞体内腔では，N-グリコシル化などの修飾を受けた後に，小胞体がくびれてできた膜小胞により，ゴルジ体を経由して液胞または細胞外へと輸送される（3.3節，4.2節，第4巻の6.1節参照）．その他のオルガネラ

タンパク質は遊離型リボソーム上で合成される．遊離型リボソームは，数個〜数十個のリボソームがmRNAにより数珠つなぎになったポリソーム状態で存在している．ポリソームはタンパク質合成開始点にリボソームが次々に結合して合成を行っている状態であり，合成されたタンパク質は，細胞礎質に存在するレセプタータンパク質に捕捉され，目的のオルガネラに移行する．これらのタンパク質輸送では，遺伝子発現レベルのみでなく輸送装置との結合，オルガネラ膜の透過，オルガネラ内でのアセンブリーなどさまざまなレベルで厳密な制御がなされている．このタンパク質輸送系は，輸送シグナルに依存するもの，熱ショックタンパク質のようなシャペロンを要求するもの[10]，一部のペルオキシソームタンパク質のようにオリゴマーを形成して輸送されるもの[11,12]など多岐にわたっている．これまでに，輸送シグナルの同定や[13~15]，それら輸送配列を認識して結合しオルガネラ膜まで引き連れてくるレセプタータンパク質，その複合体をオルガネラ内に導入する膜透過装置を構成するタンパク質も明らかにされている[16,17]．

脂肪性種子植物のシロイヌナズナの種子細胞は，貯蔵脂肪を蓄積したリピッドボディが占めているが，ペルオキシソーム形成因子の一つであるPex16pの機能が欠損すると，リピッドボディが減少し，代わってデンプンを蓄積したプラスチドの一種であるアミロプラストが増加してくる[18]．このことは，ペルオキシソームとプラスチドへのタンパク質輸送の一部が共通していることを示唆している．また，筆者らの研究室において，ペルオキシソームと液胞の輸送系においても共通する機構があることが示唆されてきており，膜系オルガネラへの細胞内タンパク質輸送系の相互作用という点からみても非常に興味深い（図2.3の太い矢印）．

e. オルガネラ間の物質輸送

膜構造による細胞内の区画化によって，オルガネラは特殊化した機能をもちうるが，各オルガネラは独自で機能するわけではない．植物細胞の正常な機能維持のために，オルガネラ間の広範囲な動的相互作用が行われている．たとえば，脂肪性種子の発芽時には，リピッドボディ-ペルオキシソーム-ミトコンドリア-細胞礎質，光呼吸経路では，クロロプラスト-ペルオキシソーム-ミトコンドリア間での基質のやりとりがある（図2.4 A）[19]．また，two-component系では，外界のシグナルがリン酸の転移を引き起こし，最終的に核内の転写因子を活性化する[20]．種々のシグナル伝達物質であるカルシウムイオンは，液胞や小胞体，細胞壁に蓄積されているが，種々の刺激により，それらオルガネラから細胞礎質や他

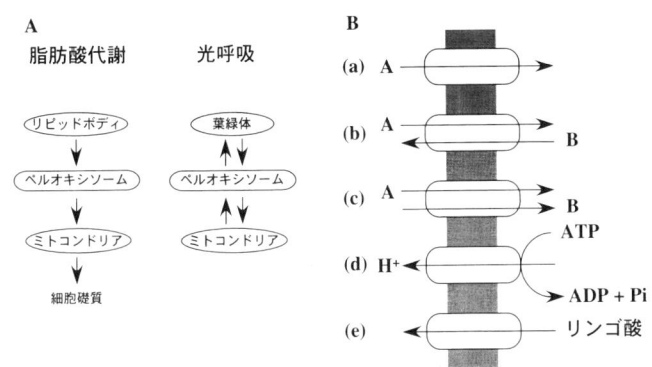

図 2.4　オルガネラ間の物質輸送
(A) 脂肪酸代謝ではリピッドボディに蓄えられた貯蔵脂肪が，ペルオキシソーム，ミトコンドリアを経て，最終的に細胞礎質で行われる糖新生の基質となる．光呼吸は RuBisCO の副産物をカルビン-ベンソン回路で再利用するための経路で，クロロプラスト，緑葉ペルオキシソーム，ミトコンドリアの協調的な作業が必要となる．(B) 膜を介した物質輸送．(a) 単一輸送，(b) 対向輸送，(c) 共輸送，(d) 一次能動輸送，(e) 二次能動輸送．

のオルガネラへと移行する[21]．このほかにも，さまざまな中間代謝産物がオルガネラ間を行き交っている．

　オルガネラ間の物質輸送には，オルガネラ膜を通過しなくてはならないが，脂質二重層の物理・化学的性質から，疎水性分子や親水性でも水や CO_2 など電荷をもたない分子，また，非常に小さい分子は膜を通過できるものの，大きな分子やイオンなどの電荷粒子は透過できない．そのために，膜上には特定の物質を通過させるトランスロケータータンパク質，イオンチャネルなどの膜透過装置が存在している（図 2.4 B）．膜を介した物質輸送にはさまざまなタイプが存在する．他の分子と関係なく起こる単一輸送（図 2.4 B(a)），両分子が逆向きに交換する対向輸送（図 2.4 B(b)），同じ向きに輸送される共輸送（図 2.4 B(c)），化学的あるいは ATP の消費による濃度勾配に逆らったプロトン輸送に代表される能動輸送（図 2.4 B(d))，また，膜を介した電気化学的ポテンシャルが駆動力となる液胞へのリンゴ酸の蓄積なども能動輸送の一種である（図 2.4 B(e)）．細胞内の物質輸送には，このほかに脂質二重膜で包まれて輸送される小胞輸送が存在する．これには，小胞体からゴルジ体を経由して細胞外へ分泌されるエキソサイトーシス，小胞体から同じくゴルジ体を経由してリソソームや液胞へ輸送される経路，また，細胞外の化合物や粒子をエンドソームを経由して細胞内に取り込むエンド

サイトーシスがあげられる[22]．これらは決して独立した経路ではなく，密接にクロストークしており，そのために非常に精巧な選別・認識機構が存在する（3.3節，4.2節，第4巻の6.1節参照）．

f. オルガネラの機能変換

発芽した種子は，光に当たると緑化して独立栄養生物となり，やがては老化していくが，その植物の営みの過程において，ダイナミックなオルガネラの機能変換が起こっている．このオルガネラの機能変換は植物細胞の特徴の一つであり，たとえば，プラスチドは緑化過程ではクロロフィルが発達し，エチオプラスから光合成機能を担うクロロプラストへ，紅葉するとクロロプラストから色素を蓄積するクロモプラストへ，貯蔵組織ではデンプンを蓄積するアミロプラストへと転換する．エネルギー生産に関与しているミトコンドリアも緑化過程において，光合成産物のグリシンを代謝する能力を獲得するし，ペルオキシソームも種子の発芽時では貯蔵脂肪を代謝するグリオキシソームとして機能するが，緑化過程で光呼吸系に関与する緑葉ペルオキシソームへ，老化過程では再びグリオキシソームへと機能転換する[19]．また，液胞は種子の登熟期になると分解型の液胞から貯蔵タンパク質を蓄積する液胞へと変換し，種子の発芽・吸水に伴い再び分解型の液胞へと変換していく[5]．これには，遺伝子発現，タンパク質輸送，タンパク質分解系という各ステップで制御がなされている．このオルガネラの機能転換は，細胞分裂を経ずに起こる．すなわち，温度や光などの外的因子を感知して同一細胞内で直接的・連続的に生じる現象である．こうしたオルガネラの機能転換様式では，すでにオルガネラに存在していた機能成分を消去し，新たな機能を担う成

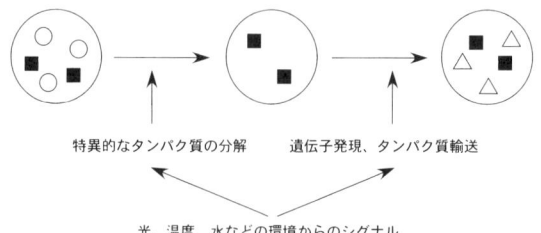

図 2.5 オルガネラの機能変換
種々の環境からのシグナルに応答して，オルガネラは中身を入れ替えながら連続的に機能転換する．○：すでに存在しているタンパク質，△：新たに導入されたタンパク質，■：共通して存在するタンパク質．

分を導入する必要がある．そのためには動物細胞のリソソームのようにオルガネラ全体を分解する系ではなく，特異的な成分のみを分解する系がオルガネラに誘導される（図 2.5）．また，各オルガネラが独立して機能転換するわけではなく，他のオルガネラとともに同調的に変換していく．このようなオルガネラレベルの機能転換の制御により植物細胞の成長・分化が支えられており，この機能転換の調節が光や温度などの外的因子により引き起こされるという点は，植物細胞の特徴といえよう．

g. 細胞内のオルガネラの動態

原形質流動は細胞内の種々の低分子やタンパク質，オルガネラなどの方向性をもった運動であり，細胞骨格を形成している繊維とモータータンパク質との相互作用により行われる細胞内成分の長距離輸送である．細胞骨格として微小繊維や微小管，モータータンパク質として，微小繊維にミオシンが，微小管にはダイニンとキネシンが同定されている．たとえば，細胞分裂時には，染色分体は紡錘体によって分離されるが，紡錘体は微小管から形成されており，アルカロイド薬剤であるコルヒチンを処理すると微小管の会合が阻害されるため，染色分体は移動できない．この核の移動のほかにもこれまでの研究から，植物細胞のオルガネラのうち，プラスチドは光の強弱に応答して細胞内の位置を変えるが[23]，このクロ

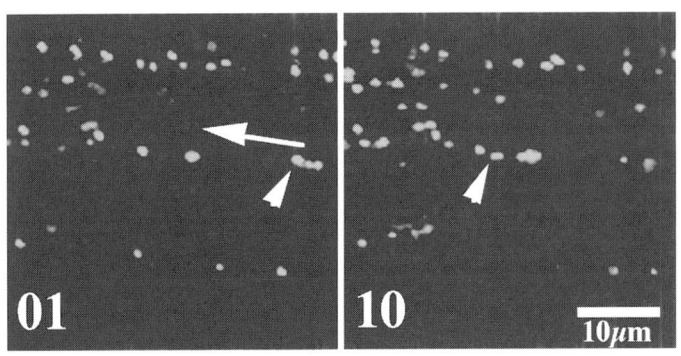

図 2.6 ペルオキシソームの原形質流動
ペルオキシソームを緑色蛍光タンパク質（GFP）で可視化し，その挙動を共焦点レーザー顕微鏡で観察した．観察開始 1 秒後（左）と 10 秒後（右）の写真．矢頭のペルオキシソームは矢印の方向へ移動している．アクチン阻害剤の Latrunculin B を処理すると原形質流動は完全に抑えられるが，微小管阻害剤の Nocodazole では阻害効果はない．

ロプラストの原形質流動には微小繊維が関与していること[24],また,ペルオキシソームも微小繊維を利用して移動している(図2.6)ことが明らかとなっている[25].しかし,動物細胞のペルオキシソームは微小繊維ではなく微小管を利用しており[26],同じオルガネラの原形質流動といっても,生物種によってそのメカニズムは異なっている.原形質流動は,動物細胞でもみられるが,動物細胞に比べ植物細胞では特に顕著に観察される.一般的に,植物細胞は動物細胞に比べ巨大なので,拡散のみに依存した移動だけではタンパク質をはじめさまざまな分子が機能できず,外的因子に応答したオルガネラの細胞内の配置を迅速に変化させることができない.たとえば,上述したクロロプラストの場合は,弱光下では光合成活性を最大にするために細胞表面に,強光ではダメージを避けるために細胞表面から逃げなければならない[23].このことは,外的因子の変動に応答したオルガネラの機能維持のためには素早い細胞内の再配置が必要で,この原形質流動はそのような迅速な応答に,関与していることを示唆している.このように,原形質流動は,植物細胞のような巨大細胞がもつ積極的な細胞内構成成分の移動,オルガネラのポジショニングであるといえよう.

植物を形づくる細胞は実にさまざまで,植物の種類や一つの植物個体においても組織によって異なっている.本章では,動物細胞とは異なる植物細胞に特異的な特徴を解説した.植物細胞の構成成分については,他項で詳しく述べられているので,そちらを参照していただきたい.近年の種々の生物種における全ゲノムの決定により,遺伝情報を得ることは昔に比べ格段に容易になり,また,DNAアレイ解析より遺伝子発現パターンを網羅的に解析できるようにもなった.しかしながら,複雑な植物の生命現象をとらえるには,それらの遺伝子発現パターンの解析のみならず,細胞内におけるタンパク質の構造と動態を理解することが重要である.そのために,植物細胞を生きた状態で,あるいは,より生に近い状態で観察するための技術の開発が必要で,すでに高圧凍結法による電子顕微鏡観察法,緑色蛍光タンパク質(green fluorescent protein, GFP)を用いた生きた状態での細胞内成分の可視化法などが開発されている.また,変異体や形質転換体を用いた解析からも,対象のタンパク質の細胞内局在性や,そのタンパク質の欠損が植物細胞に,そして最終的には植物個体に与える影響を明らかにしつつある.今後,さらに個々の細胞の構造と機能を明らかにすることにより,植物の多細胞システムを理解できると期待される.

〔真野昌二・西村幹夫〕

文　献

1) Heldt, H.-W.：植物生化学, p.3, シュプリンガー・フェアラーク東京（1998）
2) Osteryoung, W. K. : *Plant Physiol.*, **123** : 1213-1216（2000）
3) de Dube, C. : *Sci. Amer.*, **274** : 38-45（1996）
4) Oparka, K. J., Roberts, A. G., Cruz, S. S., Boevink, P., Prior, D. A. and Smallcombe, A. : *Nature*, **388** : 401-402（1997）
5) 西村いくこ：植物の分子細胞生物学（中村研三ほか監修）, p.99, 秀潤社（1995）
6) 酒井　敦：植物の分子細胞生物学（中村研三ほか監修）, p.110, 秀潤社（1995）
7) Rosen, E., Chen, R. and Masson, P. H. : *Trends Plant Sci.*, **4** : 407-412（1999）
8) Hayashi, M., Toriyama, K., Kondo, M. and Nishimura, M. : *Plant Cell*, **10** : 183-195（1998）
9) Hayashi, M., Nito, K., Toriyama-Kato, K., Kondo, M., Yamaya, T. and Nishimura, M. : *EMBO J*., **19** : 5701-5710（2000）
10) Zhang, X.-P. and Glaser, E. : *Trends Plant Sci.*, **7** : 14-21（2002）
11) Lee, M. S., Mullen, R. T. and Trelease, R. N. : *Plant J.*, **9** : 185-197（1997）
12) Kato, A., Hayashi, M. and Nishimura, M. : *Plant Cell Physiol*., **40** : 586-591（1999）
13) 西村いくこ：実験医学増刊, 核-細胞質間輸送と小胞輸送（米田悦啓ほか編）, p.163, 羊土社（1999）
14) Kato, A., Hayashi, M., Kondo, M. and Nishimura, M. : *Plant Cell*, **8** : 1601-1611（1996）
15) Hayashi, M., Aoki, M., Kondo, M. and Nishimura, M. : *Plant Cell Physiol.*, **38** : 759-768（1997）
16) Shimada, T., Kuroyanagi, M., Nishimura, M. and Hara-Nishimura, I. : *Plant Cell Physiol.*, **38** : 1414-1420（1997）
17) Johnson, T. L. and Olsen, L. J. : *Plant Physiol.*, **127** : 731-739（2001）
18) Lin, Y., Sun, L., Nguyen, L. V., Rachubinski, R. A. and Goodman, H. M. : *Science*, **284** : 328-330（1999）
19) 林　誠, 西村幹夫：シリーズ分子生物学 5, 植物分子生物学（山田康之編）, p.75, 朝倉書店（1997）
20) Urao, T., Yamaguchi-Shinozaki, K. and Shinozaki, K. : *Trends Plant Sci.*, **5** : 67-74（2000）
21) Barbier-Brygoo, H., Joyard, J., Pugin, A. and Ranjeva, R. : *Trends Plant Sci.*, **2** : 214-222（1997）
22) 中野明彦：実験医学増刊, 核-細胞質間輸送と小胞輸送（米田悦啓ほか編）, p.92, 羊土社（1999）
23) Kagawa, T., Sakai, T., Suetsugu, N., Oikawa, K., Ishiguro, S., Tabata, S., Okada, K. and Wada, M. : *Science*, **291** : 2138-2141（2001）
24) Kandasamy, M. K. and Meagher, R. B. : *Cell Motil. Cytoskeleton*, **44** : 110-118（1999）
25) Mano, S., Nakamori, C., Hayashi, M., Kato, A., Kondo, M. and Nishimura, M. : *Plant Cell Physiol.*, **43** : 331-341（2002）
26) Wiemer, E. A. C., Wenzel, T., Deerinck, T. J., Ellisman, M. H. and Subramani, S. : *J. Cell Biol*., **136** : 71-80（1997）

3. 細胞の構築

3.1 細 胞 壁

　細胞壁は細胞膜の外側に位置する構造体である．以前は後形質とも呼ばれ，動きのない「死んだ」存在として扱われていた．しかし，20世紀後半に盛んに行われたその構造と機能に関する研究を通して，細胞壁が活発な代謝の場であり，生活環の調節のような植物の本質的な生理機能にとって不可欠な存在であることが明らかにされた．現在では，細胞壁は，植物細胞を特徴づける主要なオルガネラとして広く認識されている[1~4]．

a. 細胞壁の構造
1) 細胞壁の基本構造

　植物以外にも，細菌と真菌は細胞膜の外側に細胞壁をもつ．このうち，真菌と植物の細胞壁は，繊維とそれらの間を埋めているマトリクス成分から構成される点で共通している．植物細胞壁を電子顕微鏡でみると，多くの繊維が立体的に配置し，それにマトリクス成分が付着している様子が観察される（図 3.1(a)）[5]．繊維は直鎖状の多糖鎖同士が会合して微結晶状態となったもので，真菌類の多くではキチン，植物ではセルロースからなる．一方，マトリクスは主に数種の親水性多糖類によって構成されるが，タンパク質やフェノール化合物も含まれている．一次壁と呼ばれる成長能力をもつ細胞壁における各成分の重量比は，セルロース20～60％，マトリクス多糖30～70％，タンパク質1～10％，そしてフェノール化合物～3％である[1~4]．ただし，セルロースは高密度に配列するので，容積比でみると5～15％を占めるにすぎない．

　一次壁の全体構造は，図 3.1(b)のように模式化される．マトリクス多糖類は，細胞壁粗標品より各種溶液を用いて抽出されるが，はじめに熱水やキレート剤によって抽出される成分をペクチン画分，続いて強塩基性溶液によって抽出されるものをヘミセルロース画分と呼んで区別する．その残渣がセルロース画分であ

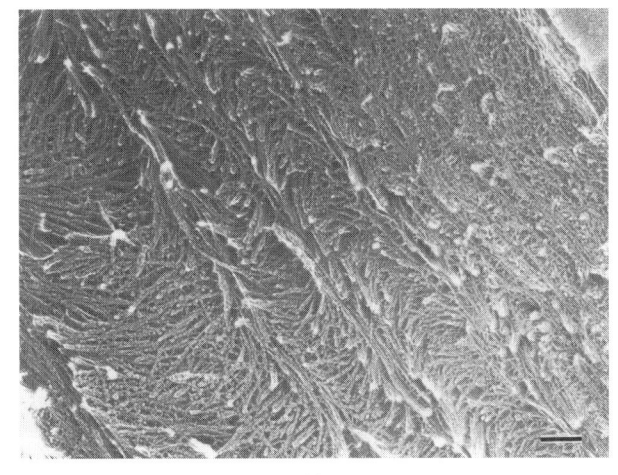

(a)

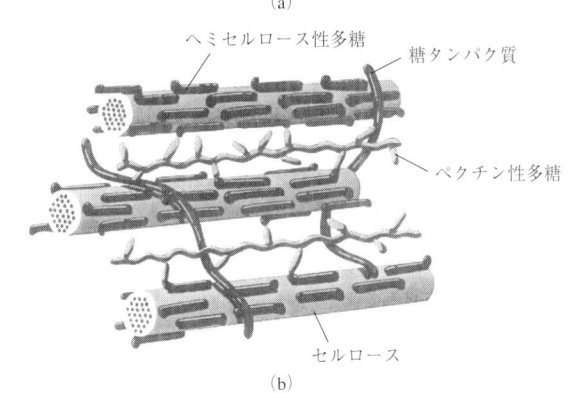

(b)

図 3.1 植物細胞壁の構造
(a)急速凍結ディープエッチング法で観察したエンドウ上胚軸表皮細胞壁の三次元構造[5],(b)一次壁の構造モデル.

る．このような抽出性に基づき，ヘミセルロース性多糖の一部がセルロースと水素結合することでセルロースとマトリクスが立体構造を形成すると考えられている．しかし，マトリクス成分同士がどのように結合しているかは必ずしも明らかでない．少なくとも，ペクチン性多糖とヘミセルロース性多糖が共有的に結合しているとは考えられない．なお，タンパク質はヘミセルロース画分に，またフェノール化合物はヘミセルロース画分とセルロース画分に分かれて含まれる．

植物細胞の一次壁は $0.1 \sim 1\,\mu\mathrm{m}$ 程度の厚みをもつが，このうちの細胞膜と接している最内層の部分の性質によって一次壁全体の物性が決定される．細胞膜と細

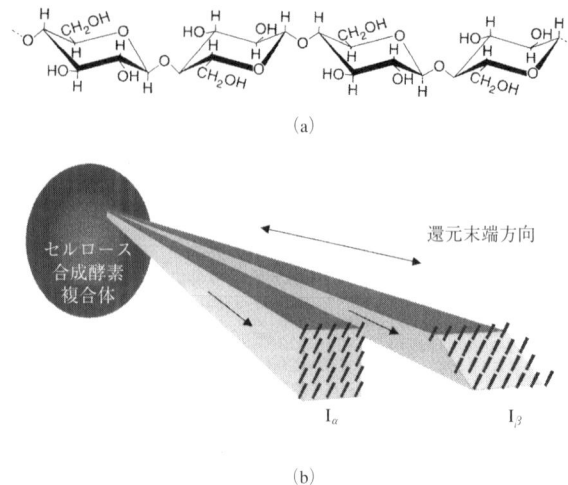

図 3.2 セルロースの構造
(a) β-1,4-グルカン鎖の構造[3]，(b) セルロースフィブリルの結晶構造[7]．セルロースのエレメンタリーフィブリルを構成するグルカン分子は互いにパラレルに配列し，還元末端を先頭にして合成酵素複合体よりつくり出される．結晶形の違いによって藻類に多い I_α と高等植物で広くみられる I_β の2種類の状態をとるが，I_α は準安定であり，さまざまな化学処理により I_β に変換可能である．図中の短い太線はグルカン分子の断面を示す．

胞壁の間には，少なくとも2種類の架橋構造が存在すると考えられる．一つは細胞膜上に存在するセルロース合成酵素と産物であるセルロース繊維との連絡であり，もう一つは細胞骨格-インテグリン系の細胞膜横断架橋である[6]．植物細胞壁の機能の多くは，これらの架橋を介した細胞膜との相互作用に基づいて発揮されている．

2) 細胞壁構成成分の化学構造

ⅰ) セルロース　セルロースの化学的な実体は β-1,4-グルカンである．このグルカン鎖では，隣り合ったグルコース残基が180°回転しながら水素結合を形成して安定化し，シート状の長い分子となっている（図 3.2(a)）．このグルカン分子数十本が互いに水素結合によって会合し，直径3～4 nm のエレメンタリーフィブリルを形成する．分子同士は還元末端をそろえて同じ向きに（パラレルに）配列しており，I_α と I_β の2種類の結晶状態をとる（図 3.2(b)）[7]．若い細胞壁では，エレメンタリーフィブリルの太さに相当する比較的細い繊維が電子顕微鏡により観察されるが，通常さらに数本～数十本のフィブリルが集まり，直径数 nm

○ ラムノース
◎ ガラクツロン酸
◍ メチル化したガラクツロン酸
○ 中性糖
・ カルシウム

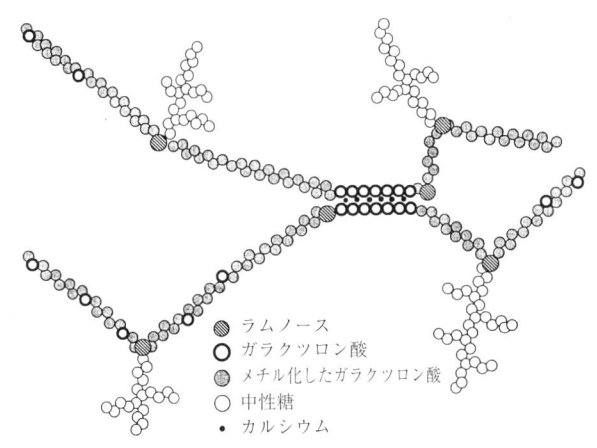

図 3.3　ペクチン性多糖の構造モデル[11]

～20 nm のミクロフィブリルとなって存在している．セルロースを構成する β-1,4-グルカンの重合度は 2,000～15,000 程度であり，長さは 1～数 μm に達する．セルロース繊維の長さや太さは，植物種，組織，齢，環境によって多様である[1]．

ⅱ）マトリクス多糖　ペクチン性多糖の多くは酸性糖であるガラクツロン酸を含んでいる[8]．ホモガラクツロナンは，ガラクツロン酸が α-1,4 結合した高分子であり，そのカルボキシル基同士が Ca^{2+} などの二価イオンを介して分子間架橋を形成する．ただし，カルボキシル基は通常さまざまな程度にメチルエステル化しており，その場合はイオン架橋をつくらない．もう一つの主要なペクチン性多糖であるラムノガラクツロナンⅠでは，α-1,4-ガラクツロナン鎖のところどころに α-1,2-ラムノースが入り込んでいる．このラムノース残基の約半分は，その O-4 位がガラクトースおよびアラビノースからなる中性糖側鎖によって置換されている．この側鎖には 30 種類以上のタイプがあり，それと共通の構造を有するアラビノガラクタン，ガラクタン，アラバンもペクチン画分に含まれる．これら以外に，量的には少ないが，10 種類以上の糖から構成され複雑な構造をもつラムノガラクツロナンⅡと呼ばれる低分子多糖も存在し[8]，ホウ酸によって架橋している[9]．熱水で抽出したペクチン性多糖は比較的低分子であるが，キレート剤を用いて低温で調製すると分子量 100 万以上の高分子産物が得られる[10]ので，ペクチン性多糖は互いに熱に弱い共有結合によってつながっていると考えられる（図 3.3）[11]．以上は双子葉植物の細胞壁（タイプⅠ細胞壁）に広く当てはまるが，単子葉イネ科植物の細胞壁（タイプⅡ細胞壁）では，全細胞壁に占める

ペクチン性多糖の割合が数％程度と低い（図3.4）[1,8]．中葉（中層）が主にペクチン性多糖から構成されることを考慮すると，イネ科植物の中葉以外の一次壁には事実上これらの多糖が存在しないといえる．

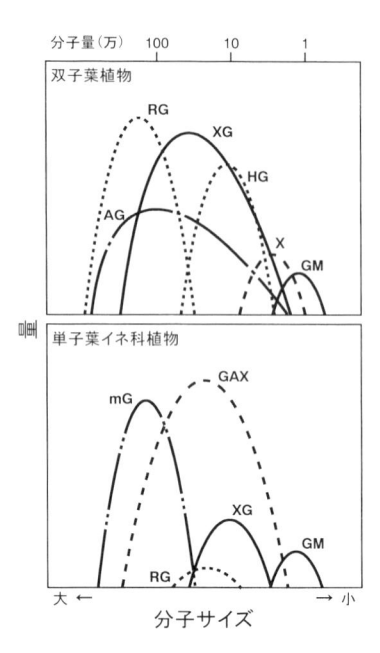

ヘミセルロース画分には数種類の多糖が含まれるが，その構成は双子葉植物と単子葉イネ科植物とで大きく異なっている（図3.4）[1,8]．主なものは，双子葉植物ではキシログルカン，イネ科植物ではβ-1,3：1,4-グルカンとグルクロノアラビノキシランである（図3.5）．キシログルカンのβ-1,4-グルカン主鎖はセルロースと水素結合する能力をもち[12]，側鎖はそれを安定化する[13]．この多糖が高分子であり量的にも多く存在する事実と合わせて，双子葉植物ではキシログルカンが細胞壁構築の上で主要な役割を担っていると考えられる．この考えは，キシログルカン合成に関与するフコース基転移酵素を欠損したシロイヌナズナ突然変異株の細胞壁がもろく壊れやすいという報告[14]によって支持される．一方，単子葉イネ科植物の細胞壁で，双子葉植物におけるキシログルカンと同等の役割を担っている

図3.4 双子葉植物(タイプI)および単子葉イネ科植物(タイプII)の細胞壁を構成するマトリクス多糖
代表的な一次壁における各多糖のレベル（縦軸）と分子サイズ（横軸）を示す．横軸はゲルろ過カラム上での挙動を想定しており，分子量は右に向かうほど小さい（logスケール）．RG：ラムノガラクツロナン，HG：ホモガラクツロナン，AG：アラビノガラクタン，XG：キシログルカン，X：キシラン，GM：グルコマンナン，mG：β-1,3：1,4-グルカン，GAX：グルクロノアラビノキシラン．

のはβ-1,3：1,4-グルカンである[1,8]．このグルカンは，β-1,3-結合が連続する部位で大きく折れ曲がる構造をとる一方，β-1,4-結合が連続する部位ではセルロースと水素結合を形成する．前者は細胞壁の物性の調節において，また後者はセルロースとマトリクスとの間の架橋形成において重要である．グルクロノアラビノキシラン（アラビノースおよびグルクロン酸側鎖をもつβ-1,4-キシラン）は，イネ科植物では最も多量に存在するヘミセルロース性多糖であるが，セルロースと結合する能力はあまり高くない．

iii）タンパク質 細胞壁はヒドロキシプロリンに富む糖タンパク質（エクス

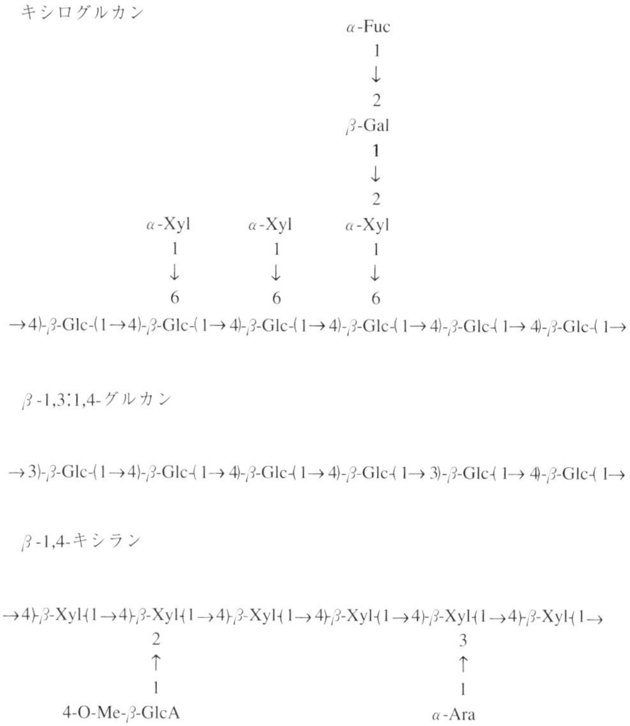

3.1 細胞壁

キシログルカン

```
                            α-Fuc
                              1
                              ↓
                              2
                            β-Gal
                              1
                              ↓
                              2
         α-Xyl      α-Xyl      α-Xyl
           1          1          1
           ↓          ↓          ↓
           6          6          6
→4)-β-Glc-(1→4)-β-Glc-(1→4)-β-Glc-(1→4)-β-Glc-(1→4)-β-Glc-(1→4)-β-Glc-(1→
```

β-1,3:1,4-グルカン

```
→3)-β-Glc-(1→4)-β-Glc-(1→4)-β-Glc-(1→4)-β-Glc-(1→3)-β-Glc-(1→4)-β-Glc-(1→
```

β-1,4-キシラン

```
→4)-β-Xyl-(1→4)-β-Xyl-(1→4)-β-Xyl-(1→4)-β-Xyl-(1→4)-β-Xyl-(1→
          2                                3
          ↑                                ↑
          1                                1
     4-O-Me-β-GlcA                        α-Ara
```

図3.5 主なヘミセルロース性多糖の分子構造
キシログルカンはβ-1,4-グルカン鎖のグルコース残基のO-6位にキシロースが結合した構造をしており,キシロース残基の一部にはさらにガラクトースおよびフコースが結合している.β-1,3:1,4-グルカンは,1あるいは連続した数個のβ-1,3-結合と1～数個のβ-1,4-結合が入り混じった直鎖状分子である.β-1,4-キシランではO-2位あるいはO-3位にアラビノースが,またO-2位にグルクロン酸または4-O-メチルグルクロン酸が結合している.

テンシン）を含んでいる[15].そのペプチド鎖を構成するヒドロキシプロリンにはアラビノースの四量体が,またセリンにはガラクトース残基が結合している.さらに,チロシンは別のチロシン残基との間で分子間あるいは分子内架橋を形成する.したがって,この糖タンパク質は細胞壁構造を維持する機能をもつと考えられている[15].細胞壁中には,やはりヒドロキシプロリンを含むが糖含量が高いアラビノガラクタンプロテインも存在し,細胞間の認識に働いているらしい[15].

　iv）フェノール化合物　　植物細胞壁中には2種類のフェノール化合物が存在する.フェニルプロパノイドが高度に脱水素重合した化合物であるリグニンは,

一次壁にはほとんど含まれない[1～3]．一方，フェニルプロパノイドの単量体が，数種のマトリクス多糖の側鎖にエステル結合することが知られている．特に，イネ科植物の細胞壁ではβ-1,4-キシランの側鎖のアラビノース残基にかなりの量のフェルラ酸が結合しており，その一部は他のフェルラ酸と二量体を形成してキシラン分子間に架橋する[16]．

3) 分化した細胞壁の構造

植物細胞壁の中には構造的に分化したものがあり，それをもつ細胞は特徴的な機能を果たしている．植物体の最も外側に位置する表皮細胞壁は，通常の一次壁より10倍以上厚い．また，高分子キシログルカンを多く含み，細胞壁伸展性が低い[17]．茎では表皮細胞壁がよく発達して，伸長能力の高い内部組織を押さえ込んだ構造をとる．表皮と内部組織の相互作用は成長調節上重要な意味をもっている．さらに，表皮細胞壁最外層の数%～40%の厚さを占める部分は，ワックスやクチン（不飽和脂肪酸の重合物質）を主成分とする疎水性のクチクラによって構成されており，ガスや水分の透過を妨げている．

植物体のガスや水分交換は気孔を通して行われる．気孔を構成する孔辺細胞の細胞壁は気孔に接する側が厚く伸びにくい．したがって，孔辺細胞の体積が増加すると細胞が外側に向かって変形して気孔が開き，逆にその体積が減少するときは内側にゆがんで気孔が閉じる[2]．このような不均等な細胞壁の分化は，膨圧運動をつかさどる葉枕でもみられる．

維管束を構成する木部細胞の分化に伴って一次壁の内側に二次壁の形成が始まる．二次壁は，厚くて長いセルロース繊維を高い割合で含んでいる．また，マトリクス多糖の中でも，キシランのような直鎖状分子の割合が増える．二次壁層の肥厚に伴って，やがてリグニンの沈積が起こり，木化が進行する．道管や仮道管は，二次壁の合成と一次壁の部分的な自己分解が組み合わさって形成される（第4巻5.2節，第5巻7.3節参照）．

植物細胞同士の接着面の構造を中葉と呼ぶ．その起源は細胞分裂において形成される細胞板であり，主にペクチン性多糖から構成されている．多糖の部分構造の違いを認識する抗体を用いた研究によって，中葉に存在するラムノガラクツロナンIではラムノースや中性糖側鎖の割合が低く，メチルエステル化の程度も低いことがわかった[18]．中葉にはホモガラクツロナンも存在し，分子間に多くのCa^{2+}架橋を形成している．

4）細胞壁の環境

 以上では細胞壁を構造物として扱ってきたが，生理作用の場としてとらえる場合，アポプラストと呼ぶことが適当である[1,19]（3.2 節のシンプラストとアポプラストの項参照）．アポプラストには細胞間隙も含まれるが，それを除いた細胞壁部分では全重量の 50～65％ が水によって占められている．アポプラストを満たす溶液は 100 mM 前後の浸透濃度をもち，イオン類や単糖，アミノ酸，有機酸，そして植物ホルモンなどが含まれている．細胞膜上に存在する外向きの H^+ ポンプの働きで，アポプラスト溶液の pH は 5.0～6.0 程度の弱酸性に保たれている．アポプラスト中には各種イオンが含まれるが，情報伝達に重要な Ca^{2+} が 1～10 mM 程度の濃度で存在することは注目に値する．陽イオンの多くはマトリクス多糖を構成する酸性糖のカルボキシル基に結合しており，Ca^{2+} でもその 90％ 以上が結合型として存在している．すなわち，アポプラストはイオン交換能をもち，イオン類の貯蔵体としての機能をもっている．

 アポプラストには各種の酵素やその活性制御物質が存在し，さまざまな生理機能に関与している．これらの物質のアポプラスト内での活動，移動は，周囲の電荷や空間（ポア）の大きさによって制限される[17,20]．通常の一次壁におけるポアの大きさは 3～10 nm 程度であり，分子量 10 万をこえる物質の移動は著しく困難になる．そのためか，細胞壁酵素の多くはそのサイズが小さい．また，外部から抗体や酵素を与える際にも注意を要する[17,18]．さらに，一般に細胞壁の水伝導度は非常に大きいといわれているが，実際にはポアの大きさによって影響される[17]．イオン濃度やポアの大きさなどのアポプラスト環境は，細胞質との間の物質輸送や細胞壁代謝によってダイナミックに制御されており，それを介して植物のさまざまな生理機能が調節されている．

b. 細胞壁構造のダイナミクス
1）合　　成

 ⅰ）セルロース　　セルロースは，他の細胞壁構成成分とは異なって，細胞膜上にある合成酵素複合体によってつくられ，直接アポプラスト中に供給される[1~3]．凍結レプリカ法により高等植物の細胞膜割断面を観察すると，6 個の粒子からなる直径 25 nm ほどの集合体（ロゼット）が散在する様子が認められる．さらに，そこからセルロースのフィブリルが伸びていると見なされる像が得られ，ロゼットがセルロース合成酵素複合体であると考えられている．セルロース

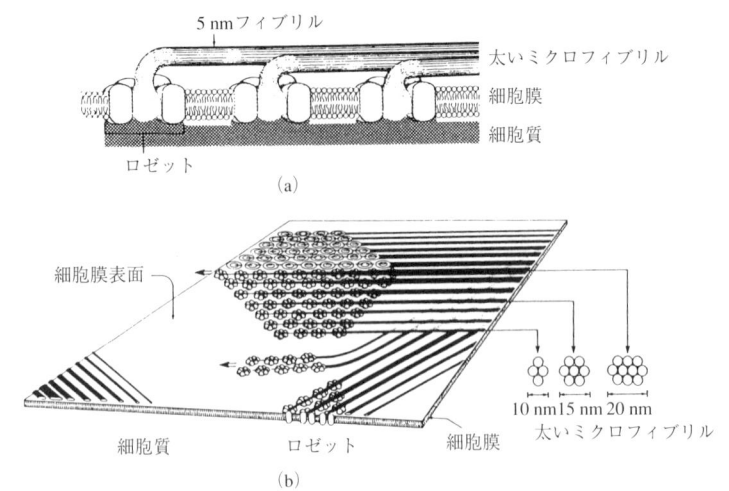

図 3.6 緑藻 *Micrasterias* におけるセルロース合成の模式図[3]
(a) 細胞膜断面の拡大図，(b) 細胞膜表面からの観察図．各ロゼットからは直径 5 nm のフィブリルが生成され，それらがさらに束ねられてより太いミクロフィブリルとなる．セルロース合成に当たっては，ロゼットはグループとなって細胞膜上を移動し，ミクロフィブリルを生み出すと考えられている．

合成に当たっては，ロゼットはグループとなって細胞膜上を移動し，産物であるミクロフィブリルを後に残すといわれている（図 3.6）．ミクロフィブリルの配向（図 3.6 ではセルロース合成酵素の移動方向）は，微小管の向きによって制御されている（第 4 巻 4.2 節参照）．なお，バロニアなどの藻類では，合成酵素複合体はロゼットを形成せず，直線的あるいは箱形に集合している（線状ターミナルコンプレックス）．

　セルロース合成酵素は多くの種類のペプチドから構成される膜タンパク質複合体であるため，活性を保ったまま単離することが困難である．そのため，前駆体がウリジン 5′-二リン酸（UDP）グルコースであり Mg^{2+} を要求すること以外は，その性質についてほとんど明らかになっていなかった．1996 年，細菌類のセルロース合成酵素遺伝子と部分的に相同性を示す遺伝子 *CelA* がワタから単離された[21]．その後，イネおよびシロイヌナズナから 10 数個以上の相同遺伝子が報告され，遺伝子ファミリーを形成していることが明らかにされた[22]．その中には，高温下でシロイヌナズナ根の肥大を引き起こす突然変異の原因遺伝子 *RSW1* も含まれている．*CeSA* と総称されるこれらの遺伝子は，図 3.7 に示す構造をもつ β-1,4-グルコシル転移酵素をコードし，グルカン鎖の非還元末端に UDP グルコ

ースのグルコース残基を転移する反応をつかさどると推察されている．また，CeSAタンパク質を認識する抗体がロゼットと結合することも示された[23]．このように，分子生物学的アプローチはセルロース合成機構に新しい展開をもたらした．しかし，この遺伝子の産物が推定どおりの化学反応を引き起こすかは必ずしも実証されておらず，プライマーはいらないのか，膜結合性β-1,4-グルカナーゼの役割は何か，あるいは脂質結合中間体は関与しないのか，など反応の中枢にかかわる問題が残されている．さらに，CeSA遺伝子だけでセルロース合成がまかなわれるとは考えられず，合成酵素複合体

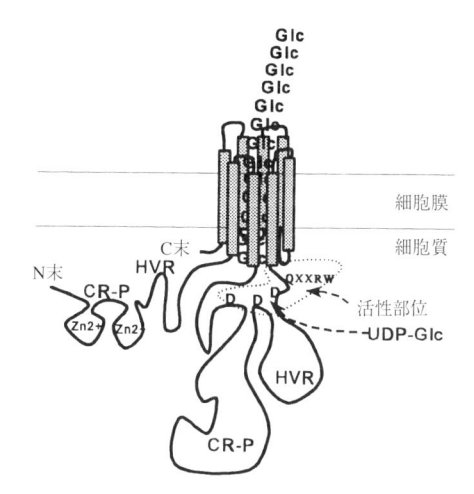

図3.7 セルロース合成に関与するCeSAタンパク質の構造[22]
CeSAタンパク質には八つの膜貫通領域があり，それに囲まれた中央部分でセルロース鎖がつくられると想像される．このタンパク質はほかに，活性部位（QXXRWモチーフを含む），保存領域（CR-P），変異の多い領域（HVR），Zn^{2+}結合部位を細胞質側にもつ．

を形成する他のペプチドの同定やそれらとCeSAタンパク質との相互作用について解明していく必要がある．なお，細胞膜が障害を受けたときやプロトプラストから細胞壁が再生される際にはセルロース合成酵素がカロース（β-1,3-グルカン）を合成するといわれてきたが，両者が物理的に分離できることが報告された[22]．すなわち，β-1,4-グルカン合成酵素とβ-1,3-グルカン合成酵素は，その構成ペプチドの少なくとも一部を異にしている可能性が高い．

ⅱ）マトリクス多糖およびタンパク質　マトリクス多糖はゴルジ体内腔で合成され，エキソサイトーシスによりアポプラスト中に分泌される[1〜3]（図3.8）．その過程は，阻害剤および糖鎖認識抗体を用いて組織学的に研究され，たとえば，ペクチン性多糖の合成はシ

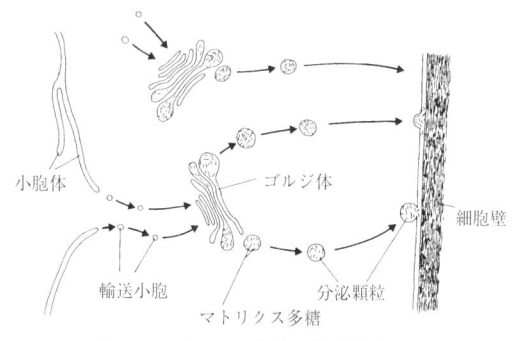

図3.8 マトリクス多糖の合成経路[1]

ス側から始まるがキシログルカンはトランス側のみで行われる,などの事実が明らかにされている[24].マトリクス多糖の前駆体もヌクレオチドニリン酸糖であり,多糖合成の前に(あるいは少なくとも同時に)細胞質からゴルジ体内腔に取り込まれる.マトリクス多糖は,基本的にセルロース合成の場合と同様にグリコシル基転移酵素の働きで合成される.関与する酵素の性質については生化学的,分子生物学的にいろいろと研究されている[25].また,*CeSA* 遺伝子ファミリーの中にキシログルカンや β-1,3:1,4-グルカン合成酵素をコードするものが含まれる可能性も指摘されている[22].しかし,側鎖をもつ多糖において決まった種類のグリコシル基が決まった順番で転移されるしくみなど,不明な点も多い.アポプラスト中に分泌されたマトリクス多糖は,セルロースと非酵素的に会合すると考えられている.

細胞壁タンパク質は,小胞体上のリボソームで合成された後,ゴルジ体経由でアポプラストに運ばれる.細胞壁酵素の中には糖タンパク質が多く,糖鎖の付加もゴルジ体内腔で行われる.また,エクステンシンの合成は,ペプチド鎖の合成,プロリンの水酸化,糖鎖付加,さらに細胞壁内での修飾,と多くの過程を経て行われる.

iii)フェノール化合物　リグニン前駆体であるケイ皮酸アルコールは,芳香族アミノ酸より,フェニルアラニン脱アンモニア酵素,O-メチル基転移酵素,リガーゼ,酸化還元酵素の働きで合成される.それがアポプラストに運ばれ,ペルオキシダーゼおよびオキシダーゼの働きで酸化重合される.リグニン合成機構の詳細は,突然変異株や遺伝子導入植物を用いて活発に研究されている.リグニンは前駆体の種類が多く合成経路も複雑であり,一部の過程を阻害することによって多様な構造のものがつくり出されている[26].一方,フェルラ酸や p-クマル酸がマトリクス多糖の側鎖にエステル結合する機構についてはわかっていない.

2) 修　　飾

アポプラスト中に分泌された細胞壁構成成分は,さまざまな化学的修飾を受ける.たとえば,エクステンシンのチロシン残基や β-1,4-キシランのアラビノース側鎖にエステル結合したフェルラ酸は,それぞれ二量体を形成する.前者ではイソジチロシンが,また,後者の反応によりジフェルラ酸のさまざまな異性体(5,5′, 8,8′, 8,5′, 8-O-4′ など)が生じ,ペプチド鎖あるいは多糖鎖間に架橋する.その過程はペルオキシダーゼによって触媒されるが,この酵素は一般に基質特異性が低く,リグニン合成を含めて各反応に関与するものを特定することは困難で

ある[27]．細胞壁中で起こる修飾として，もう一つキシログルカン分子間のつなぎ替えがあげられる．この反応はエンド型キシログルカン転移酵素の働きで起こり，多様な分子サイズの多糖を生み出す[28]．既存の分子と新しく合成された分子をつなぎ替えることにより，細胞壁の分解や構築に関与すると考えられている．

3) 分　　解

マトリクス多糖は，細胞壁酵素の働きによりアポプラスト内で分解される[1〜4]．各多糖の分解に複数種の加水分解酵素が関与しており，エンド型酵素とエキソ型酵素に区分される[1〜4]．キシログルカンやβ-1,3 : 1,4-グルカンは，両型の酵素の協調的な作用により中間的な大きさの多糖を経由する二段階過程で効果的に分解される[17]．一方，細胞壁の伸展を促すタンパク質として精製されたエクスパンシンが，セルロースとマトリクス多糖の間の水素結合を切断する作用をもつことが報告された[29]．その詳しい作用機構は明らかでないが，加水分解酵素と協同的に作用して細胞壁のゆるみをもたらす可能性がある．これらの酵素の活性は，そのタンパク質レベルばかりでなくアポプラストの環境によって大きく影響される[17,19]．また，アポプラスト中には細胞壁酵素活性を制御するタンパク質あるいはオリゴ糖も存在している[17,19]．以上に対して，アポプラスト中では，セルロース，タンパク質，あるいはリグニンの分解活性がほとんど検出されず，細胞壁は通常これらの成分を自力で分解できないと推定される．

c. 細胞壁の機能動態
1) 環　境　応　答

細胞壁を含むアポプラストは，植物体が最初に環境刺激（シグナル）に出合う場所であり，植物は細胞壁代謝を変化させてその物性を調節することによりシグナルに応答している[30]．環境シグナルのうち，光や水分に対する細胞壁の応答は以前から知られていたが，最近行われた宇宙実験（STS-95）の結果，植物は重力の大きさに応じて細胞壁代謝，特にキシログルカン分解を調節して物性を変化させ，重力に対抗することが明らかにされた[31]．このような細胞壁の機能は植物がその体制を維持する上で重要である．

細胞壁は病原性微生物の侵入に対する防御においても主導的な役割を担っている[1〜4]．微生物が植物細胞壁に侵入すると，微生物由来の酵素によって植物細胞壁の一部が分解されるか，逆に植物側の酵素の働きで微生物の細胞壁成分が部分分解される．その結果生じたオリゴ糖は植物に微生物の侵入を知らせる情報伝達

物質（エリシター）となる．エリシターは，エクステンシンやリグニンのように細胞壁を固くする成分の合成を促すとともに，抗菌物質であるフィトアレキシンの合成を誘導する．それら両方のしくみによって微生物の侵入が妨げられる．なお，細胞壁多糖由来のオリゴ糖が成長調節や分化などにも働くとの報告があるが，そのような作用は必ずしも一般的でない[20]．

2) 生活環の調節

植物の生活環の円滑な進行においても，細胞壁は重要な役割を担っている（第4巻参照）．発芽は，種子細胞壁の選択的で効果的な分解なくして起こらない．成長中の芽生えでみられる細胞分裂，細胞伸長，細胞分化の調節においても，細胞壁は主導的な働きをしている．細胞壁は細胞の大きさばかりでなくその形も決めており，器官や植物体全体の形態形成にも深くかかわっている．また，生殖成長期にみられる花粉形成，花粉と柱頭との相互作用，花粉管の花柱内での伸長なども，細胞壁の性質に依存している．さらに，老化期に起こる果実の軟化，葉の老化，器官脱離は，器官特異的な細胞壁変化に基づいて起こる．このように，細胞壁は生活環の諸過程に共通する調節の場となっている．

ここ数年の間に，植物細胞壁構成成分の合成，修飾，分解にあずかる酵素の遺伝子についての情報が飛躍的に増えつつある．それらの酵素に関する突然変異体や遺伝子導入植物の積極的な利用によって，細胞壁の構造と機能についての理解が今後いっそう進むものと期待される．ただし，細胞壁は核の支配から最も遠い場所に位置しており，遺伝子産物である酵素の活性は細胞内とは大きく異なるアポプラスト環境によって強く影響される．細胞壁機能の真の理解のためには，遺伝子解析と同時に各酵素の *in situ* での反応機構をきちんと解明する必要があり，さらに反応の対象となる細胞壁構成成分の構造変化を正確に精度よく把握できる分析技術の飛躍的な向上が不可欠となろう．

〔保尊隆享〕

文　献

1) 増田芳雄：UPバイオロジー 60, 植物の細胞壁，東京大学出版会（1986）
2) 桜井直樹ほか：植物細胞壁と多糖類，培風館（1991）
3) Brett, C. and Waldron, K.: Physiology and Biochemistry of Plant Cell Walls (2nd Ed.), Chapman & Hall (1996)
4) Fry, S. C.: The Growing Plant Cell Wall: Chemical and Metabolic Analysis, Longman (1988)
5) Fujino, T. and Itoh, T.: *Plant Cell Physiol.*, **39**: 1315-1323 (1998)
6) Swatzell, L. J. *et al.*: *Plant Cell Physiol.*, **40**: 173-183 (1999)

7) Sugiyama, J. and Tomoya, I. : *Trends Glycosci. Glycotechnol*., **11** : 23-31（1999）
8) McNeil, M. *et al*. : *Ann. Rev. Biochem*., **53** : 625-663（1984）
9) Matoh, T. and Kobayashi, M. : *J. Plant Res*., **111** : 179-190（1998）
10) 谷本英一：植物の化学調節, **34** : 10-20（1999）
11) Bordenave, M. : Plant Cell Wall Analysis, pp.165-180, Springer-Verlag（1996）
12) Hayashi, T. : *Ann. Rev. Plant Physiol. Plant Mol. Biol*., **40** : 139-168（1989）
13) Levy, S. *et al*. : *Plant J*., **1** : 195-215（1991）
14) Reiter, W.-D. *et al*. : *Science*, **261** : 1032-1035（1993）
15) Cassab, G. I. : *Ann. Rev. Plant Physiol. Plant Mol. Biol*., **49** : 281-309（1998）
16) Fry, S. C. : *Ann. Rev. Plant Physiol*., **37** : 165-186（1986）
17) 保尊隆享：植物ホルモンと細胞の形（今関英雅，柴岡弘郎編）, pp.95-107, 学会出版センター（1998）
18) Hoson, T. : *Int. Rev. Cytol*., **130** : 233-268（1991）
19) Sakurai, N. : *J. Plant Res*., **111** : 133-148（1998）
20) Hoson, T. : *J. Plant Res*., **106** : 369-381（1993）
21) Pear, J. R. *et al*. : *Proc. Natl. Acad. Sci. USA*, **93** : 12637-12642（1996）
22) Delmer, D. P. : *Ann. Rev. Plant Physiol. Plant Mol. Biol*., **50** : 245-276（1999）
23) Kimura, S. *et al*. : *Plant Cell*, **11** : 2075-2085（1999）
24) Staehelin, L. A. and Moore, I. : *Ann. Rev. Plant Physiol. Plant Mol. Biol*., **46** : 261-288（1995）
25) Bucheridge, M. S. *et al*. : *Plant Physiol*., **120** : 1105-1116（1999）
26) Whetten, R. W. *et al*. : *Ann. Rev. Plant Physiol. Plant Mol. Biol*., **49** : 585-609（1998）
27) Hoson, T. : Glycoenzymes（Ed. Ohnishi, M.）, pp.137-147, Japan Scientific Societies Press（1999）
28) Nishitani, K. : *Int. Rev. Cytol*., **173** : 157-206（1997）
29) Cosgrove, D. J. : *Ann. Rev. Plant Physiol. Plant Mol. Biol*., **50** : 391-417（1999）
30) Hoson, T. : *J. Plant Res*., **111** : 167-177（1998）
31) 保尊隆享：植物の化学調節, **34** : 226-235（1999）

3.2 細 胞 膜

a. 細胞膜とは

　植物細胞における細胞膜（cell membrane, plasma membrane）は，細胞壁と細胞質の間に存在する構造体である．細胞壁を除いて細胞の最外層に位置するため，オルガネラというイメージは少ないが，細胞内での機能分担を果たしているという意味では，一つのオルガネラと考えることができる．本節では，この細胞膜の構造と機能について概説する[1]．

1) シンプラストとアポプラスト[2]

　多細胞体の高等植物では，生殖細胞など，ごく一部の細胞を除いて，根の先端から茎や葉の先端に至るまで，すべての細胞が原形質連絡（plasmodesmata）でつながっていると考えられている（図3.9）．原形質連絡は，低分子量の物質は自由に通過させることができる．また，状況によってタンパク質，核酸あるいはウイルスなどの高分子を通すことも知られている．このことから，多細胞体植物の細胞は，細胞壁が複雑に陥入してはいるが，実は，一枚の細胞膜で覆われ細胞質

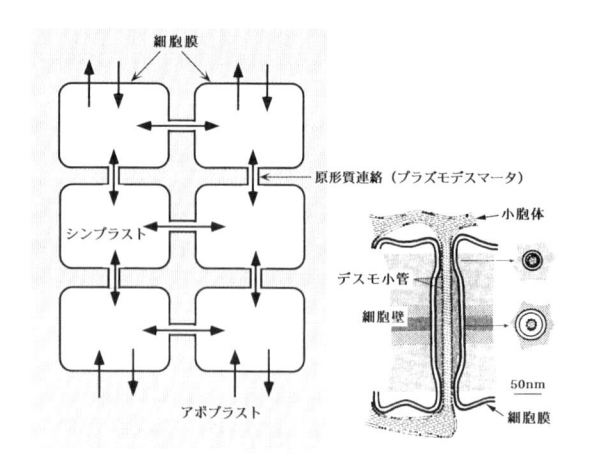

図3.9 植物個体におけるシンプラスト，アポプラスト概念図と原形質連絡[2]
植物は，アポプラスト（主に細胞壁からなる）の中にシンプラスト（細胞膜の内側部分のつながり）が埋め込まれた構造をとっていると考えられる．各細胞の細胞質部分をつなぐのが原形質連絡である．原形質連絡中には，両側細胞の小胞体のつながりであるデスモ小管が通っているとされている．

レベルですべてつながっている一つの多核巨大細胞と考えることもできる．この細胞内がすべてひとつながりになった構造に対して，シンプラスト（symplast）という言葉が与えられている．

　シンプラストが，1枚の細胞膜に囲まれた一つの内部構造とすると，細胞膜の外側にある細胞壁も，植物体全体でひとつながりになった構造を推定することができる．これをアポプラスト（apoplast）と呼んでいる．アポプラストは，細胞膜の外側に存在するすべてであり，細胞壁のみならず道管なども含んだ概念である．アポプラストの構成要素である細胞壁は，水溶液で満たされており，そこには各種イオンおよび多種類のタンパク質（酵素）が存在し，細胞質と同様に重要なさまざまな生命活動が行われている．

　シンプラストの内部環境とアポプラストの内部環境を維持するために，その境界にある細胞膜には，種々の機能が備わっている．

2）境界としての細胞膜

　細胞内が一定の環境を維持できるのは，細胞膜によって細胞の内と外が仕切られていることによる．細胞膜は，外界の水溶液空間に，細胞の中という別の水溶液の空間をつくり出すことを可能にした構造である．そのためには，溶媒としての水や水溶性物質が細胞膜を自由に通過できては，一定の環境を維持できない．

こうして，細胞膜は，疎水性構造（より正確には両親媒性）をもつ脂質二重層を基本構造としてもち，細胞内に外部環境とは異なる水溶液空間の出現を可能にした．

細胞膜を構成している脂質二重膜は，酸素や二酸化炭素などの気体，脂質に溶けやすい疎水性物質以外の物質はほとんど透過させない．ところが，生物が必要とする水溶性物質が脂質二重膜を通過できなければ，細胞は外の環境との間で，物質や情報のやりとりを自由に行うことができない．この矛盾を解決するために，細胞は，脂質二重膜の中に，水溶性物質が膜を通過することのできる輸送用分子と，環境で起こっている出来事を認識できる情報受容分子を組み込むことに成功した．これが細胞膜に存在する種々のタンパク質の役割である．

b. 細胞膜の構成要素

細胞膜は，厚さ約 7～10 nm，密度 1.13～1.20 g/ml で，脂質二重膜の中にタンパク質が埋め込まれている流動モザイク構造をとっている[3]．初期の流動モザイクモデルでは，脂質の海に，自由に移動するタンパク質が浮かんでいるという構図が想定されていたが，近年の研究では，脂質とタンパク質の相互作用，タンパク質同士（膜タンパク質間，あるいは膜タンパク質と細胞質タンパク質間）の相互作用の存在が重要視されるようになっている．

細胞膜を純度高く単離する手法として，細胞を破砕後，(1) グリセロール，ショ糖，フィコール，デキストランなどを用いて，密度の違いで分ける平衡密度勾配遠心法（isopycnic density-gradient centrifugation），(2) デキストラン-ポリエチレングリコールを用いて，膜表面の荷電あるいは表面の親水性-疎水性の性質の違いを利用して分ける水性二層分配法（two phase partition），(3) 緩衝液中を電気泳動することで，表面荷電の違いを利用して分ける自由流動連続電気泳動法（free flow electrophoresis）などがある[3]．

これらの手法により得られた細胞膜標品を用いて，細胞膜の構成要素やその機能の研究が進められてきた．

1) 脂　　質

細胞膜を構成する脂質は，その構造内に親水基と疎水基をもつ両親媒性の分子である．この分子が二重構造をとることにより，疎水性環境を内部にもつ細胞膜で囲まれた親水性の細胞内環境が成立する．膜脂質は主にリン脂質，ステロール，糖脂質からなっている[1]．リン脂質は，ホスファチジルコリンとホスファチジルセ

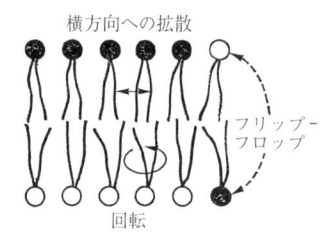

図3.10 膜における脂質分子の運動[1]

リンを主成分とし,リン脂質を構成する脂肪酸としては,パルミチン酸(16:0),リノール酸(18:2),リノレン酸(18:3)などが知られている.ステロールとしては,スチグマステロール,β-シトステロールなどがある.また,糖脂質としてセレブロシドの存在が報告されている.生体膜を構成する脂質の種類は,脂質二重層の表側と内側で違うことが知られており,生体膜は非対称である.

生体膜中の脂質分子は,同一層での回転運動や側方拡散(lateral diffusion),あるいは表層から裏層,裏層から表層へ,膜を横切る運動(フリップ-フロップ)など,さまざまな動きをする(図3.10).膜脂質の側方拡散の速度は,拡散係数にして 10^{-8} cm^2/s と速いが,フリップ-フロップの速度は非常に遅い.生体膜には,リン脂質のフリップ-フロップを触媒する酵素(リン脂質フリッパーゼ)が存在して,重要な生理機能を担うことが明らかとなりつつある.

膜タンパク質の中には,膜から可溶化すると活性を失うが,再度脂質を与えると活性を回復するものが多い.これは,膜タンパク質がその機能発現に(特定の)脂質を要求することを示しており,脂質とタンパク質の相互作用がタンパク質の立体構造の維持に重要な働きをしていることを反映している[1].

膜脂質を構成する脂肪酸の炭化水素鎖の長さや不飽和結合度の違いが,植物本体の温度感受性に影響を与えることが知られているが,これは温度による膜脂質の流動性の違いが,膜タンパク質の機能発現に影響を与えていることによると考えることができる.

2)タンパク質

細胞膜を構成する脂質部分は,前述したように細胞が必要とする物質(エネルギー)と情報の移動障壁として働いている.これらを細胞膜を介して運ぶ役割をするのが膜タンパク質である.物質やエネルギーの移動に働くタンパク質を輸送体,情報の移動に働くタンパク質を受容体と呼ぶ.一般に,膜タンパク質は表在性タンパク質(peripheral protein)と内在性タンパク質(integral protein)の二つに分けられるが,輸送体と受容体は後者に分類される.

ⅰ)輸送体タンパク質　生体膜には,物質やエネルギーの輸送に働くさまざまな種類の膜タンパク質が存在する(図3.11)[4].細胞の内外に物質の濃度差があるということは,そのエネルギーレベルの差をつくり出すために,不断のエネル

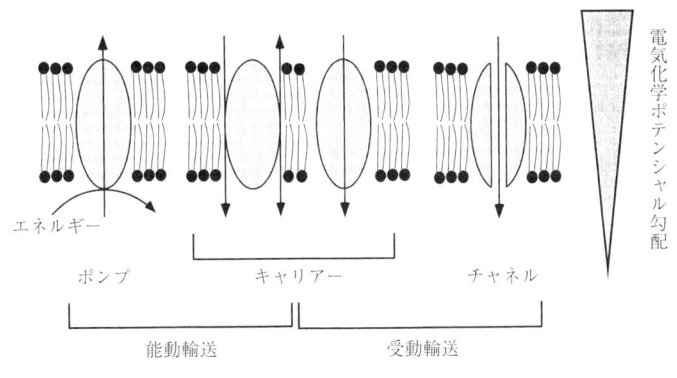

図 3.11 生体膜輸送体タンパク質と輸送機構

ギーの投入を必要とするということである．膜の両側に物質の濃度差がつくり出せる状態を，膜が高エネルギー状態にあると呼び，高エネルギー状態をつくり出すことのできる輸送体タンパク質をポンプと呼ぶ．ポンプは，アデノシン三リン酸（ATP）のような化学結合エネルギー，ニコチンアミドアデニンジヌクレオチド（NADH）のような酸化還元エネルギー，あるいは光（エネルギー）などを用いて，膜系に高エネルギー状態をつくり出す．ポンプが行う輸送を一次能動輸送と呼ぶ．

　生体膜のエネルギー状態（電気化学ポテンシャル勾配）に従って物質を運ぶことができるタンパク質がキャリアー（トランスポーター）とチャネルである．キャリアーは，物質をいったん自分自身に結合して輸送を行うタンパク質で，能動輸送を行えるものと，受動輸送だけを行うものが存在する．能動輸送を行うキャリアーは，ポンプによって形成された高エネルギー状態を，他の物質を輸送するためのエネルギーとして利用できる．これを二次能動輸送と呼ぶ．チャネルは，生体膜に特定物質を選択的に通過させる孔をつくるタンパク質で，電気化学ポテンシャル勾配に従う受動輸送のみを行う．

　ⅱ）受容体タンパク質　　植物のまわりには，光，温度，重力，風あるいは接触のような物理環境，植物ホルモン，栄養塩などの化学物質環境，さらには昆虫・菌類や他の植物などの生物環境が存在する．これらすべてが，植物に細胞外情報をもたらしている．この情報認識に働くのが，細胞膜上にある受容体タンパク質である．細胞膜に存在する受容体タンパク質として，現在までに知られている代表的なものは，イオンチャネルやプロテインキナーゼ受容体である．

表 3.1 これまでに知られている代表的細胞膜タンパク質

タンパク質	生理機能	植物名	代表的遺伝子名	文献
ポンプ	H^+ポンプ	シロイヌナズナ	AHA 1〜3	8)
キャリアー	ショ糖トランスポーター	シロイヌナズナ	AtSUC 1〜2	10)
	アミノ酸トランスポーター	シロイヌナズナ	AAP 1〜6	10)
	K^+トランスポーター	コムギ, オオムギ	HKT 1	11)
	リン酸トランスポーター	シロイヌナズナ	PHT 1〜2	12)
	硝酸トランスポーター	シロイヌナズナ	CHL 1 ACH 1〜2	11)
チャネル	K^+チャネル	シロイヌナズナ	AKT 1 KAT 1 SKOR	14)
二成分制御系	エチレンレセプター	シロイヌナズナ	ETR 1	18)

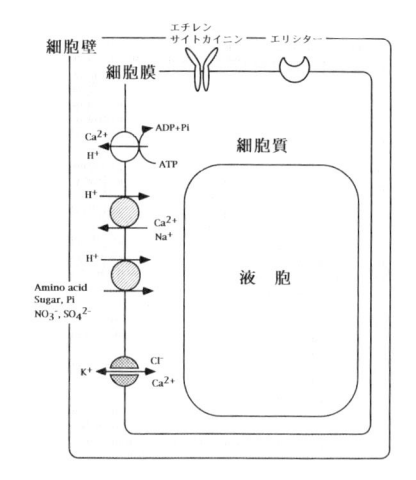

図 3.12 植物細胞膜で知られている, 代表的な輸送体タンパク質と受容体タンパク質

細胞膜上の記号は, それぞれ輸送体タンパク質 (○:ポンプ, ◎:キャリアー, ◉:チャネル), および受容体タンパク質 (Y:二成分制御系, ♡:エリシター受容体) を表している.

図 3.12 に, 植物細胞膜で知られている代表的な輸送体タンパク質と受容体タンパク質を示す. また, 表 3.1 に, これまで見出されている代表的な輸送体タンパク質と受容体タンパク質の遺伝子を示す.

c. 物質の移動とエネルギーの変換

細胞の内外には, 細胞膜を介して物質の濃度勾配と電位勾配 (膜電位) が存在する. この勾配は, 種々のエネルギーの投入に伴う物質の移動の結果としてつくり出され, その他の物質の移動や情報の受容に働いている.

1) 膜の物質輸送に関する理論[5]

生体膜を介した物質移動では, 電気化学ポテンシャル勾配がその駆動力として働く. 電荷をもたない分子は化学ポテンシャル勾配(濃度勾配)に従って動くが, 電荷をもつイオンは電気化学ポテンシャルの勾配に従って動く. j 種のイオンの電気化学ポテンシャル μ_j は次のように表される.

$$\mu_j = \mu_j^* + RT \ln C_j + z_j F \psi \tag{3.1}$$

C_j, z_j, ψ はそれぞれイオン濃度（厳密には活量），符号を含めたイオン価，電位を示す．R, T, F はそれぞれ気体定数，絶対温度，ファラデー定数である．μ_j^* は標準状態すなわち $C_j=1$, $\psi=0$ における電気化学ポテンシャルである．今ここで j 種のイオンについて細胞外の μ_j を μ_j^o，細胞内の μ_j を μ_j^i とすると，その差 $\Delta\mu_j$ は，

$$\Delta\mu_j = \mu_j^i - \mu_j^o = RT \ln C_j^i/C_j^o + z_j F \Delta\psi \tag{3.2}$$

となる．$\Delta\psi$ は，細胞外を基準にとった細胞内外の電位差である．$\Delta\mu_j=0$ のとき，すなわち $\mu_j^i=\mu_j^o$（平衡状態）のときにはイオンの正味の移動は起こらない．このようなとき，$\Delta\psi$ は次式で与えられる．

$$\Delta\psi = E_j = -RT/z_j F \ln C_j^i/C_j^o \tag{3.3}$$

この E_j を特にネルンスト（Nernst）の平衡電位という．式 (3.3) は 20℃ では，

$$E_j = -58/z_j \ln C_j^i/C_j^o \; (\text{mV}) \tag{3.4}$$

となる．

物質の輸送が電気化学ポテンシャル勾配に従って生じる場合を受動輸送と呼び，エネルギーを使って電気化学ポテンシャル勾配に逆らって行われる場合を能動輸送と呼ぶ．実際の輸送が，受動輸送か能動輸送かを判断するには，細胞内外の電気化学ポテンシャル差を計算で求める．式 (3.2) で $\Delta\mu_j$ を計算したときに，$\Delta\mu_j<0$ ならば（$\mu_j^i<\mu_j^o$），その物質は細胞外から細胞内へ受動的に移動しており，ついには平衡に達するはずである．平衡からずれた定常状態が保たれるためには物質は細胞内から細胞外へ能動的に輸送されていることになる．$\Delta\mu_j>0$ ならば逆のことがいえる．

物質の正味の移動がないときは，細胞膜の内外の電気化学ポテンシャルが釣り合っていることになり，膜電位は式 (3.3) の平衡電位になる．

2）植物細胞の膜電位

植物細胞では，外液 o に対する細胞質 c の電位，すなわち，細胞膜電位 E_{co} や，細胞質に対する液胞 v の電位，すなわち液胞膜電位 E_{vc}，さらに各オルガネラ膜にはそれぞれのオルガネラ膜電位が形成されている．表 3.2 にみられるように，一般に E_{co} は負，E_{vc} は正の値をもつ．淡水産藻類細胞では，E_{vc} は 10〜20 mV 正であるのに対し，E_{co} は -150〜-200 mV もの大きい負の値になる．なお，Bertl ら[19]は，細胞質を中心として電位を考えるよう提案しており，それによれば，液胞膜電位は液胞内を基準として考えることになる．その場合には E_{vc} は E_{cv} となって，符号が逆になる．パッチクランプ法では，この基準が用いられることが多

表 3.2 藻類細胞の細胞内イオン分布および細胞内電位
(Raven, 1976 より改変)

種	イオン	濃度 (mM)			電位 (mV)		
		外液	細胞質	液胞	E_{co}	E_{vc}	E_{vo}
Hydrodictyon africanum (淡水産)	K^+	0.1	93	40	-116	$+26$	-90
	Na^+	1.0	51	17			
	Cl^-	1.3	58	38			
ヒメフラスコモ (淡水産)	K^+	0.1	125	80	-170	$+16$	-154
	Na^+	0.2	5	28			
	Cl^-	1.3	36	136			
シラタマモ (汽水産)	K^+	3.6	180	140	—	—	-180
	Na^+	171	27	170			
	Cl^-	182	56	340			
オオバロニア (海産)	K^+	11	434	625	-71	$+88$	$+17$
	Na^+	485	40	44			
	Cl^-	590	138	643			
カサノリ (海産)	K^+	10	400	355	-174	0	-174
	Na^+	470	57	65			
	Cl^-	550	480	480			

E_{co}, E_{vc}, E_{vo} はそれぞれ外液-細胞質間電位, 細胞質-液胞間電位, 外液-液胞間電位を示す. —は測定されていない.

いが, ここでは, 従来からの基準を用いて説明した.

膜電位は, ガラス管を細く引いて中に濃い KCl 溶液を詰めてつくった微小電極を細胞内に差し込み, それと外液中の不関電極との間の電位差として測定される. 微小電極法を適用できないような小さい細胞や細胞器官の場合は, 膜電位に依存して細胞内外に分布する有機カチオンのトリフェニルメチルホスホニウムや, 蛍光が変化する 8-アニリノ-1-ナフタレンスルホネートなどの色素を用いて測定する.

3) 起電性 H^+-ATPase と一次能動輸送

植物の細胞膜には ATP の加水分解エネルギーを利用して, H^+ (プロトン, 陽子) を細胞内から細胞外に運び出す H^+-ATPase の存在が知られている[6]. この ATPase (アデノシントリホスファターゼ) のことを H^+ を輸送するポンプという意味で H^+ ポンプと呼ぶ. 遺伝子から推定されたアミノ酸配列により, 図 3.13 のような膜貫通構造をとっていることが示唆されている[7]. 細胞膜 H^+-ATPase は分子量約 10 万の一ないし二量体として機能していると考えられている. 高等植物では多重遺伝子族を形成し (表 3.1), 組織によって異なる分子種が発現している

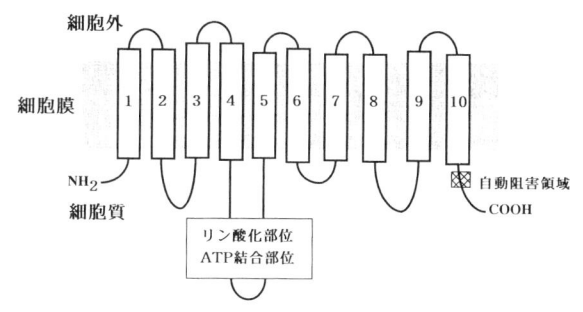

図 3.13 　細胞膜 H^+-ATPase の生体膜貫通構造と分子内機能ドメイン[7]

ことが報告されている[8].

　H^+ ポンプが働くことにより，細胞内が弱アルカリ性，細胞外が弱酸性に保たれる．こうして細胞の内外に H^+ の濃度勾配が形成される．さらに，H^+ としてプラスの電荷が運び出されるため，細胞内が負になるような電位勾配も形成される[9].植物細胞は細胞膜の H^+-ATPase により，細胞の内外に H^+ の高い電気化学ポテンシャル勾配が維持されている．細胞膜の内外に形成された H^+ の電気化学ポテンシャルの差が，植物細胞膜における高エネルギー状態にほかならない．したがって H^+-ATPase は，植物細胞膜において，最も重要な輸送体タンパク質ということができる．

　細胞膜 H^+-ATPase は数十 μM レベルのバナジン酸によって特異的に阻害されることから，バナジン酸依存性の ATPase 活性が，細胞膜の標識酵素活性として利用されている．細胞膜のその他の標識酵素としては，グルカン合成酵素 II などが知られている．

　最近，細胞膜には，一次能動輸送体として，H^+-ATPase のほかにも Ca^{2+}-ATPase の存在が知られるようになった（図 3.12 参照）．また，ABC（ATP binding cassette）トランスポーターと呼ばれる一次能動輸送体が，植物体でも知られるようになってきた．ABC トランスポーターは，1 機能分子内によく保存された ATP 結合部位を二つ有する膜タンパク質ファミリーに属する膜輸送体で，動物細胞や植物液胞膜では，代謝産物や異物の輸送に働くことが知られている．植物細胞膜では，まだ生理的な解析は全く進んでいないが，今後複数の輸送体が報告されてくるものと予想される．

4）キャリアーと二次能動輸送

　生体膜において物質輸送に働く膜タンパク質のうち，ポンプと同様に，基質物

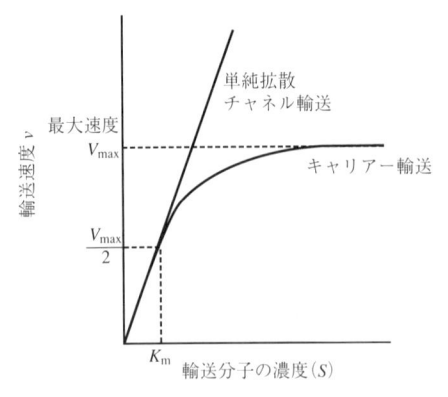

図 3.14　生体膜輸送系のキネティクス
単純拡散とチャネル輸送は，輸送分子の濃度が上がっても輸送速度が飽和しない．キャリアー輸送は，輸送基質の輸送体への結合を必要とするため，輸送分子の濃度が一定以上になると輸送速度が飽和する．

質をいったん分子内の特定部位に結合して輸送を行うタンパク質で，ポンプ以外のものをキャリアーと呼ぶ[10,11]．キャリアーには，能動輸送を行うものと，受動輸送を行うものが存在する．受動輸送は促進拡散と呼ばれる．いずれも，その輸送活性はミカエリス-メンテン（Michaelis-Menten）型の飽和曲線を示す（図3.14）．ミカエリス定数 K_m が，輸送タンパク質の基質に対する親和性を表し，最大吸収速度 V_{max} が，輸送タンパク質分子の最大活性でその分子数に比例した値になる．

　能動輸送を行うキャリアーは，ポンプによって形成された特定物質の電気化学ポテンシャル勾配を，他の物質の輸送のためのエネルギーとして利用できる．細胞膜や液胞膜に存在する H^+ ポンプが，それぞれの膜を介して H^+ の電気化学ポテンシャル勾配をつくり出す．H^+ の電気化学ポテンシャル勾配は，通常，細胞膜では細胞外から細胞内に，液胞膜では液胞から細胞質に向かっている．この電気化学ポテンシャル勾配に従って移動する H^+ の流れを利用して，その他の物質を，その電気化学ポテンシャル勾配に逆らって移動させることができる．これが能動輸送を行うキャリアーである．H^+ の電気化学ポテンシャル勾配を利用して物質の輸送を行うことから，H^+ 共役型輸送と呼ばれている．特に，電気化学ポテンシャル勾配に従って動く物質と逆らって動く物質が同一方向に輸送される場合をシンポート（輸送タンパク質をシンポーター）と呼び，それぞれが逆方向に輸送される場合をアンチポート（輸送タンパク質をアンチポーター）と呼ぶ（図3.11参照）．ただし，2種類の輸送基質を同時にいずれも電気化学ポテンシャル勾配に従って移動させるキャリアータンパク質も知られている．

　植物成長における栄養塩の大部分は細胞膜の H^+ シンポーターによって細胞内に吸収される．すでに，硝酸や NH_4^+，K^+，硫酸，リン酸のシンポータータンパク質をコードすると推定される遺伝子が見つかっている．また，Na^+ や Ca^{2+} のように細胞内に多量に存在すると具合の悪い物質は，細胞膜の H^+ アンチポーター

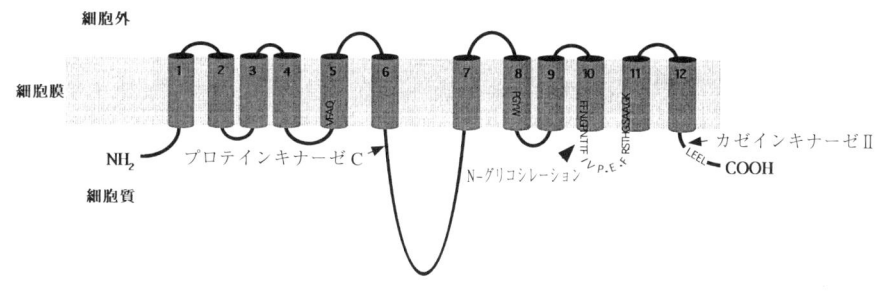

図 3.15　細胞膜 H^+/リン酸共輸送体の生体膜貫通構造と分子内機能ドメイン[12]

によって細胞外に運び出される．キャリアーの多くは，図 3.15 に示すように，12回貫通型の膜タンパク質である[12]．

5) イオンチャネルと受動輸送

受動輸送には，酸素や二酸化炭素のような気体分子あるいは疎水性物質が，細胞膜の脂質部分に溶け込み，電気化学ポテンシャル勾配に従って移動する単純拡散，特定物質を選択的に通過させる孔をつくる膜タンパク質（チャネル）を介して行われる輸送，それに輸送物質を一度輸送タンパク質であるキャリアーに結合するが，輸送の方向は電気化学ポテンシャル勾配によって規定されている促進拡散の3通りがある（図 3.14 参照）．呼吸や光合成で重要な役割を果たしている気体分子は，植物細胞では，単純拡散で細胞膜を通過していくものと信じられている．

イオンはイオンチャネル内の孔を拡散で移動する．ポンプやキャリアーと違い，一つ一つの輸送基質が個々の輸送タンパク質に共有結合した形で運ばれる必要がないので，単位時間あたりの輸送量が圧倒的に大きい．通常，チャネルを通過するイオンは 1 秒間に $10^6 \sim 10^7$ 個に達する．これに対し，ポンプやキャリアーが運べる量は毎秒 $10^2 \sim 10^3$ 個にすぎない．動物細胞における研究から，チャネルにはイオン透過のための孔以外に，チャネルの開閉を制御するゲート機構，通過できるイオンの種類を決めるフィルターなどが存在するものとされている．また，チャネルの開閉は膜電位で制御される場合と化学物質の結合によって制御される場合があり，それぞれにおいて電位センサー部位や化学物質結合部位が存在する．動物の神経細胞において，膜電位の大きさや神経伝達物質の結合に応じて開閉するイオンチャネルが代表的なものであるが，植物にも類似のイオンチャネルが知られている．

植物細胞では，細胞膜，液胞膜，チラコイド膜のいずれにおいてもイオンチャネルの存在が報告されている[13,14]．陽イオンチャネルとしてK^+チャネルやCa^{2+}チャネル，陰イオンチャネルとしてCl^-チャネルなどが代表的なものである．CAM植物の液胞膜には，リンゴ酸のような有機化合物イオンを通過させるチャネルの存在も知られている．植物成長において最も重要な水分子を選択的に通過させる水チャネルも見出されている（第2巻の4章参照）．すでに，多くのイオンチャネルで遺伝子が単離され，分子レベルの機能解析が始められている．

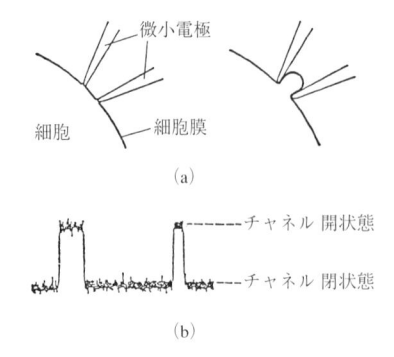

図3.16 パッチクランプ法によるイオンチャネルの測定[15]
(a) 細胞膜の微小部分にガラス電極を接触させ電極内の膜部分に存在するイオンチャネルを通る電流を測定する．(b) 一つのイオンチャネルを通った膜電流．チャネルが開いているときだけ電流が測定される．

i）パッチクランプ法 膜の電気的性質を測定する手法として，電圧（膜電位）固定（ボルテージクランプ）法が存在する．これは生体膜に存在する多くの輸送系タンパク質が膜電位に依存してその活性を変えることと，輸送されるイオンの移動が電気化学ポテンシャル勾配（膜電位差と濃度差の二つのパラメーターをもつ）によっていることから，正確なイオンの移動量を推定するために，膜電位を人為的に特定の値に固定し，その際のイオンの移動量を電流として測定しようとする手法である．電圧（膜電位）固定法を，生体膜のきわめて微小な範囲（パッチ）に応用すると，個々のイオンチャネルタンパク質1分子の孔を通過するイオンを電流として測定することができる．これをパッチクランプ法と呼ぶ（図3.16）[15]．パッチクランプ法で測定されるものは，イオンの流れによって生じる電流であるが，測定の際の溶液組成など，実験条件をさまざまに設定することにより，電流を運んでいるイオンの種類を同定することが可能である．こうして，それぞれの生体膜に異なる種類のイオンを選択的に通過させるイオンチャネルが存在することが分子レベルで証明された．

6）膜動輸送

細胞内で合成されるタンパク質や多糖類などの高分子物質の輸送は，これまでに述べたポンプ，キャリアー，チャネルなどの輸送体タンパク質で行うことは難

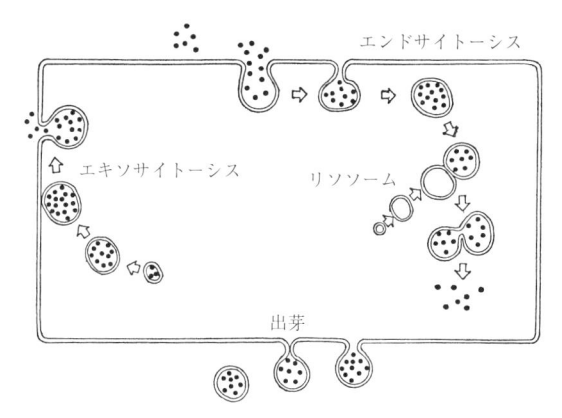

図 3.17 エキソサイトーシス，エンドサイトーシスならびに出芽による膜動輸送のしくみ[1]

しい．細胞膜を介したこれらの高分子物質の出し入れを行うのが膜動輸送（サイトーシス：cytosis）と呼ばれる現象である（図3.17）[16]．細胞内の小胞が細胞膜と融合して，小胞内物質が細胞外に放出されるエキソサイトーシス（exocytosis）と，逆に細胞外の物質を細胞膜のくびれ内に取り込んで，さらにそれが小胞として細胞内に遊離するエンドサイトーシス（endocytosis）の2種類の過程が知られている．高等植物では，多糖性の粘液分泌，細胞壁のセルロース以外の構成成分の分泌などがエキソサイトーシスによることが報告されている．エキソサイトーシスによって過剰になった細胞膜の回収にはエンドサイトーシスが用いられるとされているが，いずれも分子レベルの解析は今後の課題である（4.2節参照）．

d. 情報の受容と伝達

植物のまわりには，光，温度，重力，風あるいは接触のような物理環境，植物ホルモン，栄養塩などの化学物質環境，さらには昆虫・菌類や他の植物などの生物環境が存在する．これらすべてが，植物に細胞外情報をもたらしている．光や温度，重力は，直接細胞内物質に作用することができるが，接触刺激や化学物質，あるいは他の生物の存在を知るためには，細胞膜による情報認識機構が必要になる．この情報認識に働くのが，細胞膜上にある受容体タンパク質である．

1）イオンチャネルと膜興奮性

物質の輸送に働くイオンチャネルの大半は，チャネル内にゲート構造をもち，ゲートが開くときのみエネルギー勾配に従ったイオンの移動を可能にする．この

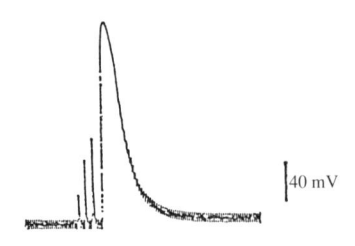

図 3.18 シャジクモの活動電位
4回めの刺激で膜電位が閾値に達し活動電位が発生した．膜のイオン透過性を測定するために小さい電流パルスが与えてある．電流パルスに対する電位応答が小さいほどイオンは通りやすい．

ゲートの開閉が環境条件によって制御される場合に，イオンチャネル自身が環境情報受容体タンパク質として機能する．たとえば，オジギソウに触れると葉が閉じる現象は，植物が接触という刺激を感受することによる．ここには接触感受性チャネル（機械感受性チャネル）が働いていると考えられている．

イオンチャネルが開閉すると，そのときに流れるイオンに応じて，細胞内の電気的状態が一過的に変動する．通常，植物細胞では，細胞内は細胞外に対して約 100～200 mV 負の状態になっている．この電位差が一時的に変動する現象を活動電位の発生と呼び，イオンチャネルを介した環境情報受容の際の最初の物理現象として知られている[17]．活動電位を発生する能力をもつ細胞を興奮性細胞と呼ぶ．動物では神経，骨格筋，心筋がよく知られている．植物ではシャジクモ類，カサノリ，オジギソウおよびハエジゴク，ムジナモなどの食虫植物が興奮性をもつ．最近では，トマトで昆虫による食害に際して活動電位が発生し，昆虫に忌避的に働くプロテアーゼインヒビター（protease inhibitor）の合成が誘導されることが示されている．オジギソウ，ハエジゴク，ムジナモなどでは，活動電位が植物の運動と密接に関係していることが知られている．

一般に植物の活動電位は数秒～10数秒かかり，動物における数ミリ秒と比べて非常にゆっくりとしている．図 3.18 にシャジクモの活動電位が示してある．活動電位の発生は「全か無かの法則」に従っている．活動電位の発生直後には再び刺激をしても活動電位を発生しない．この時期を不応期と呼ぶ．イカの神経を用いた Hodgkin と Huxley の研究によれば，静止状態では他のイオンよりも K^+ に対する透過性が大きく，膜電位はほぼ K^+ の平衡電位にあるが，電気刺激により膜が興奮すると Na^+ チャネルが開き Na^+ の平衡電位に近づくために電位が一時的に正の方向に変化する．これが神経細胞の活動電位である．シャジクモ類においても，興奮時には Cl^- の外向きフラックスの増加がみられる．したがってシャジクモ類の興奮は Cl^- 透過性の増加により脱分極が起こるものと考えられる．すなわち，静止時では K^+ 透過性が最も大きいが，興奮時には Cl^- チャネルが一過性に開くものと説明される．最近では，細胞膜の Ca^{2+} チャネルが Cl^- チャネルに先

立って開き，細胞質の遊離 Ca^{2+} 濃度の増大が Cl^- チャネルの活性化を引き起こすものと予想されている．

2) プロテインキナーゼ受容体

　原核生物や動物細胞では，細胞膜上に存在するプロテインキナーゼが環境情報の受容体として重要な働きをしていることが知られている．プロテインキナーゼは，基質となるタンパク質の特定のアミノ酸部位にリン酸基を転移することで，そのタンパク質の活性や役割を変化させ，外部環境情報を細胞内の変化へと導くことができる．

　原核生物が，浸透圧や栄養塩の有無などの環境情報を認識する際に広く用いられている受容体が，二成分制御系のセンサーである．ヒスチジンキナーゼ（基質タンパク質を構成するアミノ酸の一つ，ヒスチジンにリン酸基を転移する酵素）活性をもつ膜受容体タンパク質が環境情報の受容体として働く．原核細胞の二成分制御系センサーと進化的に同じ由来をもつ膜受容体が植物にも存在し，これまでにエチレンとサイトカイニンという2種類の植物ホルモンの受容体であることが証明されている．シロイヌナズナの全ゲノムからは，10種以上の二成分制御系の存在が示唆されており，原核生物から菌類，植物にわたってこのシグナル受容・伝達系が，環境情報の認識と処理に重要な役割を果たしているものと思われる．

　動物で，細胞増殖に働く増殖因子が作用する際には，増殖因子それぞれが特異的に結合する膜受容体プロテインキナーゼが存在する．最近，同様の膜受容体プロテインキナーゼ遺伝子の存在が植物でも知られるようになってきた．これまでのところ，このような受容体プロテインキナーゼが，どのような細胞内タンパク質をリン酸化して，外部情報が受け渡されていくのかはよくわかっていない．オーキシンやジベレリンなどの植物ホルモンにも固有の受容体タンパク質が存在すると考えられつつある[18]．

　また，微生物や病原体への防御反応を誘導するエリシターの結合，あるいは柱頭での花粉の受精など，他生物，他個体を認識するための受容体の存在も知られつつある．

〔三村徹郎〕

文 献

1) 笠毛邦弘：現代植物生理学 5, 物質の輸送と貯蔵（茅野充男編），pp.1-25, 朝倉書店（1990）
2) Mohr, H. and Schopfer, P. : Plant Physiology, Springer-Verlag (1992)；網野真一，駒嶺 穆監訳：植物生理学，シュプリンガー・フェアラーク東京（1998）
3) Larsson, C. *et al*. : The Plant Plasma Membrane-Structure, Function and Molecular Biology, Springer-Verlag (1990)
4) Alberts, B. *et al*. : Molecular Biology of the Cell, 3rd Ed., Garland Publishing（1994）；中村桂子，松原謙一監訳：細胞の分子生物学，Newton Press（1995）
5) 三村徹郎，岡崎芳次：現代植物生理学 5, 物質の輸送と貯蔵（茅野充男編），pp.48-59, 朝倉書店（1990）
6) Spanswick, R. M. : *Ann. Rev. Plant Physiol*., **32** : 267-289（1981）
7) Kasamo, K. and Sakakibara, Y. : *Plant Sci*., **111** : 117-131（1995）
8) Sze, H. and Palmgren, M. G. : *Plant Cell*, **11** : 677-689（1999）
9) Tazawa, M., Shimmen, T. and Mimura, T. : *Ann. Rev. Plant Physiol*., **38** : 95-117（1987）
10) Tanner, W. and Caspari, T. : *Ann. Rev. Plant Physiol. Plant Mol. Biol*., **47** : 595-626（1996）
11) Maathuis, F. J. M. and Sanders, D. : *Curr. Opin. Plant Biol*., **2** : 236-243（1999）
12) Mimura, T. : *Int. Rev. Cytol*., **191** : 149-200（1999）
13) Hedrich, R. and Schroeder, J.I. : *Ann. Rev. Plant Physiol. Plant Mol. Biol*., **40** : 539-569（1989）
14) Zimmermann, S. and Sentenac, H. : *Curr. Opin. Plant Biol*., **2** : 477-482（1999）
15) Hamill, O. P., Marty, A., Neher, E., Sakmann, B. and Sigworth, F. J. : *Pflügers Arch*., **391** : 85-100（1981）
16) Battey, N. H. *et al*. : *Plant Cell*, **11** : 643-659（1999）
17) Wayne, R. : *Amer. Sci*., **81** : 140-151（1993）
18) McCourt, P. M. : *Ann. Rev. Plant Physiol. Plant Mol. Biol*., **50** : 219-243（1999）
19) Bertl, A. *et al*. : *Science*, **258** : 873-874（1992）
20) Raven, J. A. : Encyclopedia of Plant Physiology, New Series, 2 A（Eds. Lüttge, U. and Pitman, M. G.）, pp.129-188, Springer-Verlag（1976）

3.3 核

核（細胞核）は，真核細胞の生命活動の中心を担うオルガネラである．すなわち，核は遺伝情報（DNA）の大部分をクロマチンの形で保持し，複製や転写という最も重要な機能を行う場である．また，核は非常に動的なオルガネラであり，細胞周期の分裂期には遺伝情報の安全な分配のために染色体へと構造変化する（図3.19）．そのため，核に関する研究は歴史が古く，植物細胞を中心とした形態学的研究はあったものの，最近は核の分子細胞生物学的研究が主に動物細胞や酵母を用いて活発に推し進められている[1]．高等植物細胞の核研究は，それに追従した形で進行しており，動物細胞との基本的な共通点がいくつか明らかにされるとともに，一方で植物独自の成果も得られつつある．本節では，高等植物細胞の核構造と機能のダイナミクスに重点を置き，間期核と分裂期染色体の構造ドメインに局在するタンパク質を中心にそれらの機能を概説する．

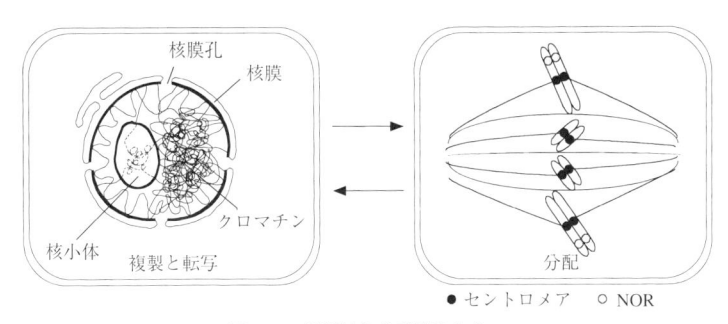

図 3.19　間期核と分裂期染色体

a. 間期核の構造

細胞周期の間期（G_1, S, G_2 期）において，遺伝子の DNA を含むクロマチン（染色質）は核膜によって内包された間期核の構造をとる．間期核内には，普通1～数個の核小体（仁）が明瞭な構造体として観察される．

1）クロマチン

ⅰ）基本的なクロマチン　クロマチンの主成分は DNA とタンパク質であり，植物細胞においても，DNA と塩基性タンパク質，酸性タンパク質がほぼ同量ずつ含まれていることが示されている．このうち，酸性タンパク質は種類が非常に多く，また種間での変動も大きいのに対し，塩基性タンパク質はヒストンと呼ばれる限られた分子種が主である．すなわち，ヒストンには基本的な5種類が共通して存在する．ヒストン H1, H2A, H2B, H3, H4 で，このうち H1 が高リジン型，H2A と H2B がリジン型，H3 と H4 が高アルギニン型である．ヒストンは生物種をこえてよく類似している．特に H4 は高度に保存されており，植物と動物の H4 は 102 アミノ酸残基中 2 残基の相違しかみられない[2]．

植物核の特徴は一般にゲノムサイズが大きいことで，たとえばユリの DNA 量はヒトの 100 倍近くある．ゲノム中に反復 DNA を多く含むからであるが，当然核あたりのヒストン含量も相対的に多くなる．現在，コムギ，トウモロコシ，シロイヌナズナを中心に各ヒストン種の一次構造が明らかになっている[3]が，H1 では，その中央球状領域が植物間では比較的保存されているものの，動物種のそれとは 20% 程度の相同性しかない．H2A や H2B では，動物との保存性がやや高まり，H3 になると，相同性はきわめて高くなる．ヒストンは単離核から 0.4規定の硫酸によって抽出されるが，これを SDS-PAGE（ドデシル硫酸ナトリウム-ポリアクリルアミドゲル電気泳動）で電気泳動すると，植物の H1, H2A,

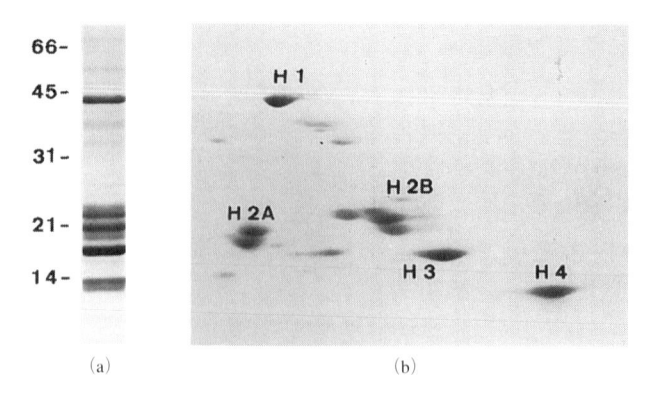

図 3.20 ユリの葉核から抽出したヒストンの一次元 (a), 二次元 (b) 電気泳動

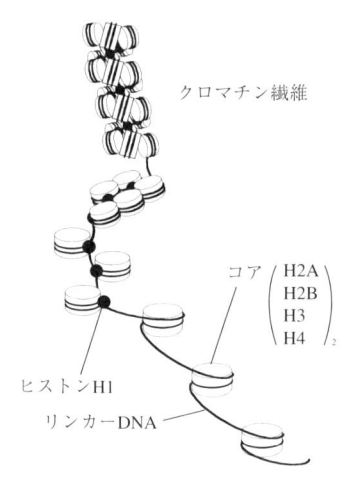

図 3.21 クロマチンのヌクレオソーム構造

H2Bは動物のそれらよりも分子量が大きいため移動度が低く,さらに見かけ上の分子量が実際より大きく現れるのが特徴である(図 3.20). また,それぞれが,単一の成分から構成されているのではなく,若干異なる小成分をいくつか含んでいることが多い.特に,H1にはっきりとした変種がみられることが多く,ストレスによって誘導される変種も知られている.

DNAとヒストンからなるクロマチンの基本構造は,1974年に提唱されたヌクレオソーム構造にある[4]. すなわち,H3とH4のテトラマー($H3_2 + H4_2$) 1個と,H2AとH2Bのダイマー(H2A+H2B) 2個からなるヒストンオクタマー(コア)のまわりをDNAが約2回ほど巻きついており,コアとコアの間はリンカーDNAによって連結されている.いわゆる数珠玉構造をとっている(図 3.21). そのため,H2A, H2B, H3, H4の4種のヒストンをコアヒストンと呼んでいる.一方,リンカーヒストンのH1は,リンカーDNAの部分に結合することによって,6個の数珠玉を会合させソレノイド構造(直径30 nmのクロマチン繊維)を形成させる.ほとんどすべてのクロマチンがこうしたヌクレオソーム構造を基盤としていることは,植物細胞においても支持されているが,1個のヌクレオソームのDNAは動物細胞の場合よりも長い.最近,ヒストンH1の

小成分の構成を変更した形質転換タバコにおいて，花粉形成（減数分裂）の阻害が報告されており，リンカーヒストンがクロマチンの構造上のみならず，機能上も重要である可能性が指摘されている[5]．

　ⅱ）**特殊なクロマチン**　　間期核のクロマチンは，さらに光学顕微鏡や電子顕微鏡観察による凝縮度の違いから，ヘテロクロマチン（異質染色質）とユークロマチン（真正染色質）に大きく分けられている．ヘテロクロマチンにみられる顕著なクロマチンの凝縮に対しては，DNA以外の何らかの物質的基盤が求められており，動物ではヘテロクロマチンタンパク質1（HP1）などがショウジョウバエで見出されている．植物のヘテロクロマチン化にかかわるタンパク質はまだ同定されていないが，ヒストン，特にH1（変種も含む）が多量蓄積し，ヘテロクロマチン化に関与していることは間違いなさそうである．

　一方，クロマチンの形態が発生分化の過程で大きく変わることが知られているが，その最も顕著な例が雄性配偶子の形成である．すなわち，動物の精子核のクロマチンは高度に凝縮しているが，これはヌクレオソームを構成する体細胞型のヒストンが強塩基性タンパク質のプロタミンやヒストン変種によって置換されることで説明される．被子植物の雄性配偶子核も高度な凝縮型であるが，最近それらも特異的なヒストン変種（gH2A, gH2B, gH3）を含むことが初めて示された[6]．

2）核小体

　リボソームの生合成の場である核小体は，電子顕微鏡観察によって，大きく三つの領域に分けられている．一つは，FC（fibrillar center）でそこにrDNA（リボソームRNA遺伝子）が集積している．FCのまわりをDFC（dense fibrillar component）が取り囲んでいるが，rRNAの転写はFCとの境界で活発に行われる．GC（granular component）はrRNA前駆体のプロセシングの場である．植物細胞の核小体を動物細胞のものと比較した場合，FCの構造において顕著な違いがみられ，植物細胞のFC内部にはしばしば凝縮したクロマチン構造が認められる[7]．

　動植物細胞を問わず，核小体は銀染色によって強く染色されることから，この銀陽性タンパク質を含み，多くの特異的タンパク質で構成されていると予想されている．現在，核小体特異的タンパク質としてヌクレオリンやフィブリラリンが普遍的にDFCに局在することが示されているが，両者はいずれもRNA結合タンパク質であり，リボソームの生合成に必要なタンパク質である．一方，FCに集積しているrDNAは，他のDNAと同様にいわゆるヌクレオソーム構造をとっ

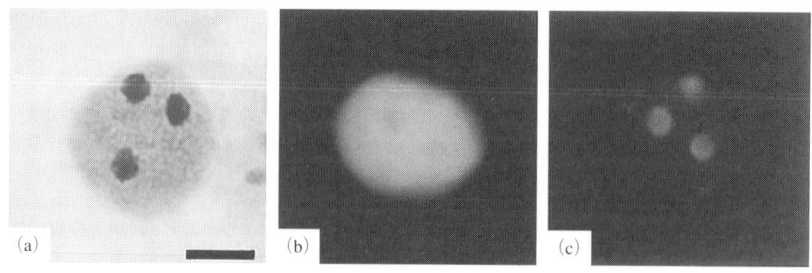

図 3.22 (a) タマネギ核小体の銀染色と (c) ヒストン H 1 変種に対する抗体染色, (b) は DAPI 染色 (バーは 20 μm)

ていると予想されるが，通常のヒストン H 1 とは異なる変種と複合体を形成している可能性が植物細胞において示されている[8] (図 3.22).

3) 核　膜

核膜は，遺伝情報である DNA を細胞質から分離するとともに，核膜孔を通して核と細胞質の間の物質輸送に機能している．核内膜は核ラミナによって裏打ちされているが，クロマチンはこの核ラミナを介してループ状に核膜と結合している．核ラミナを構成するタンパク質として，ラミン様のタンパク質が植物細胞においても検出されている[9]．また，減数分裂時の核膜には，特殊なラミンが発現することも報告されている．一方，核外膜は小胞体につながっているが，植物細胞の核膜近辺には微小管重合中心の存在が示唆されている．すなわち，核膜から細胞質に向けた放射状微小管が特徴的にみられることが多い．局在タンパク質は不明であるが，これらの微小管は紡錘体微小管へと移行することから，中心体をもたない高等植物細胞における核膜の一つの特徴といえるかもしれない．

b. 分裂期染色体の構造

細胞周期の分裂期（M 期）には，核膜が崩壊し，クロマチンは染色体構造をとる．染色体には，機能ドメインとして，セントロメア（一次狭窄部），テロメア（末端小粒），複製開始点が必須であり，一部の染色体には二次狭窄部（NOR）が観察される．

1) セントロメア

遺伝情報の分配に機能するセントロメアは，分裂期の染色体に一次狭窄部として出現する領域を指すが，このうち両外側部に位置し，分裂装置の微小管と結合する機能構造をキネトコア（動原体）という．哺乳動物，特にヒトでは，セント

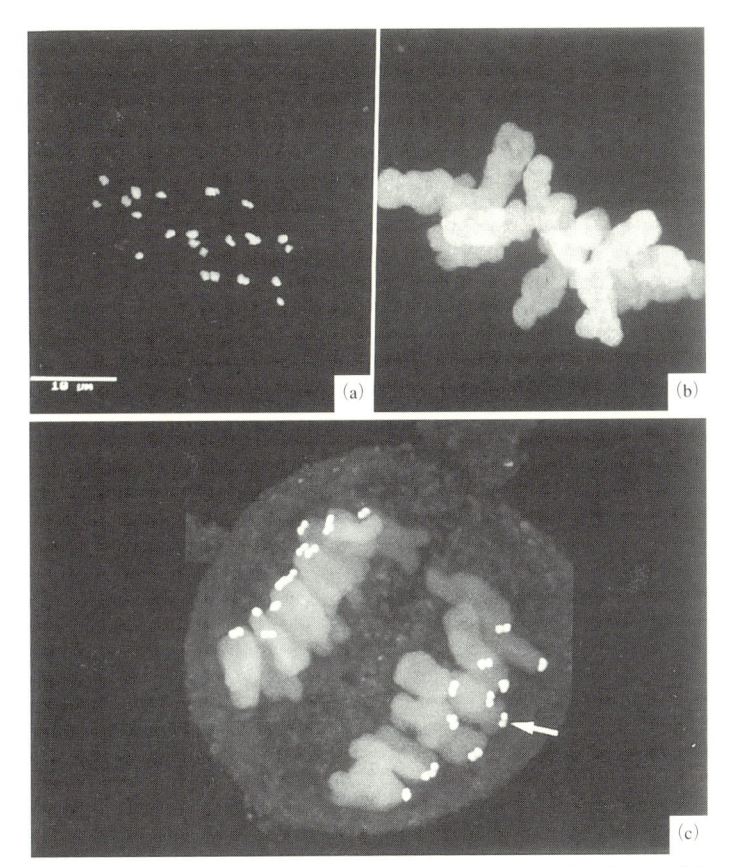

図 3.23 ユリ花粉母細胞の減数第一分裂中期のヒストン H1 変種に対する抗体染色 (a) と DAPI 染色 (b), ならびに後期の二重染色 (c)
減数第一分裂では, 2個の姉妹動原体 (矢印) は同一極へ移動する.

ロメア・キネトコア領域を特異的に認識する抗体, すなわち抗セントロメア抗体が自己免疫病患者の血清中に見出されたことから, セントロメアタンパク質として CENP-A～C が明らかになるとともに, セントロメアに存在するアルフォイド DNA と呼ばれる繰り返し DNA 領域が同定されている. このうち, CENP-A はヒストン H3 と高い相同性をもち, セントロメアに特異的なヌクレオソームを形成していると考えられている[1].

一方, 植物細胞のセントロメア領域についても, 反復 DNA の存在が穀類をはじめとしていくつかの植物種で報告されているが, セントロメアタンパク質に関する知見はほとんどなかった. ごく最近になって, ヒトの CENP-C のホモログ

がトウモロコシで単離され，それがやはりキネトコアに局在することが示されている[10]．また，ユリの減数分裂期染色体のキネトコアにはヒストンH1の変種が局在することも示されている[11]（図3.23）．しかしながら，セントロメア・キネトコア領域に局在する反復DNAの配列やタンパク質は種ごとに多様化しており，動物のみならず植物種間でも明瞭な共通性が認められておらず，その機能構造の実体は未解明である．

2) テロメア

染色体の両末端部に位置するテロメアは，未複製の一本鎖DNA領域をもつが，それらが融合しないように保護する機能を有している．また，テロメアDNAは複製のたびに短小化し，それが細胞の老化（寿命）につながることも知られている．そのテロメアDNAは単純な繰り返し（反復）配列からなっているが，その配列は生物の種をこえて比較的広く保存されている．ヒトのテロメアDNAはTTAGGG（六塩基）の繰り返しであるが，植物の多くはシロイヌナズナ型のTTTAGGG（七塩基）の繰り返しになっている．ところが，タマネギでは，この配列をもたず，もっと複雑な繰り返し配列になっていることが明らかにされている．また，テロメア結合タンパク質は植物ではまだ同定されていない．

テロメアDNAは，逆転写酵素のテロメラーゼによって，末端に新たなテロメア配列が付加され，短小化が妨げられる．動物の生殖細胞やガン細胞では，このテロメラーゼ活性が高いことが知られているが，最近植物細胞でも，テロメラーゼ活性が発芽種子や根端で非常に高いことが示されている[12]．

さらに，テロメアの機能として，減数分裂とのかかわりが指摘されている．テロメアは，間期核においても常に核膜と結合していると推定されているが，減数分裂の細糸期から合糸期にかけては，核膜の一部に集合してクラスターをつくる[13]．この染色体がテロメアによって束ねられた構造は，ブーケ構造と呼ばれ，植物に限らず酵母や動物細胞で広く観察されている．ブーケ構造がみられる合糸期は相同染色体が対合する時期であることから，テロメアの集合が相同染色体の対合を誘引すると推定されている．

テロメアに限らず，核内における各染色体の位置関係がFISH法などを用いて盛んに解析されている．染色体の配置は決してランダムではなく，セントロメアが集合している場合，体細胞核においても相同染色体が互いに近接している場合や雑種細胞において異種ゲノムが住み分けしている場合などが植物細胞で報告されているが，染色体ならびにその構造ドメインの核内での位置調節機構は現在の

ところ全く不明である．

3）NOR

分裂期染色体における二次狭窄部は，18 S-5.8 S-25 S からなる rRNA 遺伝子の繰り返し配列が局在している領域であることが in situ ハイブリダイゼーション法によって確かめられている．また，分裂終期における核小体の再形成がこの領域を中心にして始まることから，二次狭窄部は NOR（nucleolus organizer region，核小体形成部）と呼ばれている．NOR は核小体と同様に銀染色によって識別されるが，一方で核小体特異的タンパク質のヌクレオリンやフィブリラリンは分裂期には染色体の表層部や細胞質に拡散していることが知られており，NOR 構成タンパク質はまだ同定されていない．

染色体にはほかに，中軸をなすタンパク質，周囲に局在するタンパク質，姉妹染色分体の接着にかかわるタンパク質などの存在が知られているが，植物細胞での知見はまだきわめて少ない．

c. 核の構造と機能の動態

1）細胞周期の制御

核構造の最もダイナミックな変化は，細胞周期の M 期で起こる染色体の凝縮と核膜の崩壊である．この分裂期促進因子（M-phase-promoting factor，MPF）は，動物細胞や酵母で明らかとなった Cdc 2/サイクリン B の複合体からなる Cdc 2 キナーゼで，植物細胞においても同様に機能していると考えられている．Cdc 2 キナーゼは，H 1 キナーゼとも呼ばれ，主にヒストン H 1 をリン酸化する．実際に，ヒストン H 1 のリン酸化は，M 期のしかも中期に最大になることから，長く染色体凝縮の直接の原動力と考えられてきた．ところが，染色体凝縮におけるヒストン H 1 そのものの存在が疑問視されるようになり，代わりに，ヒストン H 3 が M 期特異的にリン酸化されることから，H 3 のリン酸化が染色体凝縮に最も関連したリン酸化と今では考えられている．核膜の裏打構造である核ラミナも，同じ Cdc 2 キナーゼによるリン酸化によって脱重合し，核膜は崩壊する．

2）遺伝子発現の制御

間期核のクロマチンのうち，実際に転写を行っているのはほんの一部であり，大部分の領域は不活性な状態であると考えられている．ヘテロクロマチンはもちろん不活性クロマチンであるが，ユークロマチンも多くは不活性クロマチンであり，ユークロマチンの一部が活性クロマチンと推定される．したがって，真核生

物の遺伝子発現は，各遺伝子がクロマチン（核）内で置かれた位置によって大きな影響を受けることになる．こうした現象を位置効果というが，植物細胞においても，導入した外来遺伝子が不活性クロマチンに組み込まれることによってその発現が抑制されることが知られている．

一般に，クロマチンの活性化のためには，ヒストンH1の離脱，DNAの低メチル化，コアヒストンのアセチル化などが必要条件と考えられているが，第一にヌクレオソームはその構造を破壊あるいは変化させ，シス制御配列を含むプロモーター領域をリンカー部に裸出させておく必要があるであろう[2]．こうしたヌクレオソームのリモデリングにかかわるタンパク質複合体や位置効果を遮断するタンパク質複合体も知られるようになり，またクロマチン以外の核マトリクスの重要性が植物細胞においても指摘される中[14]，核の理解は今後さらに急速に進展すると予想される[1]．

最後に，真核細胞の核研究は動物細胞や酵母での成果がはるかに先行しているものの，高等植物細胞の真の理解のためには，高等植物細胞における核研究の進展がよりいっそう望まれている．

〔田中一朗〕

文　献

1) 水野重樹：蛋白質・核酸・酵素, **44**：1645-1664（1999）
2) Wolffe, A.：クロマチン（堀越正美訳），pp.1-291, MEDSI（1997）
3) Kornberg, R. D. and Lorch, Y.：*Cell*, **98**：285-294（1999）
4) Chabouté, M. E. *et al*.：*Biochimie*, **75**：523-531（1993）
5) Prymakowska-Bosak, M. *et al*.：*Plant Cell*, **11**：2317-2330（1999）
6) Ueda, K. *et al*.：*Chromosoma*, **108**：491-500（2000）
7) Thiry, M. and Goessens, G.：The Nucleolus During the Cell Cycle, pp.129-138, Springer-Verlag（1996）
8) Tanaka, I. *et al*.：*Chromosoma*, **108**：190-199（1999）
9) Masuda, K. *et al*.：*Exp. Cell Res*., **232**：173-181（1997）
10) Dawe, R. K. *et al*.：*Plant Cell*, **11**：1227-1238（1999）
11) Suzuki, T. *et al*.：*Chromosoma*, **106**：435-445（1997）
12) Riha, K. *et al*.：*Plant Cell*, **10**：1691-1698（1998）
13) Franklin, A. E. and Cande, W. Z.：*Plant Cell*, **11**：523-534（1999）
14) Harder, P. A. *et al*.：*Plant Physiol*., **122**：225-242（2000）

3.4　細胞骨格

細胞骨格とは細胞内に存在する繊維状構造の総称である．これらは細胞の分裂，形態形成，物質輸送，運動など多くの機能にかかわっている．細胞骨格は微小管，アクチン繊維（マイクロフィラメント），中間径繊維に分類される．微小

3.4 細胞骨格

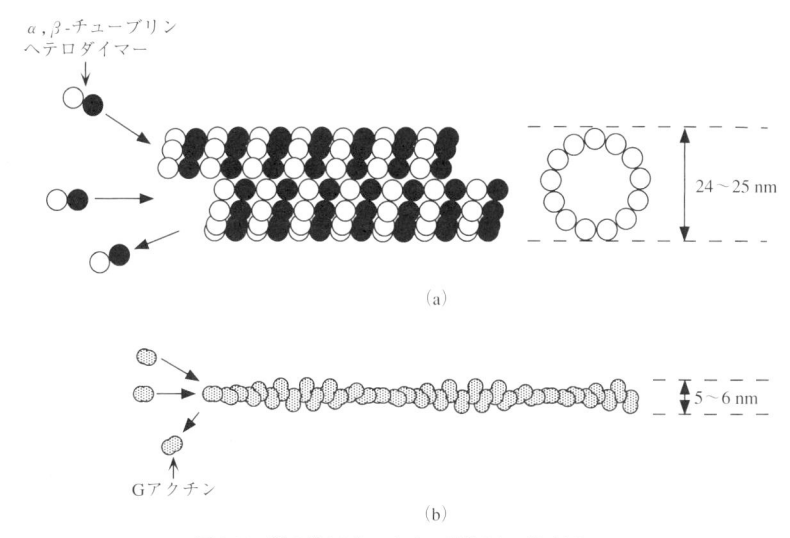

図 3.24 微小管(a)とアクチン繊維(b)の模式図
(a)微小管はα-チューブリンとβ-チューブリン分子の対（ヘテロダイマー）が重合して形成される直径 24〜25 nm の中空の繊維である．おのおののチューブリンのらせんは不連続で"3-start helix"と呼ばれる構造をとる．(b)アクチン繊維は G（globular）アクチン分子が約 180°の角度で互い違いに並んでいる直径 5〜6 nm の繊維である．

管はα-チューブリンとβ-チューブリンという 2 種のタンパク質分子の対がらせん状に配列した，直径約 24〜25 nm の中空の管であり，生体内ではチューブリン分子の重合・脱重合により常に伸縮を続けている．アクチン繊維はアクチン分子がつながった径 5〜6 nm のよじれた紐状の繊維である（図 3.24）．また，中間径繊維は径 10 nm 程度の繊維状構造の総称で，生物種や細胞により多様である．これらの細胞骨格の役割は植物と動物の細胞（本節の動物細胞，植物細胞の語は特にことわらない限り高等動植物の細胞を意味する）において異なっており，特に細胞分裂や形態形成における役割についてはかなりの差異がみられる．植物細胞の細胞分裂や形態形成には微小管の寄与が大きいが，これは動物細胞の場合にアクチン繊維の寄与が大きいことと対照的である．たとえば，隔膜形成体微小管により細胞板が拡大する植物細胞の細胞質分裂は遠心的であり，アクチン繊維を主とする収縮環によりくびれ切られる動物細胞の分裂は求心的な現象である（図 3.25）．これらの差異は，植物細胞が主にセルロースからなるかたい殻である細胞壁に囲まれているため，一般的に動物細胞ほど形に関して柔軟でないことと関係している．植物細胞が非可逆的に形態を変化させる場合に可能な手段は，(1)

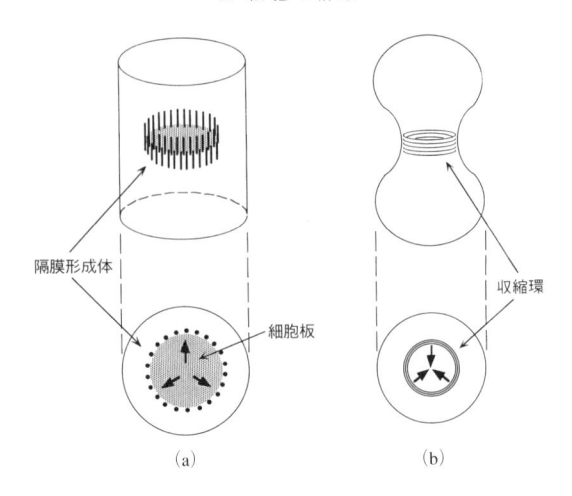

図 3.25 高等植物細胞(a)と動物細胞(b)の細胞質分裂の特徴
(a)高等植物細胞は，主に微小管で構成される隔膜形成体の働きにより，赤道面で遠心的に細胞板を形成することで細胞質分裂を行う．(b)動物細胞は，主にアクチン繊維で構成される収縮環により，赤道面で求心的に細胞をくびり切ることで細胞質分裂を行う．

伸びる，(2)分かれる，(3)死ぬ，の3通りであり，それぞれ細胞伸長，細胞分裂，プログラム細胞死として認識される．また，植物においても特殊なケースではあるが，可逆的な形態変化が特定の組織の細胞にみられる．細胞骨格はこれらの植物細胞の形態制御に関する現象のすべてにかかわっている．本節ではおのおのの現象における細胞骨格の構造と機能について微小管を中心に概説する（本節ではプログラム細胞死については言及しないので，第4巻の5.2節などを参照されたい）．

a. 植物細胞の微小管
1）植物細胞の細胞周期の進行に伴う微小管の動態

植物細胞では動物細胞の神経軸索や繊毛にみられるような恒久的な微小管の構造はみられない．細胞分裂周期の進行とともに出現する一過性の微小管構造については，動物細胞より多様であり，分裂周期各期の境界期には変化に富んだ微小管の動態が観察される[1,2]．植物の細胞骨格の研究によく用いられているタバコ培養細胞 BY-2 の例で説明すると（図3.26），G_1 期の細胞では細胞皮層に発達した表層微小管がみられるが，細胞核の周囲には微小管はみられない．これに対し

3.4 細胞骨格

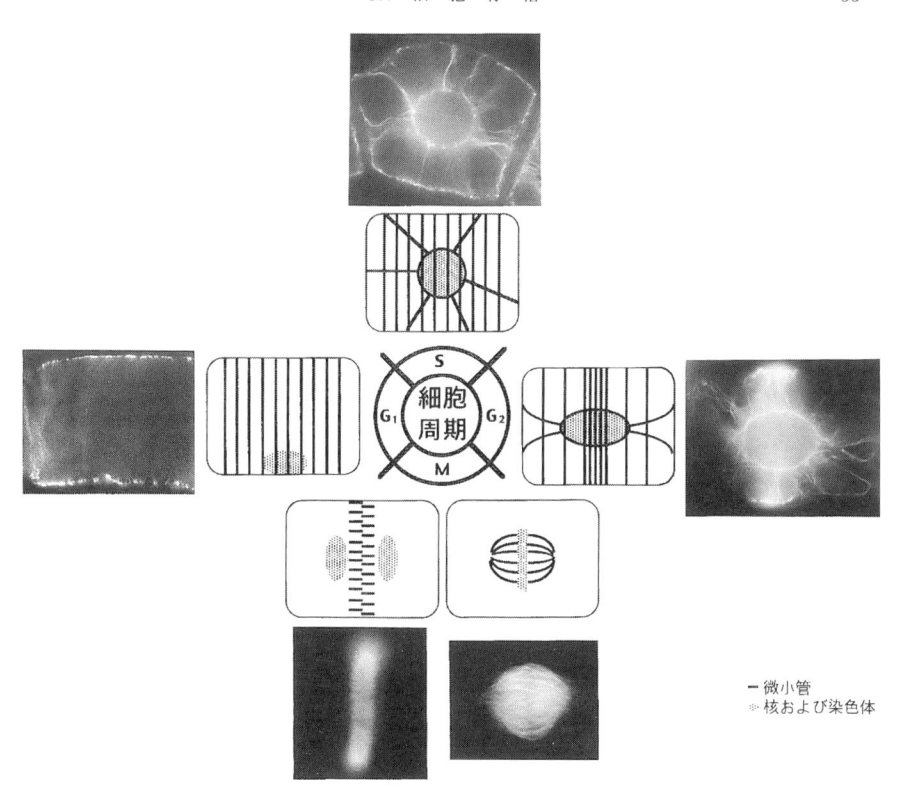

図 3.26 　細胞周期の進行に伴う微小管の配向変化の概念図

て S 期の細胞では表層微小管のほかに細胞の中央部に移動した核を起点として，細胞の周辺部に向かう放射状の微小管ネットワークがみられ，その配向（配列の方向）は G_2 期終わりに前期前微小管束（preprophase band, PPB）が形成されるまで見かけ上大きな変化はない．PPB の形成とともに表層微小管は消失し，さらに M 期に入ると紡錘体，隔膜形成体の微小管構造が順次現れる．隔膜形成体の消失とともに娘核から新たな微小管形成が起こり，G_1 期の表層微小管が再び形成される．動植物に共通してみられる紡錘体や細胞質微小管（表層微小管を除く）以外に植物細胞に特有の微小管構造としては，上記の表層微小管，PPB，隔膜形成体があげられる．表層微小管は分裂間期の細胞で細胞膜の直下に裏打ち構造として存在する微小管で，新規に沈着する細胞壁セルロース微繊維の方向制御を通じて細胞の形態形成に関与しており，また PPB は分裂面の決定に，隔膜形成体は細胞板の形成に関与している．後述のように，これらの微小管構造は植

物に特有な細胞の分裂機構や形態形成に深くかかわっている.

　細胞分裂は細胞核分裂と細胞質分裂の二つの機構からなるが,そのいずれでも微小管を主とする細胞骨格が重要な役割を担っている.細胞分裂期に先立って,動物細胞ではS期に複製されて二つに分かれた中心体から微小管が放射状に伸び,星状体を形成して紡錘体の両極になるが,植物細胞ではこの時期に表層微小管の消失とPPBの消長がみられる.PPBは細胞分裂期に入る前に出現する,細胞核をリング状に取り巻く微小管の束である.最初は核に近い細胞皮層の微小管の密な部位として認識されるが,やがて他の細胞皮層から表層微小管が消失するので核を取り巻く土星の環のようにみえるようになる.次いでPPBは紡錘体の形成とともに消失するが,それが存在していた位置が将来の分裂面となるので,PPBは細胞板が既存の細胞壁と癒合する場所について何らかのメモリーを残していると考えられているが,それが何であるかわかっていない.一般的に高等動植物の細胞では,細胞分裂期に入ると核膜の崩壊とともに染色質凝縮が起こって染色体が出現する.紡錘体の両極から伸長した微小管は染色体と動原体の部位で連結して動原体微小管になるか,もう一方の極から派生した微小管と赤道面近傍で重複して極微小管となる.この過程は細胞分裂前期,前中期に起こるが,前中期には両極の動原体微小管に引かれる染色体のシャッフル運動がみられる.中期には両極からの張力が釣り合って赤道板上に配列した染色体がしばらく観察されるが,後期に入ると染色体は二つの染色分体に分かれて,動原体微小管の短縮により急速に互いの極に引かれていき,次に極微小管相互の滑り運動により両極が遠ざかる.前者の過程を後期A,後者を後期Bと呼ぶが,植物の細胞では後期Bの過程は明確ではないことが多い.終期には極に集まった染色体の凝縮が解け,細胞核が再形成されるとともに細胞質分裂が始まる.動物細胞では二つの娘核の中間の外郭にアクチンとミオシンを主とする収縮環が生じ,これらのタンパク質の相互作用で環が縮むことにより,細胞質がくびれ切られて二つの娘細胞となる.一方,植物細胞では紡錘体の微小管の消失とともに隔膜形成体の微小管が出現する.隔膜形成体は赤道面を挟んで両側に短い微小管が円周状に配列した構造で,それらの微小管がレールとなって,微小管依存モータータンパク質の働きにより,細胞板の形成に必要な物質を含む小胞が赤道面の方へ輸送されている[3].赤道面に運ばれたゴルジ由来の小胞内の糖などにより,細胞板には当初は主にカロースが沈着する.隔膜形成体はその内側に細胞板を形成しつつ,内側の微小管が脱重合し外側で重合することによって拡大を続け,細胞壁に達した部分から消

失していく．最終的に細胞板が成長して既存の細胞壁と癒合するとともにセルロースが沈着して新しい細胞壁となり，二つの娘細胞を独立区画に仕切ることで細胞質分裂が終了する．細胞質分裂の終了と前後して，動物細胞では細胞核の近くに位置する中心体から細胞質微小管が派生して，細胞質をめぐる微小管のネットワークを再形成する．植物細胞では娘核の核膜近傍から派生した微小管が細胞皮層で一度拠点を形成した後，細胞板と直角に細胞表層を伸びていくが，この微小管が細胞の末端に達する頃に分裂面近傍から細胞板と平行な表層微小管の形成が始まり，後者が前者を駆逐して細胞表層全体に敷衍することで分裂間期の表層微小管の再形成が完了する[4,5]．

以上のように植物細胞の分裂においては，徹頭徹尾微小管がかかわっており，微小管よりなる装置が順次出現してその機能を果たすことで，おのおのの過程が進行していく．

2）微小管の形成

微小管には比較的重合・脱重合の盛んなプラス端ともう一方のマイナス端があり，適当な *in vitro* の系では両端でのチューブリン分子の重合・脱重合により，常に伸縮を繰り返す様子が観察される[6]．細胞内では微小管のマイナス端は微小管形成中心（microtubule organizing center, MTOC）[7]につなぎとめられており，微小管はその端を起点としてプラス端への重合により伸長する．MTOCは動物細胞の場合には中心体であり，電子顕微鏡による観察では，微小管のマイナス端は中心子を取り巻く無定形の電子密度の高い物質に埋没している．そこから伸び出した微小管は細胞質全体に行き渡っているが，常にその位置や長さを変化させている．中心子周辺物質にはEF-1α，NuMA，ペリセントリンなど多種のMTOC関連タンパク質が含まれており[8]，これらの連携によりMTOCの機能を果たしていると考えられる．また，MTOCと微小管の接続部位にはα, β-チューブリンと相同性をもつγ-チューブリンからなるリングが存在し，両者を連結している[9]．植物細胞には中心体のように明確で恒常的なMTOCの構造がなく，細胞周期の時期によりMTOCの部位は変化する[10]．細胞核がMTOCの役割を担う時期には，核膜近傍より微小管が派生する．また，分裂期の紡錘体の極には中心子はないものの動物細胞と同様の電子密度の高い物質が存在し，そこから極微小管，動原体微小管が派生している．これらの時期特異的なMTOCにも動物細胞のMTOCと同じくEF-1αやγ-チューブリンの局在がみられる[11,12]．また，ウニ卵の分裂装置のタンパク質をカラムで分画すると微小管形成能のあるタンパク質画

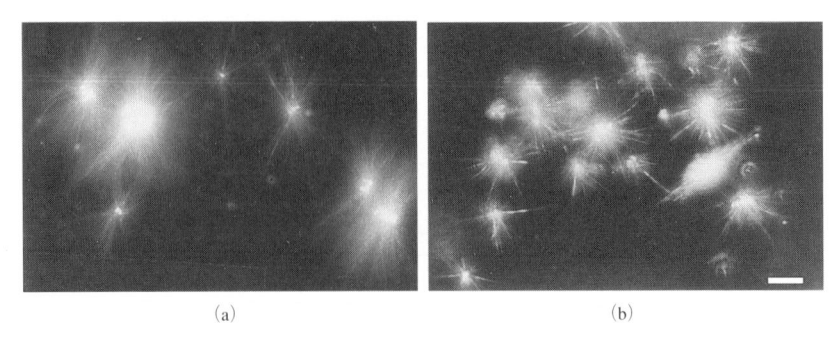

図 3.27 *in vitro* で形成される星状体様の構造
単離したウニ卵分裂装置由来のタンパク質画分(a)およびタバコ BY-2 細胞由来の画分(b)は，動物の脳から精製したチューブリンと混合することにより，*in vitro* で星状体様の微小管構造を形成する．バーは 10μm．(a)は鳥山 優博士の好意による．

分が得られ，それに精製したチューブリンを加えると *in vitro* で星状体様の構造が形成される[13]が，タバコ BY-2 細胞から同様の条件で抽出したタンパク質画分に精製チューブリンを加えた場合にも，同様に星状体様の構造が形成される（図 3.27）[14]．これらのことから見かけ上は異なる動植物の微小管形成に関して，分子レベルでは共通の機構が働いていることが推測される．

3）微小管付随タンパク質

微小管はそれのみで存在することはむしろまれである．普通，微小管は微小管付随タンパク質（microtubule associated protein，MAP）と総称されるさまざまなタンパク質を伴っており，それらの種類によって微小管には多様な機能が付加される[15]．たとえば，微小管依存モータータンパク質と呼ばれるキネシンやダイニンにより小胞などが輸送される場合には，モータータンパク質と微小管は機関車とレールの役割を果たしていると考えられる．一般的にキネシンは小胞を微小管のプラス端に動かし，ダイニンはマイナス端に動かすが，どちらの輸送も ATP がエネルギー源となっている．動物では神経軸索などでモータータンパク質の研究が盛んであるが，植物でもタバコ BY-2 細胞の隔膜形成体に存在する 125 kDa キネシン様タンパク質[16]をはじめ，いくつかの微小管依存モータータンパク質の候補が見出されている．MAP にはこのようなモータータンパク質のほかに，微小管を安定化したり，微小管相互や微小管と他の繊維系や膜構造との架橋をするものがある．また，細胞に含まれる MAP の種類や量は，組織や細胞の種類によって大きく異なる．動物では主に神経細胞に局在する MAP 1，MAP 2，tau や多様な組織に広く分布する MAP 4 などが知られ，かなり研究されているが，植物

細胞の MAP の研究は遅れている．微小管相互を連結すると考えられているタバコの 65 kDa タンパク質[17, 18]をはじめとしてニンジン[19]，トウモロコシ[20]などでいくつかの MAP が見出され，動物の MAP のホモログも見つかっている[21]が，それらの機能についてはほとんど知られていない．

4） 植物細胞の形態形成における微小管の役割

植物細胞の外郭には主にセルロース微繊維よりなるかたい細胞壁が存在し，細胞の形を規定しているので，形態に関して植物細胞は動物細胞ほど柔軟性をもたない．細胞は分裂の終了後は次の分裂まで成長を続けるが，多くの場合一定の方向への伸長成長を行う．この際に細胞壁のセルロース微繊維がタガとして働くために，繊維と平行な方向への伸長は阻まれ，細胞の伸長方向はセルロース微繊維の方向と直角になる．それではセルロース微繊維の方向はどのように決まるのであろうか．細胞壁最内層のセルロース微繊維と細胞膜を挟んで向かい合う表層微小管の方向が一致していることは，1960 年代から観察されている（図 3.28 (a)）[22]．また，表層微小管をコルヒチンなどの阻害剤で破壊すると沈着するセルロース微繊維の方向がランダムになり，伸長の方向性が失われて肥大成長が起こり，細胞や組織の形態が異常になることがミカヅキモ[23]をはじめさまざまな植物種で報告されている．これらの観察から表層微小管が新しく沈着するセルロース微繊維の方向を制御していると考えられている．この方向制御の機構については 2 通りの考え方がある．セルロース微繊維はセルロースを合成しつつ細胞膜中を移動するセルロース合成酵素複合体によってつくられるとされているが，この複合体は電子顕微鏡のフリーズフラクチャー法によって観察される形から「ロゼット」と呼ばれている[24]．一つの考え方はこのロゼットと表層微小管の間が連結されており，ロゼットは表層微小管をレールとして移動するというものである（図 3.28 (b) 左）[25, 26]．今一つの考え方は表層微小管とつながりのあるタンパク質が細胞膜上でガードレールのように働き，ロゼットはその間の道を走る車のように移動するというものである（図 3.28 (b) 右）[27]．いずれの場合にも合成されたセルロース微繊維は表層微小管と平行な方向性をもつことになるので，表層微小管は植物細胞の形態形成において主要な役割を果たしているといえる．

5） 植物細胞の可逆的な形態制御における微小管の役割

前述のように，植物細胞は形態の変化に関して通常は柔軟とはいえないが，必要に応じて可逆的な形態変化を行うこともあり，この場合にもやはり細胞骨格とのかかわりがみられる．ここでは微小管のかかわる例として気孔の孔辺細胞にお

3. 細胞の構築

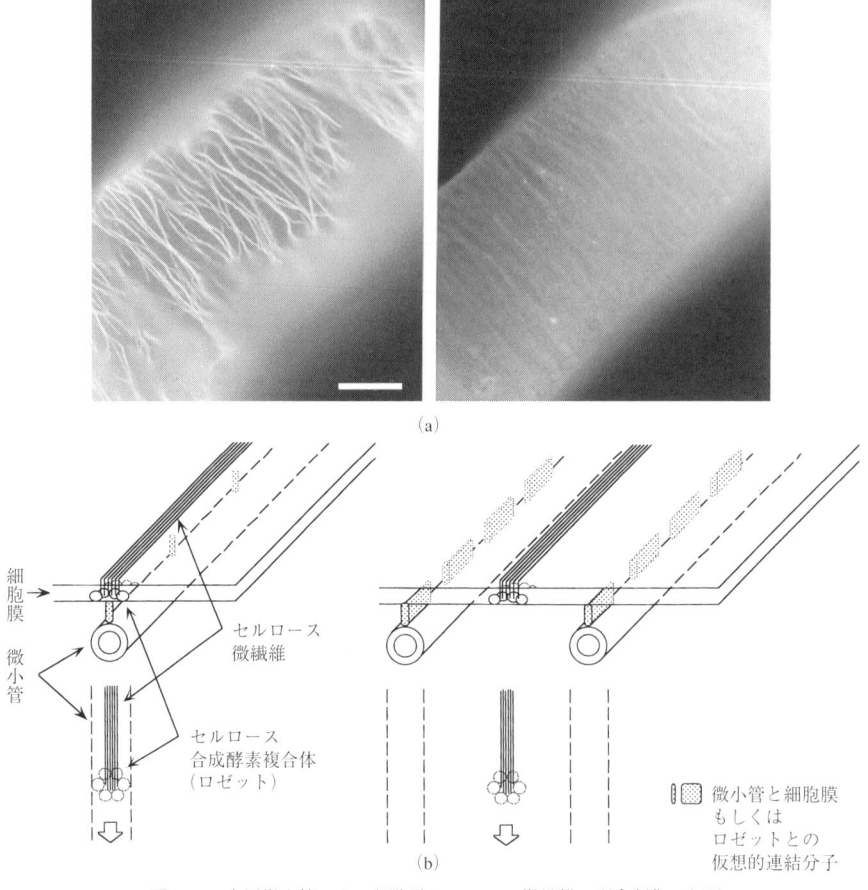

図 3.28 表層微小管による細胞壁セルロース微繊維の配向制御の仮説
(a) 分裂間期における表層微小管（左：抗チューブリン抗体による染色像）と細胞壁セルロース微繊維（右：ティノポールによる染色像）の配列方向は一致している．バーは $10\,\mu m$．
(b) 表層微小管による細胞壁セルロース微繊維の配向制御機構に関する二つの考え方．
左：表層微小管が連結分子を介してレールとなることによりセルロース合成酵素複合体（ロゼット）の進行方向を制御する．右：表層微小管に連結された分子がガードレールのように働いてロゼットの進行方向を制御する．

ける形態制御をあげる（図 3.29)[28]．通常，気孔は光のもとで開き，暗所や乾燥あるいは高い二酸化炭素濃度の条件下で閉じる．また，昼に開き，夜に閉じる日周期をもつ．この気孔の開閉への微小管の関与について調べたところ，朝に気孔が開くときには孔辺細胞の表層微小管の放射状ネットワークが再形成されることが必要なこと，気孔が閉じる夕方にはこの微小管のネットワークが消失する必要

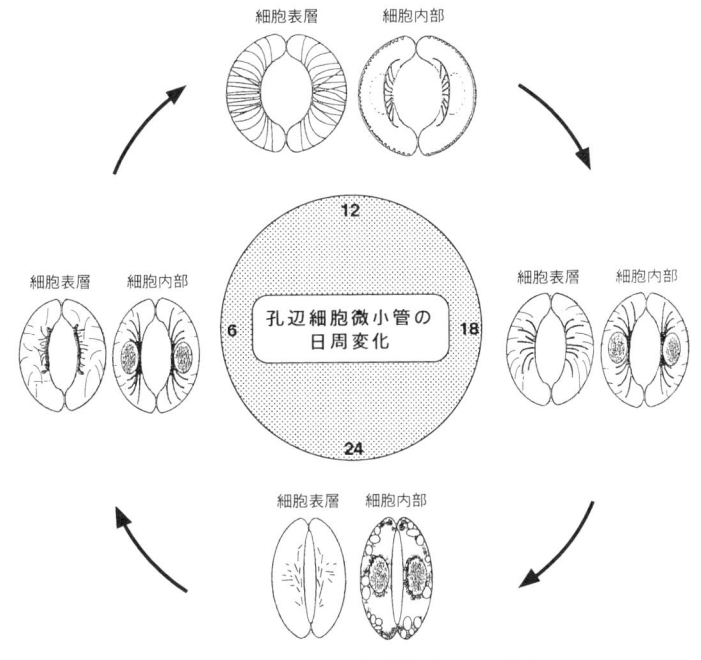

図 3.29　ソラマメ孔辺細胞微小管の日周変化
孔辺細胞の表層微小管は，気孔が開いている日中には細胞を取り巻くように放射状の構造をとり，気孔が閉じている夜間には断片化するという，はっきりした日周変化を示す．このような微小管の構造の変化は，気孔の開閉の日周サイクルに必須である．円内の数字は1日における時刻を表している．

があることなどが判明した．さらにチューブリン自体についても日周期でタンパク質の量的変化がみられた[29]．これまで気孔の開閉は，孔辺細胞におけるカリウムなどのイオンの出入りによる浸透圧の増減という視点から説明されていたが，この機構には微小管の配向変化も必要不可欠な要因であることが証明された．このように植物細胞は環境条件や植物の生理状態の変化に応じて，成長によらない形態変化を行うことでも厳しい環境から植物自身を守る働きをしているが，そこには微小管などの細胞骨格の関与がみられる．

b.　植物細胞のアクチン繊維
1）植物の細胞内物質輸送とアクチン繊維

植物細胞におけるアクチン繊維の役割としては，クロロプラストをはじめとするプラスチドの運動・保持や花粉管などの先端成長への関与がある．また，オジ

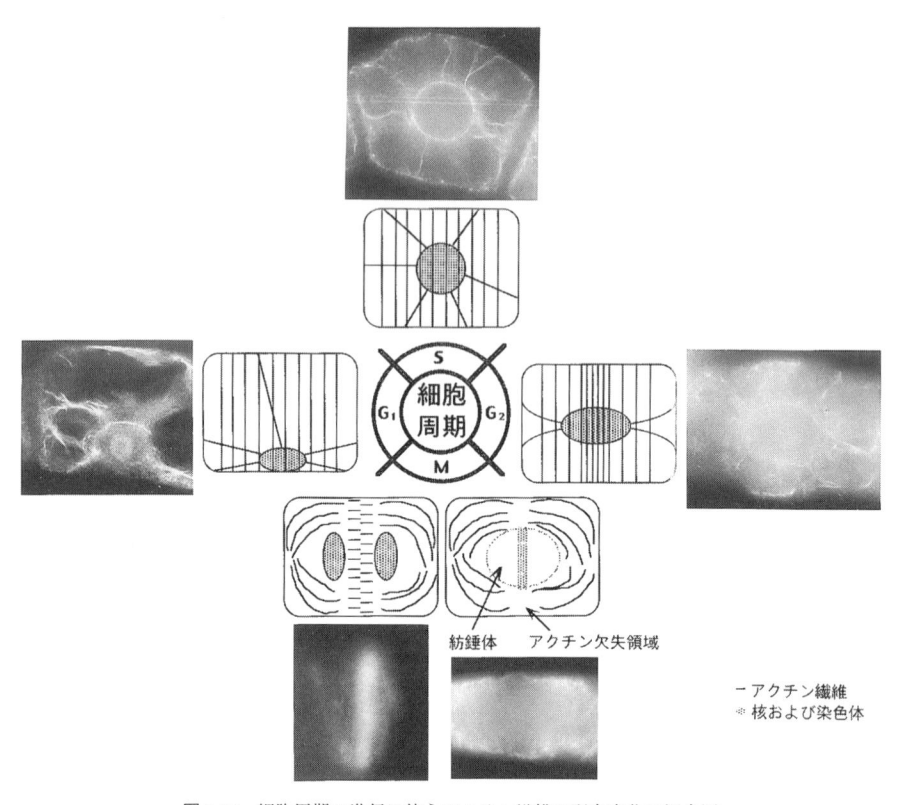

図 3.30 細胞周期の進行に伴うアクチン繊維の配向変化の概念図

 ギソウの屈曲運動は主葉枕の運動細胞の体積変化によって起こるが，この原因となる膨圧変化についてもアクチン繊維との関連が示唆されている[30]．さらに，アクチン繊維の役割の中で最もよく知られているものに，原形質流動による細胞内の物質輸送がある．原形質流動は酵素や基質などの生合成産物を細胞内のつくる場所から使われる場所へ運んでいる．原形質流動がなければ，これらの物質輸送は自然拡散にゆだねるほかないので，長く伸長した細胞などでは生命活動に支障をきたす．原形質流動の研究はシャジクモやフラスモの節間細胞を用いて行われてきた[31]．これらの液胞の発達した長大な細胞では，細胞質全体に物質を行き渡らせるために特に高速の原形質流動が観察されるのでよい研究材料となっているが，その原理は高等植物細胞でも同様である．原形質流動はアクチン繊維とミオシンの相互作用により ATP が分解され，そのエネルギーによりミオシン分子の立体構造が変化し，付着している運動性小胞をアクチン繊維のプラス端（アクチ

ン分子が付加して伸びていく側）方向に移動させることによって生じる．

2）細胞周期の進行に伴うアクチン繊維の動態と微小管構造への関与

　植物細胞のアクチン繊維の局在も，微小管と同じく細胞周期の進行に伴って変化する（図3.30）．また，アクチン繊維の局在は微小管の構造と重なっている時期もあるが，その場合でも必ずしも完全に重なっているわけではない．アクチン繊維はM期前期と終期にはそれぞれPPBおよび隔膜形成体に顕著な局在がみられるが，中期には紡錘体を包み込むように存在する．これらの時期にサイトカラシンなどの阻害剤でアクチン繊維を壊すと，PPBの幅の短縮や隔膜形成体の崩壊，表層微小管の再形成が不完全になることが報告されている[32]．しかし，アクチン繊維を破壊しても微小管よりなるPPB，紡錘体，隔膜形成体は形成され，細胞分裂も進行する．また，細胞質微小管と細胞質アクチン繊維の局在は分裂間期の$S〜G_2$期においては酷似している．一方，G_1期には細胞核の周囲に微小管はみられないが，細胞核を起点とする細胞質アクチン繊維は多数観察される．G_1期からS期への移行過程で核は細胞の縁から中央部に移動するが，この現象は既存のアクチン繊維に沿って核膜から細胞膜方向へ微小管が伸長し，核を中心とする微小管の放射状ネットワークが形成される現象と同時に起こる．この時期以前にアクチン繊維を破壊しておくと細胞核を中心とする微小管のネットワークは形成されず，核の中央部への移動も起こらない[33]．しかし，この場合にも細胞周期の進行に影響はない．これらのことから植物細胞のアクチン繊維は細胞分裂周期の進行に関しては，微小管の補助もしくは調節的な役割を担っていると考えられる．また，微小管とアクチン繊維に相互作用がある場合，その連絡には双方に結合能力のあるタンパク質が関与していると考えられる．EF-1αやある種のMAPなどはどちらの繊維にも結合能があることが報告されているので[34,35]，このようなタンパク質の候補となりうるが，詳しいことはわかっていない．

　アクチン繊維が細胞質分裂にかかわっていることを示唆する報告はいくつかある．特に以下の二つは細胞分裂面の位置決定にかかわるので興味深い．ムラサキツユクサの孔辺細胞母細胞と孔辺副細胞母細胞の分裂における観察結果から，PPBの存在した位置に細胞皮層のアクチン繊維を欠く領域（actin-depleted zone, ADZ）の出現がみられており[36]，前者の等分裂でも後者の不等分裂においてもADZの位置が分裂面となることが知られている．また，タマネギの孔辺細胞母細胞の分裂では，斜めに傾いた向きで分裂装置が現れて細胞板も斜めにでき始めるが，分裂終期の細胞板の成長に伴ってまっすぐな向きに修正される．このとき

にサイトカラシンでアクチン繊維を壊しておくと方向修正は起こらず，分裂面は斜めになる[37]．これらの報告はいずれも気孔分化に関連した特殊な条件下における細胞分裂の観察であり，にわかに一般化しがたいが，ADZ や隔膜形成体と細胞膜を結ぶアクチン繊維はタバコ BY-2 細胞でも観察されるので，アクチン繊維の存否による分裂面位置決定は植物細胞に普遍的な現象なのかもしれない．いずれにせよ，前述のように PPB の存在した位置が最終的な分裂面となることが知られているが，PPB が残すメモリーについてははっきりしないので，これらの現象の解析によりメモリーの正体が明らかになる可能性はある．

c. 植物細胞の中間径繊維

植物細胞の細胞質にも約 10 nm の中間径繊維のネットワークが存在することは，電子顕微鏡観察などで確かめられている．また，動物の中間径繊維の共通配列を認識する抗体 ME 101 でタバコの培養細胞を染色すると，表層微小管，PPB，紡錘体，隔膜形成体が染色されるという報告もある[38]．植物細胞の 10 nm 中間径繊維の構成要素として大きさもまちまちなタンパク質が報告されているが，動物の抗体で認識されたものとしては，トウモロコシ，タバコ，ニンジン，ホウライシダなどで見出されたケラチン様タンパク質，エンドウ，カサノリなどで見出されたラミン様タンパク質がある．中間径繊維を構成するタンパク質は植物種によっても異なるようで，機能についてもよくわかっていない．

最近，「生命の多様性」という言葉をよく耳にする．植物はその形態のみを考えても非常に多様であるが，さまざまな植物の形態も一つ一つの細胞がピースとなった立体的なジグソーパズルであることは，表皮細胞などを顕微鏡で観察した際に実感できるとおりである．最初に述べたように，これら個々の植物細胞がとりうる形態形成の手段は限られており，そのすべてに細胞骨格がかかわっている．また，通常は細胞骨格とは呼ばないが，細胞壁とセルロース微繊維をはじめとするその構成要素も植物細胞の形態形成には必須のものである．これらの繊維状構造の研究は，従来は主に，電子顕微鏡や間接蛍光抗体法による蛍光顕微鏡の観察により行われてきた．近年，生細胞で細胞骨格の動態を探る試みとして，蛍光標識したチューブリンやファロイジンを孔辺細胞などに顕微注射して，微小管やアクチン繊維をリアルタイムで継続観察する方法がとられている[39,40]．また，細胞骨格やその関連タンパク質と GFP (green fluorescent protein, 緑色蛍光タン

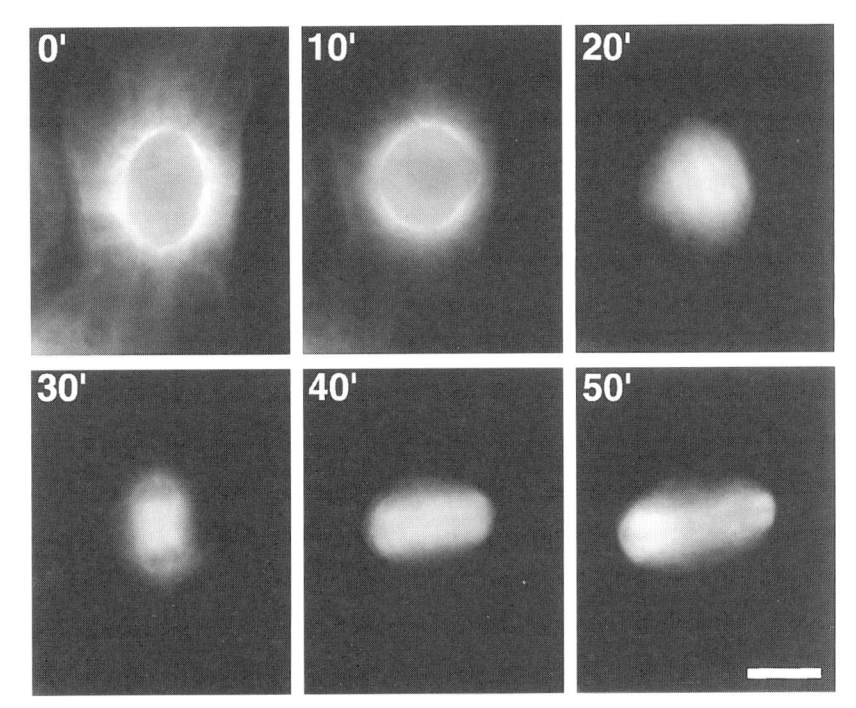

図3.31 シロイヌナズナ生細胞の分裂期における微小管の挙動
緑色蛍光タンパク質（GFP）とチューブリンの融合タンパク質を恒常的に発現させたシロイヌナズナ培養細胞を，蛍光顕微鏡と冷却CCDカメラを組み合わせたシステムで継続観察したもの．分裂前期（0′）から分裂終期（50′）までの微小管の構造をタイムラプスで追跡することができる．バーは10μm．

パク質）の融合遺伝子を導入した形質転換植物を作成し，さまざまな組織や生理条件下における細胞骨格の動態を明らかにする方法も盛んになってきた[41]．筆者らもシロイヌナズナやタバコの培養細胞で，GFPの蛍光による微小管の経時的観察を行っているが（図3.31）[5, 42]，このようなタイムラプスの追跡により，従来は不明確であった現象間のつながりが明らかになりつつある．過剰発現によるアーティファクトの危険性に留意しさえすれば，きわめて有効で応用範囲の広い手法であり，今後ますます多用されると考えられる．

　本節では主に植物細胞の細胞骨格と細胞の形態とのかかわりについて述べてきたが，極性，細胞分化，プログラム細胞死，分泌，シグナル伝達など細胞レベルに限っても細胞骨格のかかわる現象は多い．また，組織，個体レベルの現象にも関連する事項は多い．これらの事項に関する細胞骨格の役割については，現象別に該当する項を参照されたい．

〔馳澤盛一郎・熊谷　史〕

文　献

1) Staiger, C. J. and Lloyd, C. W. : *Curr. Opin. Cell Biol*., **3** : 33-42（1991）
2) Lambert, A. M. and Lloyd, C. W. : Microtubules, pp.325-341, Wiley-Liss（1994）
3) Asada, T. *et al*. : *Nature*, **350** : 238-241（1991）
4) Nagata, T. *et al*. : *Planta*, **193** : 567-572（1994）
5) Kumagai, F. *et al*. : *Plant Cell Physiol*., **42** : 723-732（2001）
6) Horio, T. and Hotani, H. : *Nature*, **321** : 605-607（1986）
7) Brinkley, B. R. : *Ann. Rev. Cell Biol*., **1** : 145-172（1985）
8) Anderson, S. S. L. : *Int. Rev. Cytol*., **187** : 51-109（1999）
9) Erickson, H. P. : *Nat. Cell Biol*., **2** : E 93-96（2000）
10) Kumagai, F. and Hasezawa, S. : *Plant Biol*., **3** : 4-16（2001）
11) Hasezawa, S. and Nagata, T. : *Protoplasma*, **176** : 64-74（1993）
12) Liu, B. *et al*. : *J. Cell Sci*., **104** : 1217-1228（1993）
13) Toriyama, M. *et al*. : *Cell Motil. Cytoskel*., **9** : 117-128（1988）
14) Kumagai, F. *et al*. : *Eur. J. Cell Biol*., **78** : 109-116（1999）
15) Drewes, G. *et al*. : *Trends Biol. Sci*., **23** : 307-311（1998）
16) Asada, T. and Shibaoka, H. : *J. Cell Sci*., **107** : 2249-2257（1994）
17) Jiang, C. -J. and Sonobe, S. : *J. Cell Sci*., **105** : 891-901（1993）
18) Smertenko, A. *et al*. : *Nat. Cell Biol*., **2** : 750-753（1999）
19) Cyr, R. J. and Palevitz, B. A. : *Planta*, **177** : 245-260（1989）
20) Vantard, M. *et al*. : *Biochemistry*, **30** : 9334-9340（1991）
21) Whittington, A. T. *et al*. : *Nature*, **411** : 610-613（2001）
22) Ledbetter, M. C. and Porter, K.R. : *J. Cell Biol*., **19** : 239-250（1963）
23) Hogetsu, T. and Shibaoka, H. : *Planta*, **140** : 15-18（1978）
24) Brown, R. M. : *J. Cell Sci., Suppl*., **2** : 13-32（1985）
25) Heath, I. B. : *J. Theor. Biol*., **48** : 445-449（1974）
26) Hasezawa, S. and Nozaki, H. : *Protoplasma*, **209** : 98-104（1999）
27) Giddings, T. H. and Staehelin, L. A. : *Planta*, **173** : 22-30（1988）
28) Fukuda, M. *et al*. : *Plant Cell Physiol*., **39** : 80-86（1998）
29) Fukuda, M. *et al*. : *Plant Cell Physiol*., **41** : 600-607（2000）
30) Kameyama, K. *et al*. : *Nature*, **407** : 37（2000）
31) Nagai, R. : *Int. Rev. Cytol*., **145** : 251-310（1993）
32) Hasezawa, S. *et al*. : *Protoplasma*, **202** : 105-114（1998）
33) Miyake, T. *et al*. : *J. Plant Physiol*., **150** : 528-536（1997）
34) Itano, N. and Hatano, S. : *Cell Motil. Cytoskel*., **19** : 244-254（1991）
35) Igarashi, H. *et al*. : *Plant Cell Physiol*., **41** : 920-931（2000）
36) Cleary, A. L. : *Protoplasma*, **185** : 152-165（1995）
37) Palevitz, B. A. and Hepler, P. K. : *Chromosoma*, **46** : 327-341（1974）
38) Fairbairn, D. J. *et al*. : *Protoplasma*, **182** : 160-169（1994）
39) Wasteneys, G. O. *et al*. : *Cell Motil. Cytoskel*., **24** : 205-213（1993）
40) Yuan, M. *et al*. : *Proc. Natl. Acad. Sci. USA*, **91** : 6050-6053（1994）
41) Ludin, B. and Matus, A. : *Trends Cell Biol*., **8** : 72-77（1998）
42) Hasezawa, S. *et al*. : *Plant Cell Physiol*., **41** : 244-250（2000）

4. 単膜系オルガネラとその分化

4.1 ゴルジ体

　Camillo Golgi が光学顕微鏡を用いてゴルジ体を発見してから 100 年がたった．しかし，ゴルジ体の重要性が正しく評価されるようになったのは 20 世紀後半になってからである．ゴルジ体は，動物細胞では通常核に近接した中心小体領域に位置している．植物細胞においては，動物細胞よりも一般にゴルジ体が明瞭で，細胞内に点状に分布し，他の膜構造からもはっきりと分離してみえる．細胞あたりのゴルジ体の数は細胞の種類や発育段階によって大きく異なり，トウモロコシ根冠細胞では 300～600 個，イネ液体培養細胞で 50～200 個，アカバナの芽頂端分裂細胞で平均 24 個と報告されている．

a. 構　　造

　ゴルジ体は，単膜系オルガネラの一つで複雑な構造をしている．このオルガネラの外観の特徴は，膜で囲まれた扁平な囊（cisterna）が数枚平行に重なった層板構造（stack）とそれに付随する小胞が存在する点である（図 4.1）．ただ，隣接する扁平囊間には小胞は存在しない．ゴルジ層板には形態的，生化学的な極性がみられる．ゴルジ体内部は，シス，メディアル，トランス，トランスゴルジ網に区画分けされる．動物細胞でみられるシスゴルジ網は植物細胞ではあまり発達していない．小胞体で合成されたタンパク質や脂質は，輸送小胞によってシス面からゴルジ体に入り，トランス面でつくられる輸送小胞に詰め込まれて細胞膜や液胞に送り出される．これらの輸送小胞には，クラスリン被覆やコートタンパク質複合体などの非クラスリン被覆小胞がみられる（4.2 節参照）．ゴルジ体のまわりにはゴルジマトリクスと呼ばれる繊細な繊維状の構造物が観察されている．ゴルジマトリクスの構成成分はよくわかっていないが，ゴルジ体の複雑な形態の維持に関与しているものと考えられる[1]．

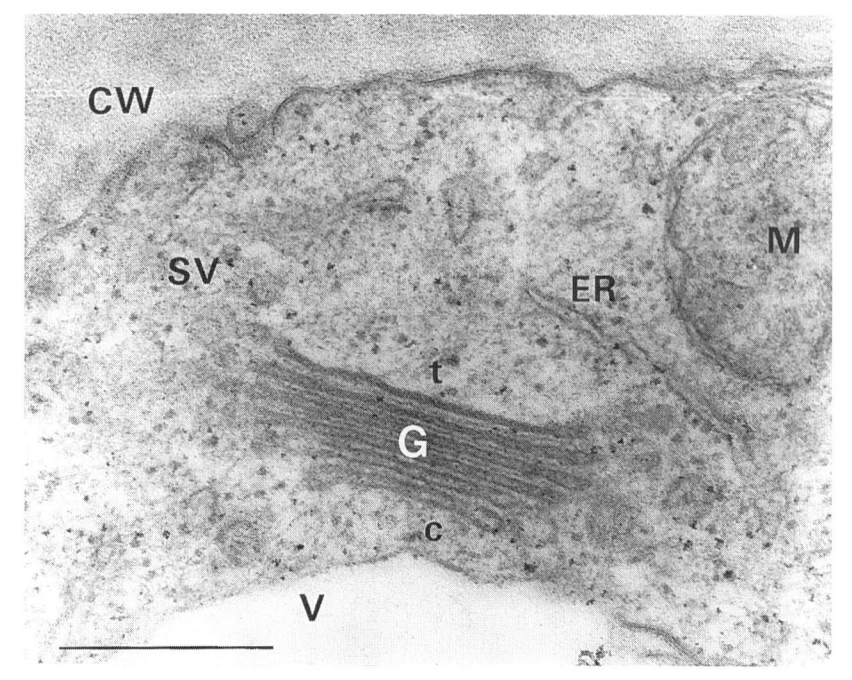

図 4.1 イネ液体培養細胞におけるゴルジ体
G：ゴルジ体，t：トランス面，c：シス面，SV：ゴルジ小胞，ER：小胞体，V：液胞，M：ミトコンドリア，CW：細胞壁．バーは 0.5 μm．

b. 機　　能

1）糖タンパク質糖鎖の修飾

　動植物細胞のタンパク質の多くは糖鎖（oligosaccharide chain）をもっている．糖タンパク質の糖鎖にはN結合型とO結合型糖鎖がある．N結合型糖鎖はさらに複合型，ハイブリッド型，高マンノース型の三つに分類される．N結合型糖鎖の結合部位の共通配列は，NX（S/T）（Xはプロリン以外のアミノ酸）で，アスパラギンのアミノ基に糖鎖が結合する．O結合型糖鎖においては，セリンまたはスレオニンの水酸基に結合するムチン型糖鎖やヒドロキシプロリンの水酸基に1～4個のアラビノースが結合したものがある．

　ゴルジ体の重要な機能の一つは糖タンパク質糖鎖の修飾，合成である．植物細胞におけるN結合型糖鎖の生合成経路を図4.2に示した．糖タンパク質のN結合型糖鎖生合成は，小胞体でのオリゴ糖転移酵素による糖鎖前駆体の付加反応から始まる．この糖鎖付加は小胞体でのポリペプチド鎖の伸長途中に起こる．小胞

4.1 ゴルジ体

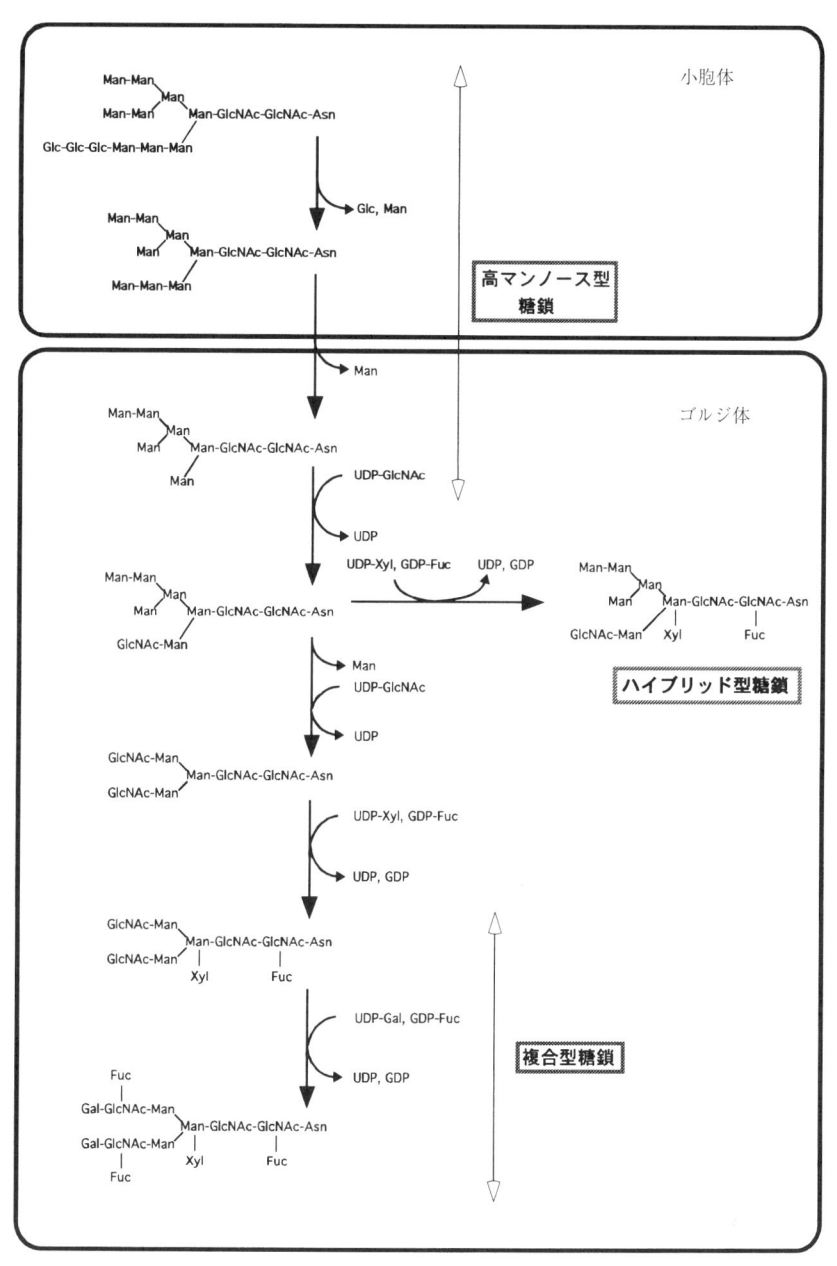

図 4.2 N結合型糖鎖の生合成経路

体で合成された糖タンパク質は，糖鎖トリミングの後，ゴルジ体に輸送される．ゴルジ体では，さらにマンノース残基のトリミングおよび末端糖の付加が起こり，熟成型糖タンパク質が生成される．動物細胞のゴルジ体では，シス区画においてマンノース残基の一部が切除され，メディアル区画においてさらにマンノース残基の切除およびN-アセチルグルコサミンの付加が起こり，トランス区画およびトランスゴルジ網において末端糖の付加が起こることが知られている．植物細胞においては，このような各ゴルジ区画の役割分担を支持する確固たる証拠はまだない[2]が，マンノース残基のトリミングにかかわる酵素がシス区画に局在することが報告されている[3]．

O結合型糖鎖の付加はゴルジ体で起こる．植物細胞におけるヒドロキシプロリン結合型糖鎖の生合成は，まず小胞体においてプロリンのヒドロキシル化が起こり，アラビノース残基の付加はゴルジシス区画から始まる．また，ムチン型糖鎖であるGal-GalNAc残基の合成もシス区画で起こると考えられている[4]．

糖鎖の付加修飾は何のために行われるのであろうか．糖鎖は柔軟性に乏しく，小型のオリゴ糖でもタンパク質表面から突き出るように配置している．付加された糖鎖がそのタンパク質にとっての立体的な障壁になり，プロテアーゼなどの作用を受けにくくなることは容易に予想される．また，糖鎖が付加することによってタンパク質の溶解性や安定性などの物理化学的性質が変化する．たとえば，イネα-アミラーゼのN結合型糖鎖はこの酵素の熱安定性に関与している．植物糖タンパク質のN結合型糖鎖に特有な構造と考えられているキシロース残基は，人間に対してアレルゲンとして作用することが報告されている．しかし，シロイヌナズナの変異株を用いた解析からは，高マンノース型から複合型糖鎖への変換機能の欠損が植物の成長や形態に影響するという結果は得られなかった[5]．糖鎖は，多くのエネルギーを消費して複雑な生合成経路でつくられることから，重要な機能があるに違いないが，その機能の大半は解明されていない．

2）細胞壁複合多糖の合成と構築

分裂成長している植物細胞におけるゴルジ体の主要生成物は細胞壁複合多糖である．これは動物にはない植物ゴルジ体の特徴的な機能である．セルロースの合成は大部分細胞膜上で行われるが，セルロース微繊維間の架橋として働くマトリクス高分子，ペクチン性多糖類やヘミセルロース多糖類の合成・構築はゴルジ体で行われる．ペクチン性多糖類は，キレート剤溶液によって細胞壁から抽出される多糖で，双子葉植物においてその主成分はホモポリガラクツロナンとラムノガ

ラクツロナン I（PGA/RG I）である．ヘミセルロース多糖類は，ペクチン抽出後の細胞壁からアルカリ溶液により抽出される多糖の総称で，キシログルカンが主成分である．シカモアカエデ培養細胞における PGA/RG I およびキシログルカンの合成過程は，糖鎖エピトープに特異的な抗体を用いた免疫細胞化学的手法によって解析され，それぞれの合成・構築モデルが示されている[1]．キシログルカン合成では，グルコースとキシロースからなる基本骨格はゴルジ体のトランス区画で合成され，フコースなどの側鎖はトランスゴルジ網で付加される．PGA/RG I 合成はゴルジ体全体で行われる．基本骨格の構築はシス区画から始まり，PGA のエステル化はメディアル区画，側鎖の付加はトランス区画で起こる．上記の細胞壁複合多糖の合成・構築に関するモデルは，植物細胞において普遍的なものではないが，植物ゴルジ体においてもシス，メディアル，トランスおよびトランスゴルジ網に明確な機能局在が存在することを明らかにした点で重要である．

3) ゴルジ体における糖ヌクレオチド輸送および代謝

糖タンパク質糖鎖および細胞壁複合多糖を合成するためには，糖供与体としての糖ヌクレオチドをゴルジ扁平嚢の内腔に供給しなければならない．糖ヌクレオチド輸送および代謝は，動植物細胞のゴルジ体においてほぼ共通の機構で行われると考えられている（図4.3）．ウリジン 5′-三リン酸（UDP）グルコースを例にとってみると，細胞質側で合成された UDP グルコースは，まず 5′-ウリジル酸（UMP）との交換輸送によってゴルジ体内腔に運び込まれる[6]．UDP グルコースはグルコシルトランスフェラーゼの基質となり，グルコースが細胞壁複合多糖へ転移されるとともに，UDP が生成する．UDP はゴルジ体内腔のヌクレオチドジ

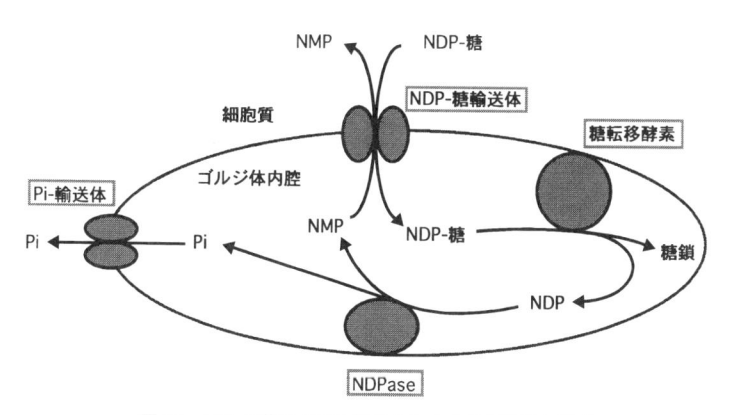

図4.3　ゴルジ体における糖ヌクレオチドの輸送と代謝

ホスファターゼ（NDPase）によって加水分解されて UMP とリン酸が生ずる．NDPase は，種々の多糖合成によって生じたヌクレオチド二リン酸を分解することによって，生成物による多糖合成阻害を回避する役割を果たしている[7]．リン酸は，リン酸輸送体により細胞質側に放出される．

4）輸送選別機能

ゴルジ体には，分泌タンパク質や液胞局在型タンパク質の選別輸送のための仕分け機能がある．分泌タンパク質は，小胞体で合成され，輸送小胞によって小胞体からゴルジ体を経てさらに細胞表層に輸送され，細胞外に放出される．小胞体→ゴルジ体→細胞膜輸送はデフォルト経路（default pathway）といわれ，この経路に入るための特別なシグナルを要しない．一方，分解型液胞に必要な加水分解酵素およびタンパク質蓄積型液胞におけるある種の貯蔵タンパク質などは，ゴルジ体を経て液胞へと輸送される．これら液胞局在型タンパク質は分泌タンパク質とは異なり，液胞輸送シグナルとして働くアミノ酸配列をもつ（4.3節参照）．液胞局在化シグナルは，タンパク質のN末端，C末端あるいは内部に存在し，N末端シグナルにはNPIRという共通配列が見出されている．一方，C末端シグナルには共通配列がない．分解型液胞においては，液胞輸送シグナルを認識し，液胞への選別輸送に関与していると思われる膜タンパク質が見出されている．これらの受容体膜タンパク質はトランスゴルジ網および分解型液胞前駆体に局在している[8]．最近，蓄積型液胞へ輸送される貯蔵タンパク質のゴルジ体における選別はシス区画で行われるという報告がなされた．ゴルジ体は多様な選別機能をもち，それぞれの認識，選別機構は異なると考えられる．

5）膜構成成分の再循環

ゴルジ体は，小胞体-細胞膜間，および小胞体-液胞間の膜輸送において中心的な位置にあり，また多方向性の膜供与ならびに受容オルガネラとしての役割をもち，膜構成成分の再循環に深くかかわっていると考えられる[9]．動物細胞や酵母の小胞体-ゴルジ体間には，通常の輸送（anterograde transport）経路と返送（retrograde transport）経路が存在する．この返送経路は小胞体-ゴルジ体間の膜バランスの維持に重要であることが知られている．小胞体から搬出されるタンパク質には特別なシグナルを必要とせず，一方小胞体にとどまるタンパク質には残留のためのシグナルが必要である．小胞体の水溶性タンパク質に関しては，(K/H) DELという小胞体残留シグナルが同定されている．このシグナルは，タンパク質を小胞体内腔にとどめるための碇（いかり）として働くのではなく，ゴルジ体に配送されたタン

医学生物学大辞典
[上・中・下巻:3分冊]

E.L.ベッカー他編　和田 攻総監修
A4判　3500頁　本体460000円
刊行記念特別本体価格420000円
[特別価格期限2003年3月31日]

収録語数約15万余語で，医学・生物学関連用語のほぼ全てを収録(旧語・廃語を含む)。各用語には語源を始め簡潔で十分な語義や語彙はもちろん，同義語，関連語，比較語，対照語，反対語，参照語が最大限つけられている。また医学関連の人名由来用語の紹介，冠名語，化学物質・薬品名，種々の単位，接頭語・接尾語など豊富な情報量では比類ない辞典であり，必要に応じ最新の項目も付加し読者の便に供した。"International Dictionary of Medicine and Biology"の翻訳書

ISBN4-254-30061-1	注文数	冊

科学・技術大百科事典

D.M.コンシディーヌ編　太田次郎他訳
[上巻]　A4判　1084頁　本体 95000円
[中巻]　A4判　1112頁　本体 95000円
[下巻]　A4判　1008頁　本体 95000円
[全3巻]A4判　3204頁　本体285000円

植物学，動物学，生物学，化学，地球科学，物理学，数学，情報科学，医学・生理学，宇宙科学，材料工学，電気工学，電子工学，エネルギー工学など，科学および技術の各分野を網羅し，数多くの写真・図表を収録してわかりやすく解説。索引も，目的の情報にすぐ到達できるように工夫。自然科学に興味・関心をもつ中・高生から大学生・専門の研究者までに役立つ必備の事典。『Van Nostrand's Scientific Encyclopedia, 8/e』の翻訳

ISBN4-254-10164-3	注文数	冊
ISBN4-254-10165-1	注文数	冊
ISBN4-254-10166-X	注文数	冊

微生物学・分子生物学辞典

P.シングルトン／D.セインズベリー編　太田次郎監訳
A5判　1268頁　本体48000円

微生物学・分子生物学の近年の急速な進展により新しい術語と定義が過剰になった。また，旧来の術語でも異なる意味で用いられることが少なくない。本辞典では，雑誌やテキストで実際に使われている用法を集め，旧来の意味や同意語なども明記して，最近のこの分野の情報の流れを形成している術語や語句に明確な義義の定義を与えることに努めた。また関連分野である生体エネルギー論や生化学分野などからも，詳細かつ包括的で，連結した情報を収録している。日本語訳五十音配列

ISBN4-254-17091-2	注文数	冊

バイオサイエンス事典

太田次郎編
A5判　376頁　本体12000円

生物学，生化学，分子生物学，バイオテクノロジーとライフサイエンス(生命科学)は広い領域に渡る。本書は，研究者，教育者，学生だけでなく，広く関心のある人々を対象とし，用語の定義を主体とした辞典でなく，生命現象や事象などについて具体的解説を通して，生命科学を横断的にながめ，理解を図る企画である。[内容]生体の成り立ち／生体物質と代謝／動物体の調節／動物の行動／植物の生理／生殖と発生／遺伝／生物の起源と進化／生態／ヒトの生物学／バイオテクノロジー

ISBN4-254-17107-2	注文数	冊

生物学データ大百科事典

石原勝敏・金井龍二・河野重行・能村哲郎編集代表
[上巻]　B5判　1536頁　本体100000円
[下巻]　B5判　1196頁　本体100000円(10月刊行予定)
刊行記念特別本体価格　各巻90000円
[特別価格期限2003年3月31日]

動物，植物の細胞・組織・器官等の構造や機能，更には生体を構成する物質の構造や特性を網羅。又，生理・発生・成長・分化から進化・系統・遺伝，行動や生態にいたるまで幅広く学術領域を形成する生物科学全般のテーマを網羅し，専門外の研究者が座右に置き，有効利用できるよう編集したデータブック。[内容]生体構造(動物・植物・細胞)／生化学／植物の生理・発生・成長・分化／動物生理／動物の発生／遺伝学／動物行動／生態学(動物・植物)／進化・系統

ISBN4-254-17111-0	注文数	冊
ISBN4-254-17112-9	注文数	冊

＊本体価格は消費税別です(2002年5月25日現在)

▶お申込みはお近くの書店へ◀

朝倉書店

162-8707 東京都新宿区新小川町6-29
営業部　直通(03)3260-7631　FAX(03)3260-0180
http://www.asakura.co.jp　eigyo@asakura.co.jp

生物学ハンドブック

太田次郎他編
A5判　664頁　本体22000円

生物学全般にわたって，基礎的な知識から最新の情報に至るまで，容易に理解できるよう，中項目方式により解説。各項目が，一つの読みものとしてまとまるように配慮。図表・写真を豊富にとり入れて，簡潔に記述。生物学，隣接諸科学の学生や研究者，関心をもつ人々の座右の書。〔内容〕細胞・組織・器官(45項目)／生化学(34項目)／植物生理(60項目)／動物生理(49項目)／動物行動(47項目)／発生(45項目)／遺伝学(45項目)／進化(27項目)／生態(52項目)

ISBN4-254-17061-0　　注文数　　冊

生物観察実験ハンドブック

今堀宏三・山極　隆・山田卓三編
A5判　440頁　本体10000円

小中高の教師を主対象に，教材生物を用いた観察実験の現場で役に立つよう105の教材について多数の図・写真・データを用いてきわめて明解にまとめられている。生物実験材料の入手方法や野外指導の実践法，長時間ないし長期実験の進め方等々現場の問題に応えるかたちで編集されている。〔内容〕多目的教材(9編)／植物教材(30編)／動物教材(36編)／水中の微小生物教材(11編)／総合教材(9編)／調べ方シリーズ(10編)／生物別観察実験一覧表／観察実験別教材一覧表

ISBN4-254-17045-9　　注文数　　冊

日中英対照生物・生化学用語辞典

日中英用語辞典編集委員会編
A5判　512頁　本体12000円

日本・中国・欧米の生物・生化学を学ぶ人々および研究・教育に携わる人々に役立つよう，頻繁に用いられる用語約4500語を選び，日中英，中日英，英日中の順に配列し，どこからでも用語が探しだせるよう図った。〔内容〕生物学一般／動物発生／植物分類／動物分類／植物形態学／植物地理学／動物形態学／動物組織学／植物生理学／動物生理学／動物生理化学／微生物学／遺伝学／細胞学／生態学／動物地理学／古生物学／生化学／分子生物学／進化学／人類学／医学一般／他

ISBN4-254-17104-8　　注文数　　冊

酵素ハンドブック

丸尾文治・田宮信雄監修
B5判　896頁　本体50000円

現在既知の2000に及ぶすべての酵素を網羅し，それぞれについて反応，測定法，所在と精製，性質などの要点を記載して，検索に便利なように編集した酵素の事典。国際生化学連合酵素委員会報告(1978)の分類によって配列。酵素研究者座右書。〔内容〕酸化還元酵素／トランスフェラーゼ(転移酵素，移転酵素)／加水分解酵素／リアーゼ(脱離酵素)／イソメラーゼ(異性化酵素)／リガーゼ(シンテターゼ，合成酵素)／追補

ISBN4-254-17041-6　　注文数　　冊

パク質から，小胞体にとどまるべきものを選んで返送経路に乗せて回収するためのものである．小胞体-ゴルジ体間の通常輸送と返送にはそれぞれコートタンパク質複合体（COP I，COP II）やある種のグアノシントリホスファターゼ（GTPase）が関与している．植物細胞においても，小胞体タンパク質が（K/H/R）DEL 配列をもつこと，COP I，COP II および小胞輸送にかかわる GTPase が小胞体やゴルジ体に存在していることから，動物細胞や酵母と同様な小胞体-ゴルジ体間の膜再循環機構が存在するものと考えられる．

　増殖しない分泌細胞にとってゴルジ体-細胞膜間の膜の再循環はなくてはならないものである．なぜなら，ゴルジ体から細胞膜への小胞輸送のみ行われると細胞膜の著しい膨張が起こってしまうからである．植物細胞においても確かにクラスリン被覆小胞形成を介したエンドサイトーシスが行われ，そしてこの小胞はゴルジ体に到達することが示されている．動物細胞ではゴルジ体-リソソーム間の膜の再循環が行われており，植物細胞のゴルジ体-液胞間でも膜の再循環があると思われる．

c. 形　　成
1) ゴルジ体膜タンパク質の局在化機構

　機能をもったゴルジ体が形成されるためには，ゴルジ体構成膜タンパク質・酵素がそれぞれの機能局在部位に正しく配置されなければならない．ゴルジ体糖鎖修飾酵素のゴルジ体局在化シグナルは，膜貫通ドメインが中心的な役割を果たしていると考えられている[10]．植物細胞においては，ラット由来のシアリルトランスフェラーゼの膜貫通ドメインがゴルジ体局在化シグナルとして働くことが示され，動植物細胞には普遍的なゴルジ体膜タンパク質の局在化機構が存在するものと考えられる．小胞体残留シグナルにみられるような共通配列は，ゴルジ体局在化シグナルにはない．どのような機構でシス，メディアル，トランス，あるいはトランスゴルジ網に酵素タンパク質は局在化するのか．動物細胞においては膜貫通ドメインの長さやオリゴマー形成による局在化機構が有力視されている．植物細胞でも，UDP 糖によって可逆的に糖付加され，ヘミセルロース合成に関与していると考えられる RGP 1（reversibly glycosylated polypeptide-1）をはじめ，2種のフコシルトランスフェラーゼ，N-アセチルグルコサミニルトランスフェラーゼ I，キシロシルトランスフェラーゼおよび糖鎖トリミングにかかわるマンノシダーゼなどの遺伝子クローニングが行われ，局在化機構の解析が進み始めてい

る[11].

　トランスゴルジ網に局在し，ゴルジ体-細胞膜間やゴルジ体-液胞前駆体間を循環する膜タンパク質においては，細胞質側のドメインが残留・循環シグナルとして働く[10]．植物細胞においては，ゴルジ体-分解型液胞前駆体間に存在し，液胞輸送シグナルを認識する膜結合型受容体が上記の循環膜タンパク質と類似の細胞質ドメインを有することが示されている．受容体の膜貫通ドメインには分解型液胞前駆体への輸送シグナルが含まれていることが証明されており，細胞質ドメインはゴルジ体への返送に関与しているものと考えられている[8]．

2) 小胞シャトルモデル vs 嚢熟成モデル

　分泌タンパク質や液胞タンパク質のゴルジ体内の輸送はシス→メディアル→トランスの方向に進む．扁平嚢から次の扁平嚢への移動機構について，現在，小胞シャトルモデルと嚢熟成モデルが提唱されている（図4.4）[9,11,12]．ただ，これらは全く相反するものではない．小胞シャトルモデルにおいては，小胞体-ゴルジ体間およびゴルジ嚢間の輸送シャトル，すなわち通常の輸送経路と返送経路の輸送がともに輸送小胞によって行われる．嚢熟成モデルにおいては，小胞体-ゴルジ体間およびゴルジ嚢間の返送経路の輸送は輸送小胞によって行われるが，シスからトランス嚢への輸送は嚢熟成によって達成される．Rothmanらの試験管内無細胞系によるゴルジ嚢間輸送に関する研究から端を発して，小胞シャトルモデルが一般に支持されるようになった[14]．しかし，最近の研究成果は嚢熟成モデルの再検討を促している．たとえば，プロコラーゲン前駆体のような巨大な複合体を形

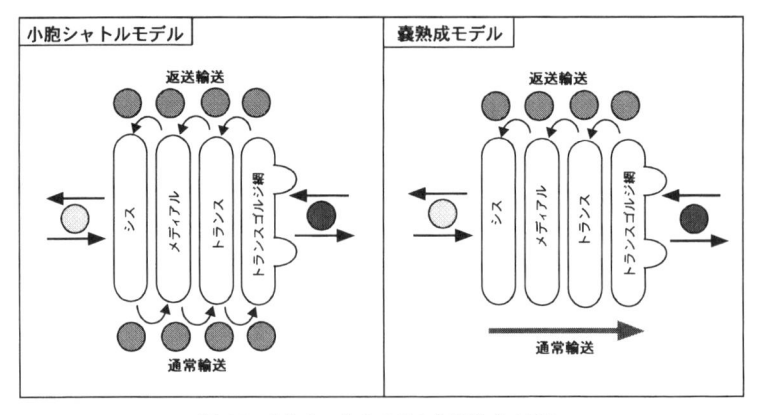

図4.4　小胞シャトルモデルと嚢熟成モデル

成するようなものはゴルジ嚢間の輸送小胞には入りえないことが指摘されている[13]．ゴルジ嚢間輸送に少なくとも輸送小胞を介しない経路があることは間違いないらしいが，小胞シャトルモデルを支持する考えも根強い[14]．どちらのモデルが普遍的であるのかという問題は，今後植物細胞においても活発に議論されるに違いない[11]．

d. ゴルジ体は細胞内を移動する

　ゴルジ体膜タンパク質と緑色蛍光タンパク質（green fluorescent protein, GFP）の融合タンパク質を植物細胞で発現させ，ゴルジ体をGFPで標識することによって，生きた植物細胞内においてゴルジ体の動く速さが測定された．なんとゴルジ体は約 4 μm/s の速度で動くことが観察された[3]．動物細胞ではゴルジ体は中心体領域付近に固定されているかのように動かず，また酵母ではゴルジ体の移動はみられるもののその速さは植物のそれに比べて著しく遅い．このことは，植物のゴルジ体は上述の複合多糖の合成・構築やタンパク質の輸送選別の場としての役割のみならず，これらを細胞内の目的地に運ぶ輸送体としての役割をもつことを強く示唆している．ゴルジ体の移動は，その形態を維持しながらアクチン繊維上をおそらくゴルジ体結合型ミオシンモーターによって移動する．ゴルジ体の移動は規則正しく起こっているのではなく，停止・移動を繰り返している．ゴルジ体は活発に輸送小胞を放出している小胞体部位付近に何らかの停止シグナルによって止まり，輸送小胞を受け取った後，内容物を細胞内の目的地に運ぶために再び移動を開始するという stop-and-go モデルが提唱されている[11]．

e. ゴルジ体は植物細胞にとって必要か

　植物ゴルジ体は他のオルガネラに比較してわかっていない部分が多い．最近，液胞タンパク質の輸送選別は，ゴルジ体のみならず小胞体でも行われることが明らかになってきた（4.3節参照）．ゴルジ体は植物細胞にとってそれほど重要なオルガネラではないのであろうか．決してそうではない．新しく合成された高分子物質の選別，機能局在の重要性を考えると，小胞体だけにこれを任せていては，十分な正確さが保てない．そこで，ゴルジ体が小胞体と最終的な配置場所との間にあって選別作業の大部分をつかさどり，全体としてミスの起こる確率を下げているものと考えられる．さらに，植物の分裂細胞においては，ゴルジ体は細胞内のある特定の部位に集結し，細胞壁前駆体の詰まった小胞をつくり出して細胞板

形成に関与する（3.1節参照）．細胞壁複合多糖合成や細胞板形成は植物特有のものであり，植物細胞におけるゴルジ体の重要性がうかがえる． 〔三ツ井敏明〕

文　　献

1) Staehelin, L. A. and Moore, I. : *Ann. Rev. Plant Physiol. Plant Mol. Biol*., **46** : 261-288（1995）
2) Lerouge, P. *et al.* : *Plant Mol. Biol*., **38** : 31-48（1998）
3) Nebenführ, A. *et al.* : *Plant Physiol*., **121** : 1127-1141（1999）
4) Kishimoto, T. *et al.* : *Arch. Biochem. Biophys*., **370** : 271-277（1999）
5) Gomez, L. and Chrispeels, M. J. : *Proc. Natl. Acad. Sci. USA*, **91** : 1829-1833（1994）
6) Neckelmann, G. and Orellana, A. : *Plant Physiol*., **117** : 1007-1014（1998）
7) Mitsui, T. *et al.* : *Plant Physiol*., **106** : 119-125（1994）
8) Vitale, A. and Raikhel, N. V. : *Trends Plant Sci*., **4** : 149-155（1999）
9) Hawes, C. and Satiat-Jeunemaitre, B. : *Trends Plant Sci*., **1** : 395-401（1996）
10) Munro, S. : *Trends Cell Biol*., **8** : 11-15（1998）
11) Nebenführ, A. and Staehelin, L. A. : *Trends Plant Sci*., **6** : 160-167（2001）
12) Allan, B. B. and Balch, W. E. : *Science*, **285** : 63-66（1999）
13) Bonfanti, L. *et al.* : *Cell*, **95** : 993-1003（1998）
14) Pelham, H. R. B. and Rothman, J. E. : *Cell*, **102** : 713-719（2000）

4.2　小 胞 輸 送

　真核細胞は，膜によって仕切られたさまざまなオルガネラによって構成されている．それらのオルガネラ間では，実に多様な方法により物質や情報のやりとりがなされているが，その中でも特に膜小胞を介したオルガネラ間の膜，およびタンパク質の輸送を，小胞輸送と呼ぶ．小胞輸送の研究は，酵母や動物細胞を材料として現在精力的に行われ，その分子機構に関する多くの知見が蓄積しつつある[1]．この分子機構に関しては，多くのものが植物でも保存されており，小胞輸送が，基本的にはすべての真核細胞に普遍的なメカニズムによって営まれていることが明らかとなりつつある．しかしながら，植物特有の現象においても小胞輸送はしばしば非常に重要な役割を演じており，植物が進化の過程で小胞輸送の普遍的な機構を独自に進化させてきたこともうかがえる．本節では，酵母や動物の研究から理解されてきた小胞輸送の基本的なしくみを述べるとともに，それが植物においてどのように機能しているかを概説する．

　a．小胞輸送の主な経路

　植物細胞内の物質輸送経路のうち，小胞を介して行われるものは，(1)小胞体，ゴルジ体を経由して細胞外（細胞膜）へと物質を輸送する分泌経路，(2)小胞体

から，ゴルジ体を経由して（もしくは小胞体から直接）液胞へと物質を輸送する液胞輸送経路，および，(3)細胞外（細胞膜）からエンドソームを経て液胞，もしくはゴルジ体への輸送を担うエンドサイトーシス経路の3種類に大別される（図4.5）．これらの経路はそれぞれが独立しているわけではなく，ときに重なり，ときには分岐しつつ，密接にかかわり合っている．また，不要になったタンパク質や，誤って送られてきたタンパク質を送り返す逆送輸送機構も存在し，精妙な小胞輸送のネットワークが形成されている．

1) 分泌経路

分泌経路は，小胞体で合成されたタンパク質を，ゴルジ体を経て細胞外，もしくは細胞膜へと運ぶ経路である．この経路は，細胞膜を構成するタンパク質や脂質，細胞壁成分の輸送などを通じて，植物の生命維持，形態形成，細胞分化などのさまざまな局面に深くかかわっている．最近，シロイヌナズナの胚発生（knolle），植物ホルモンに対する感受性やその極性輸送(pin1, bri1, etr1)，花や花芽，メリステムの形態（clavata1, clavata2, clavata3, erecta），開花時期（gigantea）などに異常を示す変異体からその原因遺伝子が相次いで単離され，それらが細胞膜に存在する膜タンパク質，もしくは細胞外へ分泌されるタンパク質をコードしていることが明らかとなった．このことは，高等植物におけるさま

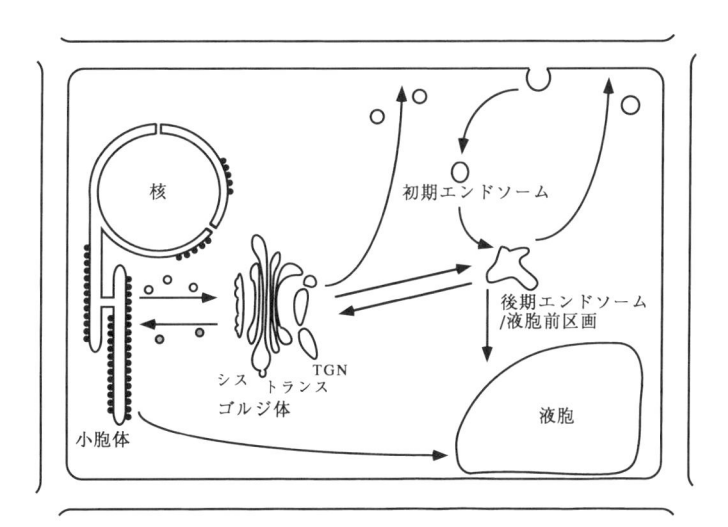

図 4.5 植物細胞内の小胞輸送経路
ここに示されている以外にも，ペルオキシソームやクロロプラストへの輸送に小胞輸送が関与するという説もある．

ざまな生命現象において，分泌経路の厳密な制御が必須であることを強く示唆している．一方，花粉管や根毛などにおける先端成長，細胞分裂の際の細胞板形成といった，特殊な状況にある細胞においてみられる現象においても，分泌が非常に重要な役割を担っている．特に細胞板形成は，ゴルジ体由来の小胞が融合して将来アポプラストとなる区画を全く新しく細胞内につくり出すという，他の生物には類をみない細胞質分裂様式であり，それを遂行するための分泌経路を植物は独自に発達させている．後述するように，最近そのメカニズムを，分子レベルで解明するための研究も進んでおり，今後の進展が期待される．また，褐藻であるヒバマタの接合子においては，受精後，将来仮根となる細胞と葉状体となる細胞に不等分裂する際，その上下軸が細胞壁成分の極性輸送によって決定される[2]．これも，分泌が植物の体制の決定に直接関与する好例であろう．

2) 液胞輸送経路

液胞輸送経路は，小胞体で合成されたタンパク質を液胞へと輸送する経路であり，植物の小胞輸送経路においてその理解が最も進んでいる．一口に液胞といっても，植物には，不要物の分解を主な機能とし，動物のリソソームに相当する分解型液胞と，タンパク質の貯蔵の場としての役割をもつタンパク質貯蔵型液胞の，少なくとも2種類が存在する．オオムギの根やエンドウの未熟種子のように，この2種類の液胞を同時にもつ細胞も存在し，それぞれの液胞へ物質を輸送する経路も独自に存在する．一般的に，分解型液胞への輸送は，小胞体→ゴルジ体→後期エンドソーム（液胞前区画とも呼ばれる）→液胞の経路をたどる．しかし，タンパク質貯蔵型液胞への輸送経路には，小胞体からゴルジ体，後期エンドソームを経由して液胞へ到達するものと，小胞体から直接（ゴルジ体を経由せず）液胞へ運ばれるものがあり，貯蔵タンパク質により使い分けられている．この経路に関しては，4.3節にさらに詳しく述べられている．

3) エンドサイトーシス経路

液胞輸送経路とは対照的に，エンドサイトーシス経路は，植物の小胞輸送経路の中で現在のところそのメカニズムに関する知見が最も少ない．これには，植物細胞では高い膨圧のためにエンドサイトーシスは起こらない，と長年にわたって考えられていたことが影響している．しかし今日では，植物細胞も盛んにエンドサイトーシスにより膜のリサイクリングを行っていることが明らかとなっている．特に，花粉管の先端や形成途中の細胞板などの，分泌が非常に盛んな場所では，エンドサイトーシスも同様に活発に行われていることが知られており，この

ことから，細胞膜の総量が分泌とエンドサイトーシスのバランスをとり合うことによって調節されていることがわかる．エンドサイトーシス経路を構成するオルガネラは，現在植物においてはそのすべてが同定されるには至っていないが，大体以下のようなものであると考えられる．

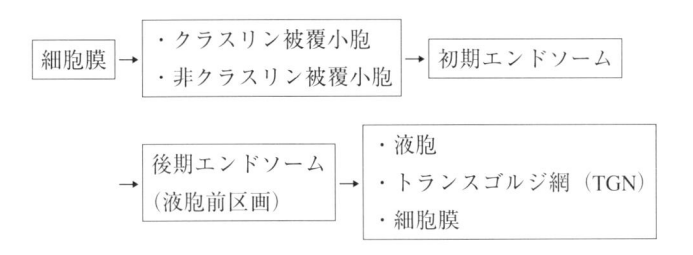

細胞膜 → ・クラスリン被覆小胞／・非クラスリン被覆小胞 → 初期エンドソーム → 後期エンドソーム（液胞前区画）→ ・液胞／・トランスゴルジ網（TGN）／・細胞膜

　このように，エンドサイトーシス経路は，後期エンドソームで三つの経路に分岐する．一つは後期エンドソームから液胞へ向かうもので，不要になったタンパク質はこの経路によって運ばれ，液胞で分解される．残りの二つは後期エンドソームからトランスゴルジ網（trans Golgi network, TGN：ゴルジ体のトランス側（小胞体から最も遠い側）に存在する選別の区画），もしくは細胞膜へと向かうもので，再利用できるタンパク質はこの経路によって運ばれる．なお，後期エンドソームからTGNへの輸送経路は，エンドサイトーシス経路のみでなく，液胞輸送経路において一度後期エンドソームへ輸送されたタンパク質を，TGNへ送り返す際にも使われる．したがって，後期エンドソームはさまざまな行き先の異なるタンパク質が行き交う小胞輸送経路の十字路として機能しているオルガネラであり，分泌経路と液胞輸送経路が分岐するゴルジ体やTGNと並び，タンパク質の選別が，その大きな役割の一つとなる．

　以上に述べたほかにも，根粒菌がマメ科植物の根に感染する際など，他の生物が植物細胞に侵入する際，エンドサイトーシスを利用することも知られている．

b. 小胞輸送の分子機構

　膜に囲まれたあるオルガネラから，小さな膜小胞が出芽，遊離し，目的地であるオルガネラまで輸送され，接着，融合することにより内容物を運ぶという過程が，小胞輸送の基本的な流れである（図 4.6）．この機構の分子レベルでの解明は，Schekman らによる出芽酵母を材料とした分子遺伝学的研究や，Rothman らによる動物細胞を用いた生化学的研究をはじめとする膨大な研究により，この10数

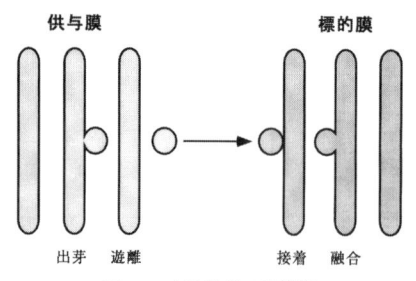

図 4.6　小胞輸送の素過程
この一連の反応がさまざまなオルガネラ間で繰り返し行われることにより，小胞輸送が機能している．

年間で爆発的に進みつつある．その結果，小胞の出芽，融合の両ステップでGTPase（グアノシントリホスファターゼ）が関与すること，形成される場所や運ばれる目的地により，いくつかの輸送小胞が使い分けられていること，それぞれの輸送小胞が，目的地であるオルガネラ膜を正しく認識し，融合するための分子装置を有していることなどが明らかとなった．なお，以下で紹介する知見は，主に出芽酵母と動物細胞を用いた研究から得られたものであるが，それぞれで述べられる機構は，高等植物においても高度に保存されていることが明らかとなりつつある．

1）小胞輸送における GTPase の関与

1987年，Salminen と Novick によりゴルジ体から細胞膜への輸送に損傷をもつ出芽酵母 *sec 4* 変異株の原因遺伝子が同定され，それがガン遺伝子産物として知られていた Rasp 21 とよく似た分子量約 21 k の GTPase をコードしていることが判明した[3]．この発見により，低分子量GTPase（三量体Gタンパク質や，高分子のGTPase と区別してこう総称される）が，小胞輸送に関与することが初めて明らかとなった．その後，酵母の Ypt タンパク質群，および動物細胞の Rab タンパク質群（いずれも Sec 4 と類似の低分子量GTPase）が，小胞輸送経路の各ステップにおいて機能することが次々と明らかにされ，現在は，これらのタンパク質群は，Rab/Ypt ファミリーと総称されている．一般に GTPase は，GTPase cycle と呼ばれる GTP（グアノシン 5′-三リン酸）型（活性型，スイッチ ON）と GDP（グアノシン 5′-二リン酸）型（不活性型，スイッチ OFF）の構造変換を通して，分子スイッチとして機能する．また，Rab/Ypt ファミリータンパク質は，それぞれの分子種ごとにその細胞内局在が厳しく規定されており，各オルガネラに，それぞれ異なった Rab/Ypt　GTPase が存在している．これらのことから，Rab/Ypt GTPase は，後述する SNARE と共同して，輸送小胞が目的地であるオルガネラ膜を正しく認識し，融合する際に機能する分子スイッチであると考えられている[4]．植物においても，シロイヌナズナの Ara ファミリーをはじめとし，多くの Rab/Ypt ファミリータンパク質がさまざまな植物から単離されている[5]．すでに

全塩基配列が決定されたシロイヌナズナゲノム中には，少なくとも 57 個の Rab/Ypt GTPase がコードされており，このことから，高等植物における多様な小胞輸送経路においても，Rab/Ypt GTPase が重要な機能を担っていると考えられる．実際，シロイヌナズナの Rab 1 ホモログが，小胞体-ゴルジ体間の輸送を制御していることがすでに示されている[6]．また，特異な構造をもちエンドサイトーシス経路で機能する高等植物に固有の Rab/Ypt GTPase も存在する[7]．このことから，高等植物が，真核生物に共通の分子機構を用いるとともに，特異的な小胞輸送制御機構を進化の過程で獲得していると推測される．

一方，Rab/Ypt GTPase と前後して，別のタイプの低分子量 GTPase が，小胞輸送に関与することも明らかにされた．1989 年には，Sar 1 と名づけられた低分子量 GTPase が，小胞体-ゴルジ体間の輸送に必須であることが示され[8]，続いて 1990 年には，Arf と呼ばれる低分子量 GTPase 群が，やはり小胞輸送に関与することが見出された[9]．現在，これらは Sar/Arf ファミリーと総称され，小胞の融合過程を制御する Rab/Ypt ファミリーと対照的に，小胞が出芽する際の分子スイッチとして機能していることが知られている（次項参照）．さらに，最近，ダイナミンファミリーと呼ばれる高分子量の GTPase や，三量体 G タンパク質も，小胞輸送に関与することが報告され，非常に多岐にわたる GTPase が小胞輸送制御に関与していることが明らかとなりつつある．植物細胞においても，シロイヌナズナの Sar 1 が小胞体-ゴルジ体間の輸送に必須であることがすでに示されているほか[10]，Arf やダイナミンファミリーの単離，解析も進められている．今後の研究により，GTPase が植物細胞内の小胞輸送経路において果たす役割が，より明らかになるであろう．

2）輸送小胞形成の分子機構

Sar/Arf ファミリーの解析が進むにつれて，輸送小胞の構造に関する研究も大きな進展をみた．Rothman らは，Arf の活性型（GTP 結合型）に依存して，ゴルジ体からタンパク質の被覆をもつ小胞が形成されることを見出した．この被覆は，現在 COP I（コートタンパク質複合体 I と呼ばれ，COP I により覆われた小胞を COP I 小胞とよぶ．COP I は，Arf 1 に加え 7 個のサブユニット（α，β，β'，γ，δ，ε，ζ）から構成されており，GTP 型の Arf とともにゴルジ体膜に集合し，小胞を形成する（図 4.7）[11]．このとき，被覆成分が積み荷と直接結合することにより，小胞に積み込まれる積み荷の選別も同時に行われることがわかっている．小胞形成の完了後，Arf による GTP の加水分解に伴って被覆が小胞から解離

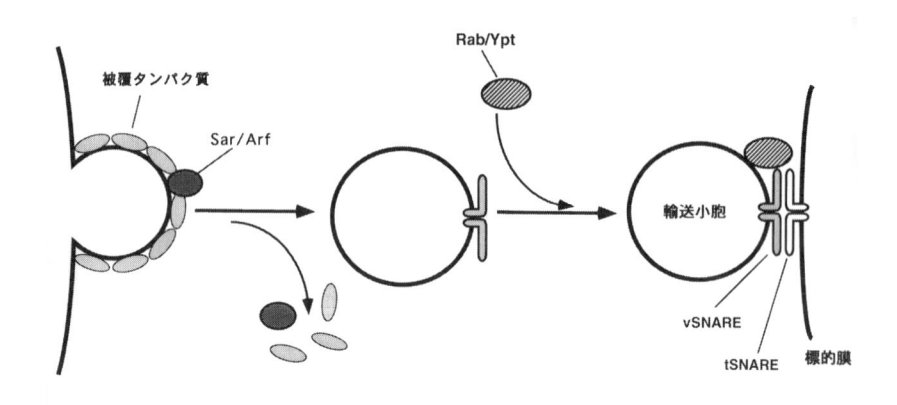

図 4.7 被覆小胞の形成と標的膜への融合
活性型の Sar/Arf が，被覆タンパク質（COP I, COP II, クラスリン被覆）の膜への集合を促し，小胞が形成される．その後，被覆成分が膜小胞から解離し，膜に埋まっている v-SNARE が露出することにより，標的膜への接着，融合へと進めるようになる．

することにより（図4.7），小胞は次のステップである標的膜への融合へと進むことが可能になる．現在のところ，この COP I 小胞に関しては，ゴルジ体から小胞体への輸送を担うことが強く示唆されているが，ゴルジ体層板間の順方向の輸送，ゴルジ体層板間の逆方向の輸送，小胞体からゴルジ体への輸送などにおいて機能するという説もあり，決着には至っていない．COP I 小胞は，植物においてもゴルジ体近傍に多く観察される．その形成メカニズムの解明を目指し，被覆タンパク質の単離や，in vitro での COP I 小胞形成アッセイなどによる解析が，現在精力的になされている[12]．

一方，小胞体からゴルジ体への輸送は，COP II と呼ばれる被覆に覆われた COP II 小胞により行われることが明らかにされている．COP II 小胞の形成には，GTP 型の Sar 1 が必須であり，小胞体膜上で Sar 1 が GTP 型に変換されると，被覆を構成する少なくとも 4 個のサブユニット（Sec 23/24，Sec 13/31 の両複合体）が出芽部位に集合し，小胞を形成する（図4.7）[13]．このときにやはり積み荷の選別が起こると考えられている．小胞の出芽が完了すると，Sar 1 が GTP を加水分解して GDP 型となり，被覆が小胞から解離することにより，融合のステップへ進めるようになると考えられる（図4.7）．なお，GTP の加水分解が起こる時期については，ここに示したモデル以外に，Sar 1, Arf ともに小胞が遊離する前に起こるという説も提出されており，現在なお論争が続いている．植物からも，COP II

の構成因子のホモログは多く単離されている．シロイヌナズナの *SAR 1* が酵母の *sar 1* 変異体を相補できることなどから，この機構は植物でも高度に保存されていると考えられる．

　TGN から液胞への輸送と，細胞膜からのエンドサイトーシスには，クラスリン被覆小胞（clathrin coated vesicle，CCV）が関与している（これらの輸送経路でも，CCV によらないものもある）．CCV は，輸送小胞の中で最も古くから解析がなされており，その存在は 1960 年代から知られていた．被覆は，クラスリンとアダプター複合体（adaptor protein complex，AP 複合体）を主な構成成分としており，クラスリン自体は重鎖と軽鎖 3 個ずつからなるトリスケリオンと呼ばれる六量体からなっている．このトリスケリオンがさらに重合し，五角形と六角形が組み合わさったサッカーボール様の被覆を形成する．一方，AP 複合体は，4 個のタンパク質からなるヘテロ四量体で，分子ファミリーを形成しており，TGN から液胞への輸送には AP 1（γ，β-1，μ-1，σ-1 からなる），細胞膜からのエンドサイトーシスには AP 2（a-A または a-B，β-2，μ-2，σ-2 からなる）というように，経路により使い分けがなされている．CCV が形成される際には，まず AP 複合体が膜に結合し，そこにさらにクラスリンが結合する．AP 1 が膜に結合する際には，GTP 型の Arf が必要であり，COP I，COP II 小胞の形成機構と合わせて，被覆小胞の形成という現象一般に，GTPase が関与するのではないかと考えられる．また，AP 複合体は，輸送される分子に直接結合し，CCV に積み込まれる分子の選別も行う．CCV が膜から遊離する際には，ダイナミンファミリーと呼ばれる一群の高分子量の GTPase が小胞を膜からくびりとる過程で働くと考えられている．CCV が細胞質中に遊離した後，クラスリンと AP 複合体は小胞から解離し，小胞が目的地のオルガネラと融合することが可能となる．この過程も他の輸送小胞の場合と同様である（図 4.7）．高等植物においてもクラスリン被覆小胞は古くから観察されている．その形成の分子機構はこれまでのところあまり解析されていないが，クラスリン被覆小胞が形成途中の細胞板などに特に多く観察されることから，高等植物においても重要な役割を担っているのは間違いないであろう．

　AP 複合体には，上述した以外の分子種（AP 3，AP 4 がこれまでに知られており，今後さらに増える可能性もある）も存在し，そのうちのあるものは非クラスリン被覆をもつことが明らかとなっている．また，ペルオキシソームへの物質輸送に小胞輸送が関与するというデータも蓄積しつつある（4.4 節参照）．今後の研

究により，細胞内輸送経路が，多様な輸送小胞を使い分け，さらに広汎なネットワークにより構築されていることが明らかになると期待される．

3) 小胞の融合の分子機構

被覆が解離した輸送小胞は，融合すべきオルガネラ膜をどうやって正確に認識し，どのようなしくみで融合するのか．この問題は現在も大きな謎であるが，Rothman らによって提唱された SNARE 仮説が，謎を解く重要な鍵とされている．その骨子は，小胞上と標的膜上に，それぞれ特異的なペアをつくって結合するような膜タンパク質（SNARE と名付けられた）が存在し，正確な小胞と標的膜の組み合わせでのみそれらが複合体をつくり，接着，融合に進めるというもので，小胞上の SNARE が v-SNARE，標的膜上のものが t-SNARE と呼ばれる（図4.7）[14]．SNARE 分子のほかにも，NSF，SNAP と呼ばれる可溶性分子や，Rab/Ypt GTPase が小胞の融合には必要である．NSF や SNAP は，SNARE が複合体を形成する前にその活性化に必要であるということが最近明らかになりつつある．しかし，Rab/Ypt GTPase がいかにして SNARE 複合体と協調しつつ融合を制御しているのかは今のところ明らかになっていない．また，SNARE が接着・融合の過程で果たす具体的な役割についてもまだ大きな論争があり，決着には時間がかかりそうである．植物においても，SNARE 仮説の検証が Raikhel らによって行われている[15]．

4) タンパク質局在化の分子機構

液胞のように，小胞輸送経路の終点に当たるオルガネラは例外であるが，タンパク質が特定のオルガネラに局在するためには，そのオルガネラへ向かう輸送小胞に積極的に積み込まれるだけではなく，機能すべきオルガネラに到達した後に，そのオルガネラにとどまり続けることが必要である．さもないと，輸送経路の終点まですべてのタンパク質が運ばれてしまうであろう．このような，タンパク質のオルガネラへの残留機構は，主に小胞体タンパク質を用いて解析が行われており，小胞体へのタンパク質の局在化が，小胞体から出芽する小胞から積極的にそれらを排除する機構（静的残留）と，ゴルジ体まで送られてしまった小胞体タンパク質を小胞体に送り返す機構（動的逆送）の組み合わせにより遂行されていることがわかっている（図4.8）．このうち，静的残留の分子機構はまだ謎に包まれているが，動的逆送に関しては，筆者らを含めたいくつかのグループの精力的な研究によって関与するいくつかの分子が同定され，そのアウトラインが明らかにされている[16]．動的逆送により小胞体に局在化するタンパク質は，そのアミ

ノ酸配列中に小胞体へ逆送されるための何らかのシグナルをもっていると考えられ，これまでに，特定のアミノ酸配列（タンパク質C末端のK/HDEL配列や膜貫通型タンパク質のC末端のKKXX配列，N末端のRRモチーフなど）や，膜貫通型タンパク質の膜貫通部位における極性アミノ酸残基の空間的配置などがそのシグナルとして同定されている．これらのシグナルをもつタンパク質は，ゴルジ体シス領域（ゴルジ体の中で，小胞体に最も近い領域）において各シグナルの認識因子により捕捉され，COP I 小胞に積み込まれて小胞体へと送り返される．その結果，定常状態においてはそれらのタンパク質が小胞体に局在することになる．まだ同定には至っていないが，類似のタンパク質局在化の機構は，

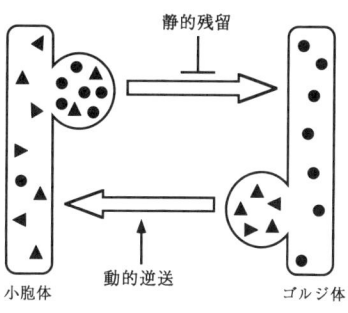

図 **4.8** 小胞体におけるタンパク質の局在化機構
小胞体へのタンパク質の局在化には，静的残留と動的逆送の少なくとも二つの機構が協調的に働いている．静的残留機構の制御を受けないもの，もしくは静的残留機構を受けるものでも誤って小胞体から漏れ出てしまったものが，動的逆送機構によりゴルジ体から小胞体に戻される．図中●はゴルジ体以降の目的地へ送られるもの，▲は小胞体に局在するべきタンパク質を表す．

小胞体以外のオルガネラにおいても存在すると予測されている．一方，膜貫通型タンパク質の中には，膜貫通部位のアミノ酸配列に関係なく，その長さにより細胞内局在が決定されているものもある．

植物においても，K/HDEL配列をもつタンパク質が小胞体に局在化することや，小胞体局在シグナルの認識因子と相同性の高い遺伝子が存在することから，同様の小胞体へのタンパク質局在化機構が存在すると思われる．ただし，酵母などに比べ，植物のオルガネラは小胞体の中にも多数のサブドメインをもつなど非常に複雑な構造を有しており，さらに複雑なタンパク質局在化機構を獲得している可能性もある．

c．植物における小胞輸送研究

これまで，植物における小胞輸送機構の解析は，酵母や動物ですでに単離されている小胞輸送関連因子のカウンターパートを植物において検索，単離し，それを解析するという手法を用いて主に進められてきた．これにより，小胞輸送の分子機構が，酵母や動物との間で非常によく保存されていることは明らかとなったが，一方，植物の高次機能において，小胞輸送がいかなる働きを担っているかに

関しての知見は非常に限られたものであった.しかし近年,シロイヌナズナを用いた分子遺伝学的研究の進展に伴い,重要な知見が次々に得られつつある.植物の高次機能において果たす小胞輸送の重要性は,t-SNARE の一つである AtVti 11 に変異をもつシロイヌナズナが,重力に応答した茎の屈曲反応を示さないという結果に鮮やかに示されている[17,18].また,gnom 変異体は,胚発生時に胚の上下軸形成に異常をきたす変異体であるが,その原因遺伝子は Arf の不活性型(GDP 結合型)を活性型(GTP 結合型)に変換する機能をもつ因子をコードしていた.さらに,gnom 変異体では,本来細胞膜に極性をもって局在し,オーキシンの極性輸送を担っている Pin 1 タンパク質の局在も異常になっていることが示された[19,20].これらの結果は,Arf を介した小胞輸送機構が,植物細胞,および植物体全体の極性形成に必須であることを示している.一方,knolle 変異体は,やはり胚発生時の細胞分裂に異常がある変異体であるが,この原因遺伝子は,細胞板形成時の輸送小胞融合の際に特異的に機能する t-SNARE をコードしていた[21].さらに,細胞板に特異的に局在し,その形成に関与するダイナミンホモログ(phragmoplastin)の存在も報告されている[22].これらのことから,植物が,真核生物に広く保存された小胞輸送の分子機構を巧みに利用することにより,植物に特異的な現象である重力屈性や細胞板形成などの現象を遂行していることがうかがえる.今後,分子遺伝学的研究とともに,生化学的,形態学的な解析などのさらなる進展により,小胞輸送が植物のさまざまな生命現象において果たす役割が,いっそう明らかになるものと期待される. 〔上田貴志・中野明彦〕

文　献

1)　米田悦啓,中野明彦(編):細胞内物質輸送のダイナミズム,シュプリンガー・フェアラーク東京(1999)
2)　Quatrano, R. S. and Shaw, S. L. : *Trends Plant Sci.*, **2** : 15-21 (1997)
3)　Salminen, A. and Novick, P. J. : *Cell*, **49** : 527-538 (1987)
4)　中野明彦:細胞内のシグナル伝達(宇井理生編), pp.185-201, 東京化学同人 (1997)
5)　Uchimiya, H. *et al.* : *J. Plant Res.*, **111** : 257-260 (1998)
6)　Batoko, H. *et al.* : *Plant Cell*, **12** : 2201-2218 (2000)
7)　Ueda, T. *et al.* : *EMBO J.*, **20** : 4730-4741 (2001)
8)　Nakano, A. and Muramatsu, M. : *J. Cell Biol.*, **109** : 2677-2791 (1989)
9)　Stearns, T. *et al.* : *Proc. Natl. Acad. Sci. USA*, **87** : 1238-1242 (1990)
10)　Takeuchi, M. *et al.* : *Plant J.*, **23** : 517-525 (2000)
11)　Rothman, J. E. : *Nature*, **372** : 55-63 (1994)
12)　Pimpl, P. *et al.* : *Plant Cell*, **12** : 2219-2235 (2000)
13)　Schekman, R. and Orci, L. : *Science*, **271** : 1526-1533 (1996)
14)　Rothman, J. E. and Warren, G. : *Curr. Biol.*, **4** : 220-233 (1994)

15) Sanderfoot, A. A. and Raikhel, N. V. : *Plant Cell*, **11** : 629-641 (1999)
16) 佐藤 健ほか : 生化学, **70** : 1387-1400 (1998)
17) Terao-Morita, M. *et al.* : *Plant Cell*, **14** : 47-56 (2002)
18) Kato, T. *et al.* : *Plant Cell*, **14** : 33-46 (2002)
19) Shevell, D. E. *et al.* : *Cell*, **77** : 1051-1062 (1994)
20) Steinmann, T. *et al.* : *Science*, **286** : 316-318 (1999)
21) Lukowitz, W. *et al.* : *Cell*, **84** : 91-71 (1996)
22) Gu, X. : *EMBO J*., **15** : 695-704 (1996)

4.3 液　　胞

a. 機能と形態

　液胞はクロロプラストや細胞壁とともに植物細胞に特徴的なオルガネラであり，一重の液胞膜（トノプラスト）によって取り囲まれている．液胞の機能と形態は植物体の成長や細胞の分化に伴って大きく変動する．一般にトノプラストには液胞型プロトンアデノシントリホスファターゼ（ATPase）とピロホスファターゼが存在し，液胞内部は酸性（pH 5.5 付近）に保たれている．ただし，オオムギ種子細胞の液胞やアサガオの花弁の色素を含む液胞は中性であると報告されている．

1) 機　　能

　トノプラストには種々の輸送系が存在し，プロトン勾配やアデノシン三リン酸（ATP）を利用して無機塩類，有機酸，色素などの二次代謝産物を液胞に輸送し蓄積する．液胞型プロトンナトリウムアンチポーターを高発現する形質転換シロイヌナズナでは塩耐性の獲得が報告されている[1]．このことから，液胞はイオンや代謝産物を取り込み，細胞質の恒常性の維持に重要な役割を担っていると考えられる．農薬など外来の毒素を細胞質から液胞に汲み出す輸送体と考えられるグルタチオンポンプも同定されている[2]．トウモロコシの色素変異体の解析から，アントシアニンはこの系で液胞内に蓄積すると考えられている[3]．花の色は花弁の表皮細胞の液胞に蓄積しているアントシアニンなどの色素による．

　また，液胞にはプロテアーゼ，ホスファターゼ，ヌクレアーゼなど種々の加水分解酵素が存在することから，動物のリソソームに相当するオルガネラであると考えられている[4]．細胞内で不要になった成分やオルガネラは液胞に取り込まれ分解されると考えられるが，このような植物におけるオートファジーのメカニズムはよくわかっていない．

2) 形　　態

液胞の形態は植物の生育段階によって大きく変動することが知られている．分裂組織の細胞には小さな液胞が存在し，細胞の伸長とともに大きくなり，成熟した栄養細胞では液胞は巨大な容積（～90％）を占め，セントラルバキュオール（中央液胞）と呼ばれる．また，種子細胞には液胞に由来する直径約 5 μm のタンパク質顆粒（プロテインボディ）が存在し，貯蔵タンパク質を蓄えている．後述するように，高等植物細胞には複数種類の液胞の存在が考えられており，液胞の種類によってその機能とともに形態も規定されていると思われる．液胞が巨大化し細胞膨圧を生み出すことは，植物体の成長にとって非常に重要であると考えられる．シロイヌナズナの液胞型プロトン ATPase の c サブユニットの変異体は，細胞伸長が阻害され，背丈が著しく低くなることが報告されている[5]．この変異体の液胞内 pH がどの程度であるか興味深い．

3) 分　　類

緑葉のような栄養器官の液胞には各種の加水分解酵素が含まれていることから，上述のようにリソソーム様の「分解」的なオルガネラであると考えられる．ところが，登熟期の種子細胞には「分解」とは全く逆にタンパク質を「蓄積」する機能をもつ液胞が存在する（図 4.9）．前者を分解型液胞（lytic vacuole, LV）あるいは栄養器官型液胞（vegetative vacuole）と呼び，後者をタンパク質蓄積型液胞（protein storage vacuole, PSV）と呼ぶ[6,7]．タンパク質顆粒は乾燥種子中のタンパク質蓄積型液胞の一形態と考えられる．これら二つの液胞は内部のタンパク質組成が異なるだけでなく，トノプラストの成分も大きく異なる．特にトノプラストの主要な構成成分である水チャネルの TIP（tonoplast intrinsic protein）についてみると，タンパク質蓄積型液胞の膜には α-TIP が，分解型液胞には γ-TIP がそれぞれ特異的に存在し，両液胞の指標として用いられている．成熟した組織器官では一つの細胞にどちらか一方の液胞のみが存在し，植物の発生に伴う細胞分化の過程で 2 種類の液胞は互いに連続的に変換すると考えられてきた．ところが，オオムギの根端やエンドウの未熟種子において，2 種類の液胞が共存している細胞が報告されて以来，両液胞は明確に区別されるようになった[8]．それぞれの液胞へのタンパク質輸送機構も異なる可能性が考えられるがまだよくわかっていない．また，花弁の色素を含む液胞に δ-TIP の存在が明らかになり，液胞の分類が複雑化しつつある．さらに最近，一つの液胞に複数種類の TIP が共存していることが判明したため，TIP の組み合わせでその液胞の機能を定義する試みが提唱されているが[9]，その是非については今後の解析を待たなければならない．

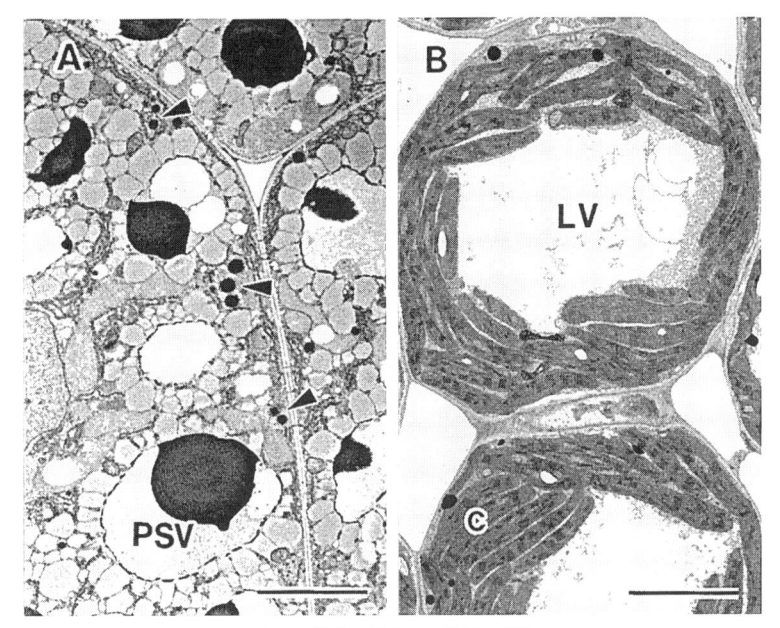

図 4.9 機能の異なる 2 種類の液胞
植物には形態的にも機能的にも異なる複数の液胞が存在する．発育段階の違うカボチャの子葉細胞の電子顕微鏡写真．未熟種子の子葉（A）にはタンパク質蓄積型液胞（PSV）が存在し，発芽後の緑化子葉（B）には分解型液胞（LV）が存在する．矢尻はPAC小胞，Cはクロロプラストを示す．

b. 液胞タンパク質の輸送システム

　液胞の可溶性タンパク質の多くは，液胞輸送シグナル（vacuolar targeting signal）をもつプロ型前駆体として粗面小胞体で合成され，ゴルジ体を経由して液胞まで運ばれる[10]．液胞輸送シグナルが液胞輸送レセプター（vacuolar sorting receptor）に結合するため，液胞タンパク質は分泌タンパク質とは選別され，液胞に至る．ゴルジ体を経由するシグナル・レセプター依存的な輸送システムは，よく調べられている出芽酵母の液胞タンパク質の輸送システムによく似ている．従来は液胞タンパク質の輸送は，ゴルジ体を必ず経由すると考えられてきた．しかし最近，登熟および発芽種子やシロイヌナズナ幼植物体においてゴルジ体をバイパスする輸送経路の存在がいくつか報告されている．

1）液胞輸送シグナルの特徴

　植物の液胞タンパク質の場合，液胞に輸送されるための選別輸送シグナルは短いアミノ酸配列からなり，大きく二つに分類することができる[11]．一つは配列に

特異性があり，タンパク質のN末端でもC末端でも機能しうるもので，ssVSS（sequence-specific vacuolar sorting signal）と呼ばれている．サツマイモの貯蔵タンパク質であるスポラミン，オオムギの液胞プロテアーゼであるアリューレイン，カボチャおよびブラジルナッツの種子貯蔵タンパク質2Sアルブミンにみられる．特にスポラミンとアリューレインにはNPIR（Asn-Pro-Ile-Arg）モチーフが保存されている．もう一つは配列としては一見して保存性はみられないが，タンパク質のC末端に存在するもので，ctVSS（C-terminal vacuolar sorting signal）と呼ばれている．オオムギのレクチンやタバコのキチナーゼにみられる．ctVSSは小胞体残留シグナルK/HDEL（Lys/His-Asp-Glu-Leu）やペルオキシソーム輸送シグナルSKL（Ser-Lys-Leu）と同様にタンパク質のC末端に位置していることが重要であり，C末端にグリシン残基を付加するとその機能が阻害される[12]．

2種類の液胞輸送シグナルであるssVSSとctVSSは，ホスファチジルイノシトールキナーゼの阻害剤であるウオルトマニンに対する感受性が異なる[13]．このことは二つの選別シグナルが別々の輸送システムによって運ばれていることを示唆している．ssVSSをもつアリューレインとctVSSをもつレクチンが，オオムギの根端由来の細胞では，別々の液胞に存在していることが判明した．このことから，ssVSSとctVSSはそれぞれ分解型液胞とタンパク質蓄積型液胞へ輸送させるための特異的なシグナルであるという考えが出された．ところが，ssVSSをもつスポラミンとctVSSをもつキチナーゼを発現する形質転換植物の緑葉の細胞では，両タンパク質は同じ液胞に局在しているという結果が報告された[14]．さらにssVSSをもつ2Sアルブミンはタンパク質蓄積型液胞へ輸送されることから，液胞輸送シグナルのタイプと輸送される液胞のタイプは必ずしも一致していない．もっとも，スポラミンはサツマイモの貯蔵タンパク質である．ssVSSを認識して液胞に選別する輸送レセプターとしてカボチャPV72[15]，エンドウBP-80[16]，シロイヌナズナAtELP（Arabidopsis thaliana epidermal growth factor receptor-like protein）[17]が報告されている．ctVSSを認識するレセプター分子はまだ同定されておらず，今後の研究が待たれる．

2） 液胞輸送レセプターの構造と役割

液胞輸送レセプターPV72はタンパク質蓄積型液胞への輸送装置であるPAC（precursor accumulating）小胞（後述）の構成成分として同定された（図4.10）[15]．PV72の前駆体は全長624アミノ酸からなり，N末端からシグナルペプチド，ルーメンドメイン，膜貫通ドメイン，細胞質ドメインで構成されている．BP-80と

AtELPも同様の構造をもち，一つのタンパク質ファミリーを構成している．全長を通しては相同性のみられる既知のタンパク質はなく，出芽酵母の液胞輸送レセプターであるVps10pとも相同性はみられない．特徴的なモチーフとしては，ルーメンドメインの後半にEGF (epidermal growth factor) 様のモチーフが3回繰り返しており，特に3番めはカルシウム結合型EGF様モチーフである．また，細胞質ドメインにはチロシンモチーフYXXΦ（Φは疎水性のアミノ酸残基）に合致するYMPL (Tyr-Met-Pro-Leu) 配列がみられる．チロシンモチーフはクラスリン被覆小胞のアダプタータンパク質に結合する配列であり，液胞タンパク質がチロシンモチーフとアダプタータンパク質を介してクラスリン被覆小胞によって輸送されている可能性が考えられる．実際，BP-80はクラスリン被覆小胞に局在することが示されている[18]．

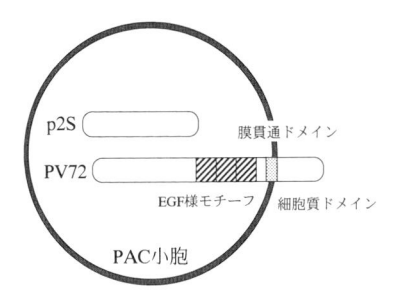

図4.10 PAC小胞と液胞輸送レセプターPV72

PAC小胞は登熟期の種子細胞で2Sアルブミン前駆体（p2S）などの貯蔵タンパク質の細胞内輸送にかかわるオルガネラである．PAC小胞の膜には液胞輸送レセプターPV72が存在する．

BP-80は分解型液胞への輸送レセプターとされているが，PV72はタンパク質蓄積型液胞への輸送レセプターであることが明らかにされつつある．ゲノムプロジェクトの結果，AtELP様のタンパク質をコードする遺伝子はシロイヌナズナにAtELPを含めて七つ存在することが明らかとなった．これらがそれぞれどのような発現パターンを示すのかはまだ明らかではないが，AtELP様のタンパク質は根，茎，葉などの器官でも検出されている．個々のアイソフォームの機能分担に興味がもたれる．

3）液胞タンパク質の輸送経路

液胞の可溶性タンパク質の多くは，プロ型前駆体として粗面小胞体で合成され，小胞輸送によって液胞まで運ばれる．液胞タンパク質には，ゴルジ体で修飾される複合型糖鎖をもつものが数多くみられることから，ゴルジ体を経由して液胞に至る経路が一般的と考えられる．これは，解析の進んでいる出芽酵母の液胞タンパク質のカルボキシペプチダーゼYの輸送システムと基本的に相同と考えられる．実際，出芽酵母で明らかにされている輸送にかかわる遺伝子のホモログが植物からも同定され，機能的にも酵母の変異体を相補しうるものがあることがわかっている[19]．エンドウの輸送レセプターBP-80はゴルジ体やゴルジ体由来の

クラスリン被覆小胞に局在している．カボチャ輸送レセプターPV72のルーメンドメインを緑色蛍光タンパク質（green fluorescent protein, GFP）に置き換えたキメラタンパク質を発現させると，細胞内の顆粒状構造物に蛍光がみられた．液胞タンパク質の選抜がゴルジ体周辺で起こっていることを示している．

最近，従来の輸送経路とは異なるゴルジ体をバイパスする液胞タンパク質の輸送システムが明らかになってきた．登熟種子は貯蔵タンパク質を一時期に大量に合成し液胞に輸送するため，液胞タンパク質の細胞内輸送を生化学的に解析する格好の実験材料になっている．カボチャ種子の場合，主な貯蔵タンパク質は，11Sグロブリン，7Sグロブリン，2Sアルブミンの3種類である．このうち11Sグロブリンは非常に難溶性であることが知られており，タンパク質蓄積型液胞内でも疑似結晶構造をとり，クリスタロイドとして存在している．粗面小胞体で合成されたプロ11Sグロブリンを含む貯蔵タンパク質前駆体は小胞体内腔でアグリゲート（集合体）を形成し，ゴルジ体を経由せず直接液胞に輸送されることが判明した（図4.11）[20]．登熟中期の種子細胞の細胞質にはこの輸送系にかかわる直径約300～500 nmの大型の小胞が頻繁に観察される（図4.9 A参照）．単離した小胞を解析したところ，主要な貯蔵タンパク質のそれぞれの前駆体が大量に含まれていたことから，この小胞はPAC小胞と名づけられた．PAC小胞は通常の輸送小胞（直径約50～80 nm）に比べ，100～200倍の容積を有し，その分大量の内容物を一度に輸送することができる．一時期に多量に合成される貯蔵タンパク質を運ぶために，植物細胞があみ出した大量輸送手段と思われる．最近，ケツルアズキ[21]やヒマ[22]の発芽種子において，貯蔵タンパク質を分解するためのプロテアーゼを含む小胞が，PAC小胞と同様にゴルジ体をバイパスして液胞に至ることが判明した．こうした輸送システムの分子機構については今後の研究の発展が待たれる．

さらに最近，液胞タンパク質のもう一つ新たな輸送システムの存在が明らかになった．小胞体残留シグナルであるHDEL（His-Asp-Glu-Leu）をC末端に付加したGFPをシロイヌナズナに発現させると，幼植物

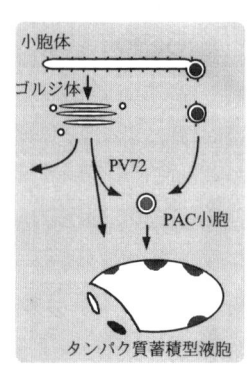

図4.11 貯蔵タンパク質の細胞内輸送経路
植物細胞には小胞体から直接液胞に輸送される経路が存在する．登熟期のカボチャ子葉では小胞体で合成された貯蔵タンパク質がPAC小胞を経由して，ゴルジ体をバイパスして直接液胞に運ばれる経路がわかっている．

体の表皮細胞内に紡錘形の構造体（幅約 0.5 μm，長さ約 5 μm）が多数みられた．電子顕微鏡観察の結果，この構造物の周辺にはリボソームがついており，粗面小胞体由来であることが明らかとなり ER ボディ（小胞体ボディ）と名づけられた[23]．ER ボディ内には液胞プロセシング酵素（後述）や液胞プロテアーゼ RD21 の前駆体が蓄積していた．塩ストレスなどによって ER ボディは液胞と融合し，最終的に細胞死が引き起こされることが判明した．ER ボディは外敵や環境変化に対処するために幼植物体が備えた耐性機構の一部と考えられる．従来から植物の細胞死と液胞の関係は知られているが，ER ボディを介した液胞タンパク質の輸送システムは植物の新たなストレス応答機構の一つとして注目される．

c. 液胞プロセシングシステム

多くの液胞タンパク質はプロ型の前駆体として粗面小胞体で合成され，液胞に運ばれた後にプロ領域の切断を受けて成熟型に変換する．この成熟化に関与しているプロテアーゼが液胞プロセシング酵素（vacuolar processing enzyme, VPE）である（図 4.12）[6]．液胞プロセシング酵素はもともと貯蔵タンパク質の成熟化を触媒する 37 kDa のシステインプロテアーゼとしてヒマ種子のタンパク質蓄積型液胞から精製された．cDNA クローニングと構造解析の結果，液胞プロセシング酵素はパパインやカテプシン B, H, L などの既知のシステインプロテアーゼとは相同性はなく，新規なタイプであることが判明した[24]．

1）液胞プロセシング酵素の構造と機能

ヒマ液胞プロセシング酵素の前駆体は全長 497 アミノ酸からなり，N末端と C 末端の両方にプロ領域をもつ．酵母細胞を用いた発現系の解析から，液胞プロセシング酵素の前駆体は不活性型であり，液胞に到達した後に自己触媒的に成熟型に変換し活性化すると考えられる．83 残基めと 222 残基めのシステインおよび 180 残基めのヒスチジンをそれぞれ独立にグリシンに置換すると，活

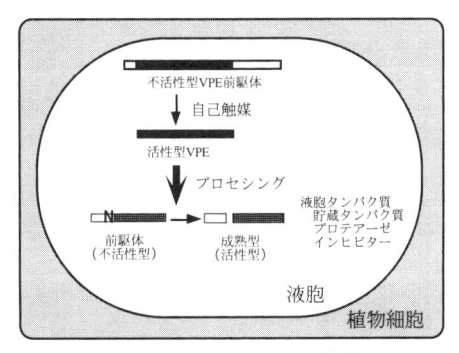

図 4.12 液胞プロセシング機構
液胞プロセシング酵素（VPE）はさまざまな液胞タンパク質のプロセシングに関与し，その前駆体（不活性型）から成熟型（活性型）への変換を行う．液胞プロセシング酵素自身は自己触媒的に成熟化し活性型になる．

性のある成熟型にならないことから，これらのアミノ酸が活性発現に必須であることが判明した[25]．

　液胞プロセシング酵素は多くの液胞タンパク質の成熟化にかかわっていると考えられる．プロセシング部位が明らかになっている液胞タンパク質を比較してみると，一次構造上は共通した配列はみられないが，多くの場合アスパラギン残基のカルボニル基側で切断されている．液胞プロセシング酵素の基質特異性を解析すると，アスパラギン残基およびアスパラギン酸残基のカルボニル基側で特異的に切断することが判明した．このことから液胞プロセシング酵素は液胞タンパク質前駆体の分子の表面に露出しているアスパラギン残基を認識し，プロセシングしていると思われる．

　なぜ多くの液胞タンパク質は前駆体で合成され，液胞内でプロセシングを受け成熟型になるのであろうか．カボチャPV100は上述したPAC小胞に存在し，液胞に到達した後に液胞プロセシング酵素による切断を受け，7Sグロブリン，トリプシンインヒビターおよび低分子のペプチドになることが判明した[26]．すなわち，1本の前駆体ポリペプチド鎖から，液胞プロセシング酵素の働きにより複数の液胞タンパク質が生成するわけである．前駆体であるPV100自身にはインヒビター活性がみられないことから，液胞プロセシング酵素による切断がインヒビターの活性化にかかわっていることが明らかとなった．多くの液胞タンパク質も不活性型の前駆体として合成され，液胞に入って初めて活性化するように厳密に制御されているらしい．すなわち，液胞プロセシング酵素は液胞の機能発現において非常に重要な働きを行っていると考えられる．

2）液胞プロセシング酵素の発現

　現在，液胞プロセシング酵素のホモログは高等植物からマウス，ヒトなどの高等動物や住血吸虫まで存在することがわかっており，一つのタンパク質ファミリーを形成している．植物由来の液胞プロセシング酵素を比較すると二つのサブファミリーに分かれることが判明した（図4.13）．一方のグループは種子で発現しタンパク質蓄積型液胞で機能する酵素群で，他方は栄養器官で発現し分解型液胞で機能するものである．すなわち，2種類の液胞にはそれぞれ特異的な液胞プロセシング酵素が存在していることになる．モデル植物のシロイヌナズナからは液胞プロセシング酵素のホモログ遺伝子が三つ（αVPE, βVPE, γVPE）単離されている[27,28]．このうち，βVPE遺伝子は種子で発現し，αVPE遺伝子とγVPE遺伝子は根や葉などの栄養器官で発現している．ゲノムプロジェクトの結果，シ

ロイヌナズナにもう一つVPEホモログ遺伝子（δVPE）が存在することが判明した．面白いことに，δVPE遺伝子は上記の二つのグループのいずれとも違うタイプであった（図4.13）．シロイヌナズナの四つのVPEホモログが酵素化学的にどのような違いがあるかはまだわかっていない．

　液胞プロセシング酵素の発現が強い細胞では，液胞におけるプロセシングが盛んに行われていて，液胞がダイナミックに機能していると考えられる．シロイヌナズナのαVPE遺伝子とγVPE遺伝子は栄養器官の細胞において発現しているが，すべての細胞においてその発現量が高いわけではなく，特徴的な部位および条件で誘導されてくる[29]．両遺伝子の発現はロゼット葉の排水組織，側根の原基の周辺，老化した葉などにみられる．また傷害やエチレン，サリチル酸によって誘導されることがわかっている．これらの細胞では液胞プロセシング酵素のターゲットも誘導され，液胞が活発に機能発現していると考えられる．液胞プロセシング酵素のターゲットがそれぞれ何であるかを明らかにすることは今後の研究課題である．

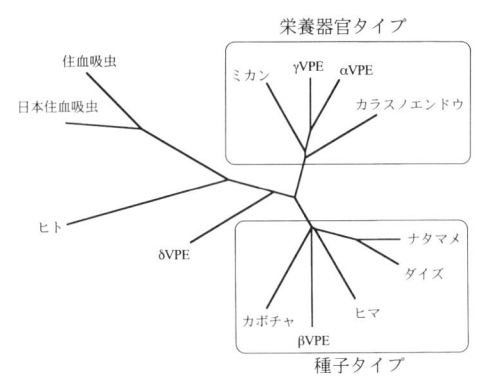

〔嶋田知生・西村いくこ〕

図4.13　液胞プロセシング酵素の分子系統樹
液胞プロセシング酵素（VPE）はシステインプロテアーゼの一つのファミリーを形成している．シロイヌナズナには3種類の液胞プロセシング酵素（αVPE，βVPE，γVPE）が知られている．植物の液胞プロセシング酵素は種子タイプと栄養器官タイプの二つのサブファミリーに分かれる．最近，シロイヌナズナで四つめのVPEホモログ（δVPE）が見出されたが，どちらのタイプにも属さないことが判明した．

文　献

1) Apse, M. P. et al. : Science, **285** : 1256-1258（1999）
2) Lu, Y. P. et al. : Proc. Natl. Acad. Sci. USA, **94** : 8243-8248（1997）
3) Marrs, K. A. et al. : Nature, **375** : 397-400（1995）
4) 西村幹夫：蛋白質・核酸・酵素，別冊 **30** : 55-60（1987）
5) Schumacher, K. et al. : Gene Dev., **13** : 3259-3270（1999）
6) 西村いくこ：蛋白質・核酸・酵素，**42** : 2335-2341（1997）
7) Rogers, J. C. : J. Plant Physiol., **152** : 653-658（1998）
8) Paris, N. et al. : Cell, **85** : 563-572（1996）

9) Jauh, G. Y. : *Plant Cell*, **11** : 1867-1882（1999）
10) 西村いくこ：実験医学，**17**：2503-2507（1999）
11) Matsuoka, K. and Neuhaus, J. M. : *J. Exp. Bot*., **50** : 165-174（1999）
12) Dombrowski, J. E. *et al.* : *Plant Cell*, **5** : 587-596（1993）
13) Matsuoka, K. *et al.* : *J. Cell Biol*., **130** : 1307-1318（1995）
14) Schroeder, M. R. *et al.* : *Plant Physiol*, **101** : 451-458（1993）
15) Shimada, T. *et al.* : *Plant Cell Physiol*., **38** : 1414-1420（1997）
16) Paris, N. *et al.* : *Plant Physiol*., **115** : 29-39（1997）
17) Ahmed, S. U. *et al.* : *Plant Physiol*., **114** : 325-336（1997）
18) Kirsch, T. *et al.* : *Proc. Natl. Acad. Sci. USA*, **91** : 3403-3407（1994）
19) Sanderfoot, A. A. and Raikhel, N. V. : *Plant Cell*, **11** : 629-641（1999）
20) Hara-Nishimura, I. *et al.* : *Plant Cell*, **10** : 825-836（1998）
21) Toyooka, K. *et al.* : *J. Cell Biol*., **148** : 453-463（2000）
22) Schmid, M. *et al.* : *Proc. Natl. Acad. Sci. USA*, **96** : 14159-14164（1999）
23) Hayashi, Y. *et al.* : *Plant Cell Physiol*., **42** : 894-899（2001）
24) Hara-Nishimura, I. *et al.* : *Plant Cell*, **5** : 1651-1659（1993）
25) Hiraiwa, N. *et al.* : *Plant J*., **12** : 819-829（1997）
26) Yamada, K. *et al.* : *J. Biol. Chem*., **274** : 2563-2570（1999）
27) Kinoshita, T. *et al.* : *Plant Mol. Biol*., **29** : 81-89（1995）
28) Kinoshita, T. *et al.* : *Plant Cell Physiol*., **36** : 1555-1562（1995）
29) Kinoshita, T. *et al.* : *Plant J*., **19** : 43-53（1999）

4.4　ペルオキシソーム

　ペルオキシソームは，真核細胞に普遍的に存在するオルガネラである．ミクロボディ，マイクロボディとも呼ばれる．直径は0.2〜1.5 μm程度，一重の単位膜で囲まれたほぼ球状の構造体で，内部にタンパク質性の微小顆粒構造や半結晶状のコア構造をもつこともある（口絵参照）．生化学的には，DNAをもたない，スクロース密度勾配遠心により1.22〜1.25 g/cm^{3}の位置に沈降する，H_2O_2を生成する酸化酵素および発生したH_2O_2を水に還元するカタラーゼを含む，などの共通点がある．しかしながら，その生理機能は生物種や組織，細胞の状態などによって異なる[1]．高等植物では特に機能の違いが顕著であるため，ペルオキシソームを，さらにグリオキシソーム，緑葉ペルオキシソームおよび特殊化していないペルオキシソームの3種類に細分する（表4.1）．それぞれのペルオキシソームは異なる生理機能を担っており，機能に応じて異なる酵素群を含んでいる（表4.2）．

a. グリオキシソーム

　グリオキシソームは，脂肪性種子植物の黄化子葉や胚乳，および老化した組織に存在する．特に黄化子葉や胚乳には，グリオキシソームが顕著に発達している．子葉や胚乳のグリオキシソームは，リピッドボディやミトコンドリア，細胞礎質

表 4.1 生理機能からみたペルオキシソームの分類

	グリオキシソーム	緑葉ペルオキシソーム	特殊化していないペルオキシソーム
機能	脂肪酸の分解	光呼吸	不明
存在部位	黄化子葉，胚乳，老化した組織	光合成組織	他の植物組織
主要な酵素群	カタラーゼ 脂肪酸 β 酸化酵素 グリオキシル酸回路酵素	カタラーゼ 光呼吸酵素	カタラーゼ

表 4.2 高等植物のペルオキシソームマトリクス酵素

酵素	代謝系	主な局在性	輸送シグナル
長鎖アシル-CoA 酸化酵素	脂肪酸 β 酸化	グリオキシソーム	PTS 2
短鎖アシル-CoA 酸化酵素	脂肪酸 β 酸化	グリオキシソーム	PTS 1
多頭酵素	脂肪酸 β 酸化	グリオキシソーム	PTS 1
3-ケトアシル-CoAチオラーゼ	脂肪酸 β 酸化	グリオキシソーム	PTS 2
イソクエン酸リアーゼ	グリオキシル酸回路	グリオキシソーム	PTS 1
リンゴ酸合成酵素	グリオキシル酸回路	グリオキシソーム	PTS 1
リンゴ酸脱水素酵素	グリオキシル酸回路	グリオキシソーム 緑葉ペルオキシソーム	PTS 2
クエン酸合成酵素	グリオキシル酸回路	グリオキシソーム	PTS 2
グリコール酸酸化酵素	光呼吸	緑葉ペルオキシソーム	PTS 1
ヒドロキシピルビン酸還元酵素	光呼吸	緑葉ペルオキシソーム	PTS 1
セリン：グリオキシル酸アミノトランスフェラーゼ	光呼吸	緑葉ペルオキシソーム	PTS 1
カタラーゼ	H_2O_2 の消去	すべてのペルオキシソーム	不明
ウリカーゼ	尿酸代謝	特殊化していないペルオキシソーム	PTS 1

と協調的に働き，種子貯蔵脂肪（トリアシルグリセロール）からスクロースを生成する上で重要な役割を担っている[2]．スクロースは，他の組織へと転流され，植物が光合成能を獲得するまでの間の主要な炭素源として利用される．一方，老化した組織に存在するグリオキシソームは，不要になった脂肪酸からスクロースを生成し，他の組織に転流して再利用するために必要であると考えられる．

グリオキシソームは，脂肪酸 β 酸化およびグリオキシル酸回路の諸酵素を含み，脂肪酸をコハク酸に代謝する（図 4.14）．グリオキシソームに取り込まれた脂肪酸は，まずグリオキシソームに局在するアシル-CoA 合成酵素の作用により

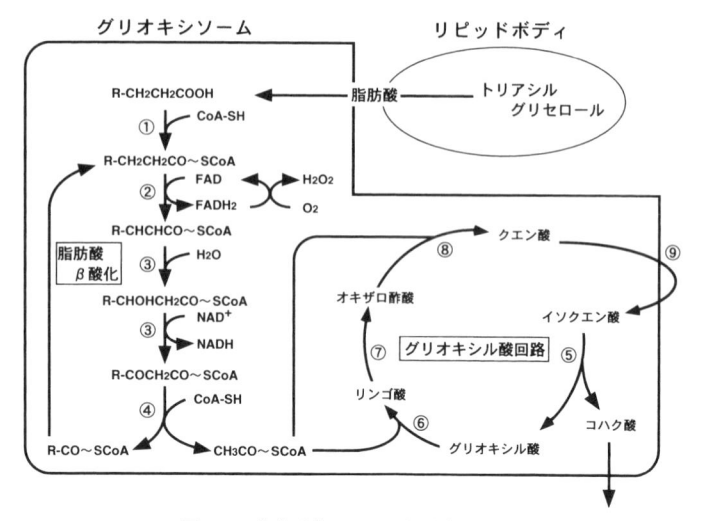

図 4.14 黄化子葉における脂肪酸-糖変換
①アシル-CoA 合成酵素，②アシル-CoA 酸化酵素，③多頭酵素，④3-ケトアシル-CoA チオラーゼ，⑤イソクエン酸リアーゼ，⑥リンゴ酸合成酵素，⑦リンゴ酸脱水素酵素，⑧クエン酸合成酵素，⑨アコニターゼ.

アシル-CoA になる．アシル-CoA 合成酵素は，グリオキシソームのほか，ミトコンドリアや小胞体，クロロプラスト（葉緑体）などにも存在する．実際，アミノ配列の異なるいくつかのアシル-CoA 合成酵素が同定されているが，どれがグリオキシソームのアシル-CoA 合成酵素かはわかっていない[3]．

アシル-CoA は，脂肪酸 β 酸化によって分解される．脂肪酸 β 酸化は四つの酵素反応からなる．1 番めの反応はアシル-CoA 酸化酵素によって触媒される．高等植物のグリオキシソームには，基質特異性が異なる少なくとも二つのアシル-CoA 酸化酵素が存在する．一つは長鎖アシル-CoA 酸化酵素である[4]．この酵素は，長鎖アシル-CoA を基質とし，短鎖アシル-CoA（ブチリル-CoA，ヘキサノイル-CoA）は基質としない．もう一つは，ブチリル-CoA，ヘキサノイル-CoA，オクタノイル-CoA に対してのみ酵素活性を有する短鎖アシル-CoA 酸化酵素である[5]．これらの酵素の働きにより，グリオキシソームはすべての鎖長のアシル-CoA を酸化することができる．一方，哺乳類のペルオキシソームは短鎖アシル-CoA を基質とするアシル-CoA 酸化酵素をもたない．その代わり，短鎖アシル-CoA はミトコンドリアに存在する短鎖アシル-CoA 脱水素酵素によって代謝される[6]．2 番めおよび 3 番めの反応は，多頭酵素（multifunctional enzyme）と呼ばれ

る単一の酵素によって触媒される[7]．この酵素は，エノイル-CoA ヒドラターゼおよび 3-ヒドロキシアシル-CoA 脱水素酵素活性を有し，アシル-CoA 酸化酵素の反応産物であるエノイル-CoA を 3-ケトアシル-CoA に代謝する．多頭酵素には，2種類の構造の違う酵素が知られている．一つは，上記二つの酵素活性に加えてヒドロキシアシル-CoA エピメラーゼ活性も有する酵素である．この酵素を三頭酵素とよぶこともある．もう一つは四頭酵素ともいわれ，前述三つの酵素活性に加えて，さらにエノイル-CoA イソメラーゼ活性を有している．ヒドロキシアシル-CoA エピメラーゼやエノイル-CoA イソメラーゼ活性は，不飽和脂肪酸を代謝するために必要である．最後の反応は，3-ケトアシル-CoA チオラーゼによって触媒される．この酵素は 3-ケトアシル-CoA を分解し，炭素鎖が二つ短くなったアシル-CoA とアセチル-CoA を生成する．炭素鎖の短くなったアシル-CoA は，再び脂肪酸 β 酸化系に取り込まれて，最終的にアセチル-CoA になるまで繰り返し分解される．

脂肪酸 β 酸化から放出されるアセチル-CoA は，グリオキシソームのもう一つの主要な代謝系であるグリオキシル酸回路に取り込まれる．グリオキシル酸回路は，イソクエン酸リアーゼ，リンゴ酸合成酵素，リンゴ酸脱水素酵素，クエン酸合成酵素，アコニターゼの五つの酵素で構成され，2分子のアセチル-CoA を受け取り，1分子のコハク酸を放出する．これらの酵素のうち，イソクエン酸リアーゼとリンゴ酸合成酵素は，グリオキシソームにのみ存在する酵素である．一方，他の三つの酵素は，同一の酵素活性をもつアイソザイムがミトコンドリアのトリカルボン酸 (TCA) 回路（クエン酸回路）にも存在する．そのため，グリオキシル酸回路は，TCA 回路の一部をイソクエン酸リアーゼとリンゴ酸合成酵素によって短絡した代謝系と見なすことができる．従来，グリオキシル酸回路の酵素はすべてグリオキシソームに局在すると考えられていたが，最近の研究からグリオキシソームにはアコニターゼが存在しないことが明らかになっている[8,9]．細胞質に存在するアコニターゼがグリオキシル酸回路を触媒していると考えられる．アコニターゼがグリオキシソームに存在しないのは，この酵素がグリオキシソーム内で発生する過酸化水素によって失活しやすいためであろう．グリオキシル酸回路から放出されるコハク酸は，その後さらにミトコンドリアと細胞質を経由してスクロースに代謝され，他の細胞へと転流していく．

b. 緑葉ペルオキシソーム

緑葉ペルオキシソームは，緑化子葉や本葉など光合成組織の細胞に存在するオルガネラである[10]．このオルガネラは，光呼吸に関与している．光呼吸は，光依存的な O_2 吸収，CO_2 放出現象である．光呼吸の実体は，緑葉ペルオキシソームに加え，クロロプラスト，ミトコンドリアにまたがる代謝系で，グリコール酸経路と呼ぶ（図4.15）．グリコール酸経路は光合成 CO_2 固定の鍵酵素である RuBisCO (ribulose 1,5-bisphosphate carboxylase/oxygenase) によって始まる．RuBisCO は，CO_2 固定に必要なカルボキシラーゼ反応と同時に，オキシゲナーゼ反応も触媒する．オキシゲナーゼ反応は，強光照射下，高 O_2，低 CO_2 の条件で特に顕著であり，リブロース1,5-二リン酸から3-ホスホグリセリン酸とホスホグリコール酸を生成する．2分子のホスホグリコール酸は，グリコール酸経路によって1分子の3-ホスホグリセリン酸と CO_2 に代謝される．緑葉ペルオキシソームは，グリコール酸経路の諸酵素のうちで，グリコール酸酸化酵素，ヒドロキシピルビン酸還元酵素と，セリン：グリオキシル酸アミノトランスフェラーゼ，グルタミン：

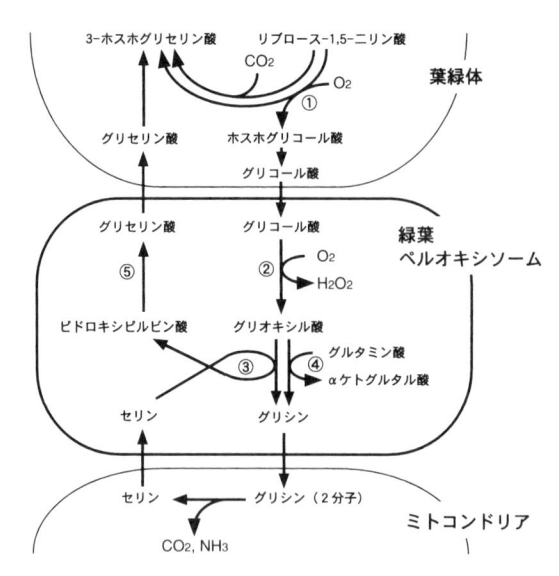

図4.15 緑葉における光呼吸（グリコール酸経路）
①RuBisCO，②グリコール酸酸化酵素，③セリン：グリオキシル酸アミノトランスフェラーゼ，④グルタミン酸：グリオキシル酸アミノトランスフェラーゼ，⑤ヒドロキシピルビン酸還元酵素．

グリオキシル酸アミノトランスフェラーゼなどいくつかのアミノ基転移酵素を含んでおり，グリコール酸をグリシンへ，またセリンをグリセリン酸へ代謝する．

c. 特殊化していないペルオキシソーム

根や茎の細胞など，グリオキシソームや緑葉ペルオキシソームをもたない細胞にもペルオキシソームが存在する．このペルオキシソームを，特殊化していないペルオキシソームと呼ぶ．特殊化していないペルオキシソームには，グリオキシソームや緑葉ペルオキシソームのような際立った生理機能は知られていない．このオルガネラに局在する酵素としては，根粒のペルオキシソームに局在するウリカーゼなどがある．

d. ペルオキシソームの機能変換

高等植物のペルオキシソームは，細胞分化に伴って機能が柔軟に変化する．この現象をペルオキシソームの機能変換と呼ぶ[11]．カボチャなど子葉が貯蔵組織として発達している植物では，発芽過程において顕著なペルオキシソームの機能変換が観察される（図4.16）．種子の発芽直後には，まず黄化子葉が現れる．黄化子葉はグリオキシソームをもち，貯蔵脂肪を盛んに分解する．その後，光照射によって緑化が起こり，黄化子葉から緑化子葉へと変わる．緑化子葉は，光呼吸を行うために緑葉ペルオキシソームが存在する．子葉組織は発芽を通じて細胞分裂がほとんど起こらない．そのため子葉の緑化過程では，細胞内のグリオキシソームが緑葉ペルオキシソームへと変化していく現象，すなわちグリオキシソームから緑葉ペルオキシソームへの機能変換が観察される．一方，成長が進んで本葉が展開する頃には，子葉が老化を始め，最後には枯死する．子葉の老化過程では，緑化過程とは逆に，緑葉ペルオキシソームからグリオキシソームへの機能変換が起こる．このように，発芽の進行に伴って，子葉の細胞に存在するペルオキシソームは，グリオキシソームから緑葉ペルオキシソームになり，再びグリオキシソームへと可逆的に機能変換するのである．子葉組織以外でも，ペルオキシソームの機能変換が起こる．たとえば，本葉の細胞が老化する過程では，緑葉ペルオキシソームがグリオキシソームへ機能変換する．また，花弁の老化過程や，アニス（*Pimpinella anisum*）液体培養細胞の培養液炭素源を変えた場合[12]などでは，特殊化していないペルオキシソームがグリオキシソームへと機能変換することが知られている．

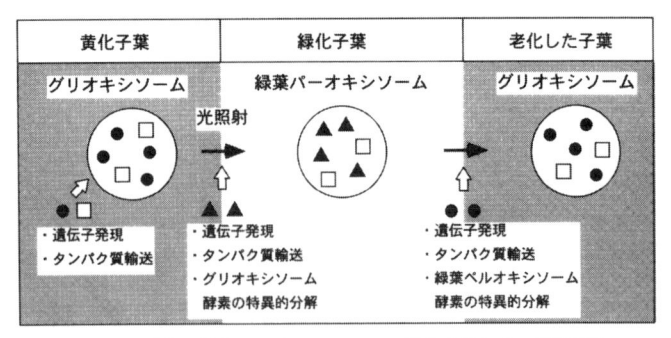

図4.16 発芽に伴うペルオキシソームの機能変換とその制御因子
●：グリオキシソームに特異的な酵素，▲：緑葉ペルオキシソームに特異的な酵素，□：両ペルオキシソームに存在する酵素.

ペルオキシソームの機能変換は，細胞内のすべてのペルオキシソームが同調して機能を変えるために起こる現象である（図4.16）．細胞内に新たな機能をもったペルオキシソームが出現するのではない．前述のようにグリオキシソーム，緑葉ペルオキシソーム，特殊化していないペルオキシソームは，それぞれ異なる酵素群をもっている．したがって，ペルオキシソームの機能が変わるためには，ペルオキシソームの内部に存在する酵素群を入れ替える必要がある．たとえば子葉の緑化過程では，グリオキシソームの機能に必要な酵素を特異的に分解し，新たに緑葉ペルオキシソームの機能に必要な酵素を取り込むことで，直接的かつ連続的にグリオキシソームから緑葉ペルオキシソームへの機能変換が起こるのである．ペルオキシソームの機能変換に伴う酵素の入れ替えは，ペルオキシソーム酵素の遺伝子発現，タンパク質輸送，および特異的分解によって支配されている．

e. ペルオキシソーム酵素の遺伝子発現

ペルオキシソーム酵素の活性は，ペルオキシソームの機能変換過程において著しく変動する[1]．子葉の緑化過程でみられるグリオキシソームから緑葉ペルオキシソームへの機能変換を例にとって，ペルオキシソーム酵素の量的変動を考えてみよう（図4.17）．ペルオキシソームの諸酵素は，発芽過程における酵素量の変動から，グリオキシソームに特異的な酵素，緑葉ペルオキシソームに特異的な酵素，およびグリオキシソームと緑葉ペルオキシソームの両方に存在する酵素の3種類に分類できる．図4.17(a)は，グリオキシソームに特異的な酵素の変動を示している．種子を暗所で発芽させると，黄化子葉が展開してくる．このとき，グ

リオキシソームに特異的な酵素の量は，成長とともに増加し，その後ゆっくりと減少していく．暗所で発芽させた後に光照射を開始すると，子葉の緑化に伴って酵素量が急速に減少し，その後，完全に消失する．グリオキシソームに特異的な酵素には，グリオキシル酸回路のリンゴ酸合成酵素，イソクエン酸リアーゼ，クエン酸合成酵素がある．脂肪酸β酸化系の諸酵素も，このグループに属すると考えてよい．ただし，脂肪酸β酸化系は，グリオキシソームのほかに，緑葉ペルオキシソームや特殊化していないペルオキシソームにも弱い活性がある[13,14]．図4.17 (b) は，緑葉ペルオキシソームに特異的な酵素の変動を示している．暗所で生育している子葉は，緑葉ペルオキシソームに特異的な酵素を含まない．しかし，光照射を開始すると酵素量が急速に増加する．緑葉ペルオキシソームに特異的な酵素には，ヒドロキシピルビン酸還元酵素やグリコール酸酸化酵素などがある．一方，グリオキシソームと緑葉ペルオキシソームの両方に存在する酵素には，カタラーゼおよびリンゴ酸脱水素酵素などがある．これらの酵素は，発芽の過程でグリオキシソームに特異的な酵素と似た変動を示す．ただし，子葉を明所に移した後，酵素量が減少するものの，完全には消失せず，緑葉ペルオキシソームにもある程度の酵素が存在する．

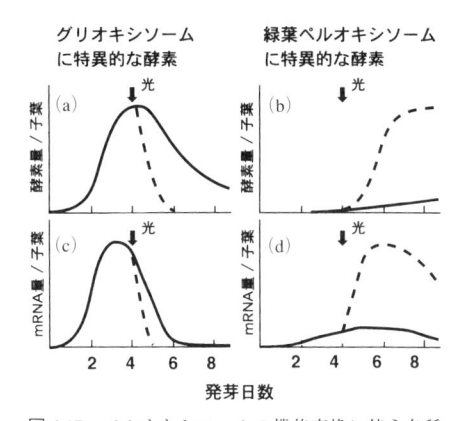

図 4.17　ペルオキシソームの機能変換に伴う各種ペルオキシソーム酵素量および mRNA 量の変動
―：暗所で生育する子葉，- - -：光照射下に移した子葉．

　ペルオキシソーム酵素の量的変動は，遺伝子発現調節によって厳密に制御されている．図 4.17(c) および(d) は，発芽過程におけるペルオキシソーム酵素のmRNA 量の変動を模式的に表している．グリオキシソームに特異的な酵素の場合，暗所で発芽させるといったん mRNA が大量に発現され，その後減少していく（図 4.17(c)）．発芽途中から光照射を行った場合，mRNA 量の減少が特に顕著になる．これは，グリオキシソーム酵素の遺伝子発現が，発芽によって誘導され，スクロースによるフィードバック阻害を受けるためであろう[15]．一方，緑葉ペルオキシソームに特異的な酵素の場合は，光照射によって遺伝子発現が誘導され，急速に mRNA 量が増加する（図 4.17(d)）[16]．以上のような実験結果から，

自然条件下では，発芽に伴ってまずグリオキシソームに特異的酵素の遺伝子発現が誘導され，次いで光が当たり，緑化が始まるとグリオキシソーム特異的酵素の遺伝子発現が不活化する一方，緑葉ペルオキシソーム特異的酵素の遺伝子発現が誘導されると考えられる．

f. ペルオキシソームへのタンパク質輸送

ペルオキシソーム内に存在するタンパク質は，細胞礎質の遊離型ポリソームで翻訳された後にペルオキシソーム内へと細胞内輸送される[17]．グリオキシソーム，緑葉ペルオキシソームおよび特殊化していないペルオキシソームは，共通のタンパク質輸送機構をもっている．図4.18は，ペルオキシソームタンパク質の輸送機構を模式的に示したものである．タンパク質の細胞内輸送という観点からみた場合，ペルオキシソームタンパク質の大部分は，PTS 1型タンパク質とPTS 2型タンパク質のどちらかに分類することができる（表4.2参照）．PTS 1型タンパク質は，翻訳の際に成熟タンパク質と同じ分子量のポリペプチドとして合成される．このタイプのペルオキシソームタンパク質は，カルボキシ末端が特定の組み合わせからなる三つのアミノ酸配列で終わっている．このトリペプチドは，ペルオキシソームタンパク質の輸送シグナルとして機能するため，PTS 1（peroxisome targeting signal 1）と呼ばれる．高等植物の場合，PTS 1として認識されるトリペプチド配列の組み合わせは，[Cys/Ala/Ser/Pro]-[Lys/Arg]-[Ile/Leu/Met]であ

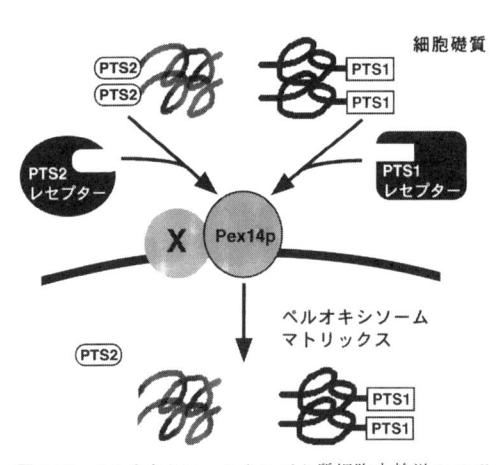

図 **4.18** ペルオキシソームタンパク質細胞内輸送のモデル図

ペルオキシソームタンパク質は，細胞礎質の遊離型ポリソームで翻訳後，立体構造を形成する．これらのペルオキシソームタンパク質には，PTS 1あるいはPTS 2のいずれかの輸送シグナルが存在する．PTS 1型タンパク質は，PTS 1レセプターと，PTS 2型タンパク質はPTS 2レセプターと複合体を形成する．これらの複合体は，ペルオキシソーム膜に存在するPex 14 pに捕捉される．Pex 14 pは，他のペルオキシソーム膜タンパク質と複合体（X）を形成していると考えられる．その後，ペルオキシソームタンパク質はオリゴマー構造を保ったままペルオキシソーム膜を通過する．PTS 2を含むアミノ末端延長ペプチドの切断は，PTS 2型タンパク質がペルオキシソーム内へ輸送された後に起こる．

る[18]．3番めのアミノ酸はタンパク質のカルボキシ末端でなければならない．PTS 1 は，動物や酵母のペルオキシソームタンパク質にも存在する．植物ペルオキシソーム酵素の PTS 1 のアミノ酸の組み合わせは，動物や酵母のそれと似ているが，完全には一致しない．

　PTS 1 をもつタンパク質から，PTS 1 を削除したり，あるいは PTS 1 を構成するアミノ酸を他のアミノ酸に置換したりすると，もはやタンパク質がペルオキシソームへ輸送されず，細胞礎質に蓄積する．また，大腸菌の GUS（β-グルクロニダーゼ）など外来の細胞礎質型タンパク質に PTS 1 を付加した融合タンパク質（GUS-PTS 1）を植物細胞で発現させると，PTS 1 の作用によって GUS-PTS 1 がペルオキシソームへ細胞内輸送される．このように，PTS 1 は，植物細胞がタンパク質をペルオキシソームへ輸送するために必要かつ十分な輸送シグナルとして機能する．現在知られている PTS 1 型タンパク質には，短鎖アシル-CoA 酸化酵素，多頭酵素，イソクエン酸リアーゼ，リンゴ酸合成酵素，グリコール酸酸化酵素，ヒドロキシピルビン酸還元酵素，アラニン：グリオキシル酸アミノトランスフェラーゼおよびウリカーゼがある（表 4.2 参照）．

　これらの酵素のうちで，ヒドロキシピルビン酸還元酵素は PTS 1 をもたないと考えられていた．これは，最初に全構造が決定されたキュウリのヒドロキシピルビン酸還元酵素のカルボキシ末端に PTS 1 がなかったからである[19]．しかし，その後，PTS 1 をもったヒドロキシピルビン酸還元酵素がペルオキシソームに存在すること，PTS 1 をもたない酵素はペルオキシソームではなく細胞礎質に存在することが明らかになった[20,21]．これら二つの酵素は，同一の遺伝子から選択的スプライシング（alternative splicing）の結果生じた 2 種類の mRNA に由来する．これら二つの mRNA は，カルボキシ末端をコードする部分のみ異なるエクソンを使用する．そのため，二つのヒドロキシピルビン酸還元酵素のアミノ酸配列は，カルボキシ末端の数アミノ酸を除いて完全に相同である．翻訳の際に成熟タンパク質と同じ分子量のポリペプチドとして合成されるタンパク質には，これらのほかにカタラーゼがある．カタラーゼのカルボキシ末端には PTS 1 はない．ただし，カタラーゼのカルボキシ末端付近のアミノ酸配列が細胞内輸送に重要であるという報告がある[22]．

　一方，PTS 2 型タンパク質は，翻訳の際に延長ペプチドをもつ高分子量前駆体型タンパク質として合成される．カルボキシ末端には PTS 1 がない．細胞礎質で翻訳された高分子量前駆体は，ペルオキシソームへ輸送され，延長ペプチドが切

断されて成熟型タンパク質となる．延長ペプチドには，タンパク質輸送シグナルとして機能するアミノ酸配列が存在する．これを PTS 2 と呼ぶ．PTS 2 のアミノ酸配列は，［Arg］-［Ile/Gln/Leu］-任意の 5 アミノ酸-［His］-［Leu］である[23,24]．PTS 2 型タンパク質には，長鎖アシル-CoA 酸化酵素，3-ケトアシル-CoA チオラーゼ，リンゴ酸脱水素酵素，およびクエン酸合成酵素がある（表 4.2 参照）．アシル-CoA 酸化酵素は，長鎖アシル-CoA 酸化酵素と短鎖アシル-CoA 酸化酵素で輸送シグナルが異なる．

　GUS に PTS 2 を含む延長ペプチドを付加した融合タンパク質（PTS 2-GUS）を植物細胞で発現させると，PTS 2-GUS はペルオキシソームへ輸送された後に延長ペプチドの切断が起こる[23,24]．PTS 2 を構成するアミノ酸を他のアミノ酸へ置換すると，もはや融合タンパク質はペルオキシソームへ輸送されない．また，延長ペプチドの切断部位に存在するアミノ酸を他のアミノ酸に置換すると，ペルオキシソーム内へ輸送された後も延長ペプチドの切断が起こらず，高分子量前駆体のままペルオキシソームに蓄積する．このことから，PTS 2 がタンパク質の輸送に必須であること，また延長ペプチドの切断が，ペルオキシソームタンパク質の膜透過に共役していないことがわかる．PTS 2 型タンパク質は，植物のほかにも動物や酵母にも存在する．ただし，酵母には延長ペプチドの切断が起こらないものがある．

　PTS 1 型タンパク質の識別は，PTS 1 を認識するレセプターの結合によって起こる（図 4.18 参照）．PTS 1 レセプターは，タバコやスイカ，アラビドプシスより単離されている．タバコの PTS 1 レセプターは，酵母 two-hybrid 実験系によって PTS 1 と結合することが証明されている[25]．このタンパク質は，741 個のアミノ酸からなり，カルボキシ末端側に七つの TPR（tetratricopeptide repeats）モチーフをもっている．TPR モチーフは，タンパク質間相互作用に必要な配列とされている．現在，PTS 1 レセプターをコードする遺伝子は，生物種にかかわらず *PEX 5* という名前に統一することが提唱されている[26]．酵母 *pex 5* 突然変異体は，PTS 1 レセプター（Pex 5 p と表記されることもある）を欠損するため，PTS 1 型タンパク質がペルオキシソームへ輸送されず，細胞礎質に蓄積する．タバコの PTS 1 レセプターのアミノ酸配列は，ヒトや酵母の Pex 5 p と 30～40％ の類似性を示す．また，タバコの PTS 1 レセプターを導入することで酵母 *pex 5* 突然変異体の表現型を相補することができる．PTS 2 型タンパク質の認識についても，PTS 2 を識別する PTS 2 レセプター（Pex 7 p）が存在する（図 4.18 参照）．酵母やいく

つかの動物ではPTS2レセプターが同定されており，その遺伝子は*PEX7*と呼ばれている．高等植物では，アラビドプシスで*PEX7*遺伝子産物と相同性を示すタンパク質をコードするcDNAが同定されているが，PTS2レセプターとしての機能をもっているか否かについては，まだ結論が得られていない．

　1990年代にペルオキシソームに異常が生じた酵母突然変異体の解析が進み，ペルオキシソームの生合成に必須な*PEX*遺伝子（本遺伝子にコードされるタンパク質はペルオキシン（peroxin）と呼ばれている）が多数同定された[27]．これらは，前述した*PEX5*や*PEX7*のように番号をつけて呼ばれており，現在20をこえる*PEX*遺伝子が同定されている．これらのうちで，*PEX13*, *PEX14*および*PEX17*の遺伝子産物（それぞれPex 13 p, Pex 14 p, Pex 17 p）は，ペルオキシソーム膜に存在するタンパク質複合体を構成していると考えられている．またPex 13 pはPex 5 p（*PEX5*遺伝子産物，PTS1レセプター）と，Pex 14 pはPex 5 pおよびPex 7 p（*PEX7*遺伝子産物，PTS2レセプター）の両方と結合することがわかっている．このタンパク質複合体はドッキングタンパク質複合体（docking protein complex）とも呼ばれ，PTS1型タンパク質-PTS1レセプター複合体，およびPTS2型タンパク質-PTS2レセプター複合体の両方をペルオキシソーム膜へ引き寄せていると考えられる．

　四量体のタンパク質であるGUSとPTS2-GUS（GUSにPTS2を含む延長ペプチドを付加した融合タンパク質）を細胞内に同時に発現させると，PTS2-GUSだけでなく，輸送シグナルをもたないGUSもペルオキシソームに輸送される．これは，GUSとPTS2-GUSがオリゴマー構造を形成したままペルオキシソーム膜を透過するためである[28]．このように，PTS2型タンパク質，PTS1型タンパク質どちらの場合も，ペルオキシソーム膜を通過する際にオリゴマー構造を保ったままペルオキシソーム内へ運ばれると考えられている[29]．これに対して，小胞体，ミトコンドリアやクロロプラストなどへタンパク質が輸送される場合，分子シャペロンの働きによってタンパク質がほどけた状態でオルガネラ膜を通過する．ペルオキシソームタンパク質の細胞内輸送に際して分子シャペロンが関与するという報告もあるが[30]，その働きは他のオルガネラの場合とは異なるのであろう．

g. ペルオキシソームタンパク質の分解

　ペルオキシソームがグリオキシソームから緑葉ペルオキシソームへ，あるいは緑葉ペルオキシソームからグリオキシソームへ機能を変換するためには，不必要

になった酵素を消去する必要がある．グリオキシソームから緑葉ペルオキシソームへ機能変換途中のペルオキシソームは，グリオキシソームタンパク質に特異的なタンパク質分解活性をもつことが示されている[31]．ペルオキシソームの機能変換過程では，機能変換中のペルオキシソーム内に一過的に基質特異性の高いタンパク質分解酵素が現れて，不要になった酵素を特異的に取り除いていると思われる．しかしながら，このようなタンパク質分解系の実体は明らかになっていない．

h. ペルオキシソームの形成機構

ペルオキシソームの形成機構は，現在ホットな研究領域であり，まだわかっていない部分も多い．1970年代には，電子顕微鏡観察の結果から小胞体の一部が出芽してペルオキシソームが形成されると考えられていたが，1980年代にペルオキシソームタンパク質が細胞礎質で合成され，直接ペルオキシソームへ輸送されることが明らかになり，この節は支持されなくなった．しかしながら，1990年代に入り酵母や動物培養細胞のペルオキシソーム膜タンパク質の一部が小胞体を経由してペルオキシソームへ運ばれるという報告が相次ぎ，再びペルオキシソームの小胞体起源説が注目されている[38]．高等植物でも，アスコルビン酸ペルオキシダーゼは小胞体を経由してペルオキシソーム膜へ輸送されるという報告がある[39,40]．小胞体から出芽したペルオキシソーム前駆体は，すでに存在するペルオキシソームに融合する，もしくはそれ自体が細胞礎質から必要なタンパク質を受け入れ，成熟型ペルオキシソームへと分化すると考えられている[38]．紅藻では細胞分裂に伴いペルオキシソームも分裂して娘細胞へと分配されることが知られている[41]．

i. ペルオキシソームに関する分子遺伝学的研究

近年，ペルオキシソームに関する突然変異体の解析が盛んになっている．特に，酵母の突然変異体を用いた分子遺伝学的研究は，ペルオキシソーム研究の進展に多大な進歩をもたらした[32]．今後，高等植物でも突然変異体を用いた分子遺伝学的研究が，ペルオキシソームの機能発現や機能変換のメカニズムの解明，さらには新しいペルオキシソーム機能の発見などに大きく寄与するものと期待される．

ペルオキシソームに関連した高等植物の突然変異体としては，まずOgrenとSomervilleによって同定された光呼吸欠損突然変異体があげられる[33]．これらの突然変異体は，通常の大気条件下では矮化，葉の黄変などの表現型を示すが，1%

CO_2 存在下で RuBisCO のオキシゲナーゼ活性を阻害すると正常に生育する．光呼吸欠損突然変異体の一つは，緑葉ペルオキシソームのセリン：グリオキシル酸アミノトランスフェラーゼ活性を欠損することが明らかになっている．

このほかに，グリオキシソームの脂肪酸 β 酸化系を欠損する突然変異体が単離されている．これらの突然変異体は，2,4-ジクロロフェノキシ酪酸耐性突然変異体として同定されたものである[34]．2,4-ジクロロフェノキシ酪酸（2,4-DB）は，脂肪酸 β 酸化で代謝され，除草剤，2,4-ジクロロフェノキシ酢酸（2,4-D）を生じる．そのため，野生型植物は 2,4-DB 存在下で成長が阻害されるが，脂肪酸 β 酸化欠損突然変異体は 2,4-DB を 2,4-D へ代謝できず，2,4-DB 存在下でも正常に生育する．2,4-ジクロロフェノキシ酪酸耐性突然変異体の中から，グリオキシソームの 3-ケトアシル-CoA チオラーゼ（図 4.14 参照）が欠損する突然変異体や，Pex 14 p の欠損によりペルオキシソームへのタンパク質輸送ができず（図 4.18），グリオキシソームや緑葉ペルオキシソームなどの機能を失った突然変異体[35]などが同定されている．これらの突然変異体は，脂肪酸 β 酸化活性が欠損するために種子貯蔵脂肪からスクロースをつくることができず，発芽の際にスクロースを要求する．この実験結果は，種子発芽の初期過程において脂肪酸 β 酸化が必須であることを示している．

sse 1 突然変異体や *aim 1* 突然変異体などのように，ペルオキシソームの機能とは無関係に選抜された突然変異体の中にも，ペルオキシソームに関連する遺伝子に変異があるものが知られている．*sse 1* 突然変異体は，種子が縮んでいるという形質から選抜された[36]．*SSE 1* 遺伝子が欠損すると，本来脂肪性種子だったものが，デンプン性種子に変わってしまう．*SSE 1* 遺伝子産物のアミノ酸配列は，酵母のペルオキシソーム生合成を制御すると考えられている Pex 16 p と類似性を示し，実際に *SSE 1* 遺伝子の導入によって酵母 *pex 16* 突然変異体の形質を相補することがわかっている．一方，*aim 1* 突然変異体は，花序の先端分裂組織に異常が生じ，花序や花の形態異常や稔性の低下などの表現型を示す[37]．*AIM 1* 遺伝子は，脂肪酸 β 酸化系の多頭酵素をコードする．*AIM 1* 遺伝子や *SSE 1* 遺伝子の欠損が，どのようにしてそれぞれの表現型を誘導するかはまだはっきりしないが，ペルオキシソームの新たな機能を示すものとして今後の解析が期待される．

〔林　誠〕

文　献

1) Huang, A. H. C., Trelease, R. N. and Moore, T. S. : Plant Peroxisomes, Academic Press (1983)
2) Beevers, H. : *Ann. NY Acad. Sci.*, **386** : 243-251 (1982)
3) Fulda, M., Heinz, E. and Wolter, F. P. : *Plant Mol. Biol.*, **33** : 911-922 (1997)
4) Hayashi, H. *et al.* : *J. Biol. Chem.*, **273** : 8301-8307 (1998)
5) Hayashi, H. *et al.* : *J. Biol. Chem.*, **274** : 12715-12721 (1999)
6) Eaton, S., Bartlett, K. and Pourfarzam, M. : *Biochem. J.*, **320** : 345-357 (1996)
7) Günemann-Schäfer, K. *et al.* : *Eur. J. Biochem.*, **226** : 909-915 (1994)
8) Courtois-Verniquet, F. and Douce, R. : *Biochem. J.*, **294** : 103-107 (1993)
9) Hayashi, M. *et al.* : *Plant Cell Physiol.*, **36** : 669-680 (1995)
10) Tolbert, N. E. : *Ann. NY Acad. Sci.*, **386** : 254-268 (1982)
11) Nishimura, M. *et al.* : *Cell Struct. Funct.*, **21** : 387-393 (1996)
12) Kudielka, R. A. and Theimer, R. R. : *Plant Sci. Lett.*, **31** : 245-252 (1983)
13) Gerhardt, B. : *FEBS Lett.*, **126** : 71-73 (1981)
14) Gerhardt, B. : *Planta*, **159** : 238-246 (1983)
15) Graham, I. A., Denby, K. J. and Leaver, C. J. : *Plant Cell*, **6** : 761-772 (1994)
16) Bertoni, G. P. and Becker, W. M. : *Plant Physiol.*, **103** : 933-941 (1993)
17) Olsen, L. J. and Harada, J. J. : *Ann. Rev. Plant Physiol. Plant Mol. Biol.*, **46** : 123-146 (1995)
18) Hayashi, M. *et al.* : *Plant Cell Physiol.*, **38** : 759-768 (1997)
19) Greenler, J. M. *et al.* : *Plant Mol. Biol.*, **13** : 139-150 (1989)
20) Hayashi, M. *et al.* : *Plant Mol. Biol.*, **30** : 183-189 (1996)
21) Mano, S., Hayashi, M. and Nishimura, M. : *Plant J.*, **17** : 309-320 (1999)
22) Mullen, R. T., Lee, M. S. and Trelease, R. N. : *Plant J.*, **12** : 313-322 (1997)
23) Kato, A. *et al.* : *Plant Cell*, **8** : 1601-1611 (1996)
24) Kato, A. *et al.* : *Plant Cell Physiol.*, **39** : 186-195 (1998)
25) Kragler, F. *et al.* : *Proc. Natl. Acad. Sci. USA*, **95** : 13336-13341 (1998)
26) Distel, B. *et al.* : *J. Cell Biol.*, **135** : 1-3 (1996)
27) Kunau, W. H. : *Curr. Opin. Microbiol.*, **1** : 232-237 (1998)
28) Kato, A., Hayashi, M. and Nishimura, M. : *Plant Cell Physiol.*, **40** : 586-591 (1999)
29) Lee, M. S., Mullen, R. T. and Trelease, R. N. : *Plant Cell*, **9** : 185-197 (1997)
30) Crookes, W. J. and Olsen, L. J. : *J. Biol. Chem.*, **273** : 17236-17242 (1998)
31) Mori, H. and Nishimura, M. : *FEBS Lett.*, **244** : 163-166 (1989)
32) Subramani, S. : *Nat. Genet.*, **15** : 331-333 (1997)
33) Somerville, C. R. and Ogren, W. L. : *Trends Biochem. Sci.*, **7** : 171-174 (1982)
34) Hayashi, M. *et al.* : *Plant Cell*, **10** : 183-195 (1998)
35) Hayashi, M. *et al.* : *EMBO J.*, **19** : 5701-5710 (2000)
36) Lin, Y. *et al.* : *Science*, **284** : 328-330 (1999)
37) Richmond, T. A. and Bleecker, A. B. : *Plant Cell*, **11** : 1911-1923 (1999)
38) Trelease, R. N. : Plant Peroxisomes (Eds. Baker, A. and Graham, I. A.), Kluwer Academic Publishers (2002)
39) Mullen, R. T. *et al.* : *Plant Cell*, **11** : 2167-2185 (1999)
40) Nito, K. *et al.* : *Plant Cell Physiol.*, **42** : 20-27 (2001)
41) Miyagishima, S. *et al.* : *Plana*, **208** : 326-336 (1999)

5. 複膜系オルガネラとその分化

5.1 プラスチド

a. 基本的性質

1）多様性

　プラスチド(plastid, 色素体)とは，植物細胞に特有なクロロプラスト（chloroplast, 葉緑体）とその変形したオルガネラ（細胞小器官）の一群に与えられた総称である[1]．代表的なプラスチドとして，緑色細胞にあって光合成を営むクロロプラストのほか，暗所で生育させた植物の黄化した光合成器官にみられるエチオプラスト(etioplast, 黄色体)，分裂組織の細胞にある未分化なプロプラスチド(proplastid, 原色素体，前色素体)，根冠や貯蔵器官の細胞にあってデンプンの合成と貯蔵を行うアミロプラスト(amyloplast)，果実や花弁の細胞にあって大量のカロテノイドを合成・蓄積し，黄色，橙色あるいは赤色を呈するクロモプラスト(chromoplast, 有色体)などがあげられる．プラスチドはサブタイプごとにそれぞれ異なる微細構造，独自の機能をもつが，いずれも2重の包膜（envelope）で包まれており，固有の遺伝情報発現系（独自のDNAと転写/翻訳系）をもち，既存のプラスチドの分裂によってのみ増殖する，という共通点をもつ．植物体の各器官・組織にみられる多様なプラスチドも，もとをたどれば受精卵の中に存在したプラスチドが分裂し，娘細胞に分配され，分化したものである（図5.1）．このように，プラスチドは植物の組織・器官分化に応じてさまざまな形に分化する能力をもち，サブタイプの間で可逆的に変換することができる．プラスチド（plastid）という名称は，こうした柔軟な分化能力を示す「可塑性」（plasticity）に由来する．一方，日本語名の「色素体」は，プラスチドがクロロフィルやカロテノイドなどの光合成色素をもっているか，それらを形成する能力をもっていることに基づく．

2）連続性，自律性，起源

　プラスチドは全く新規に（*de novo* に）形成されることはなく，既存のプラスチドの分裂によってのみ増殖する．体細胞分裂の場合は親細胞の中に存在するプ

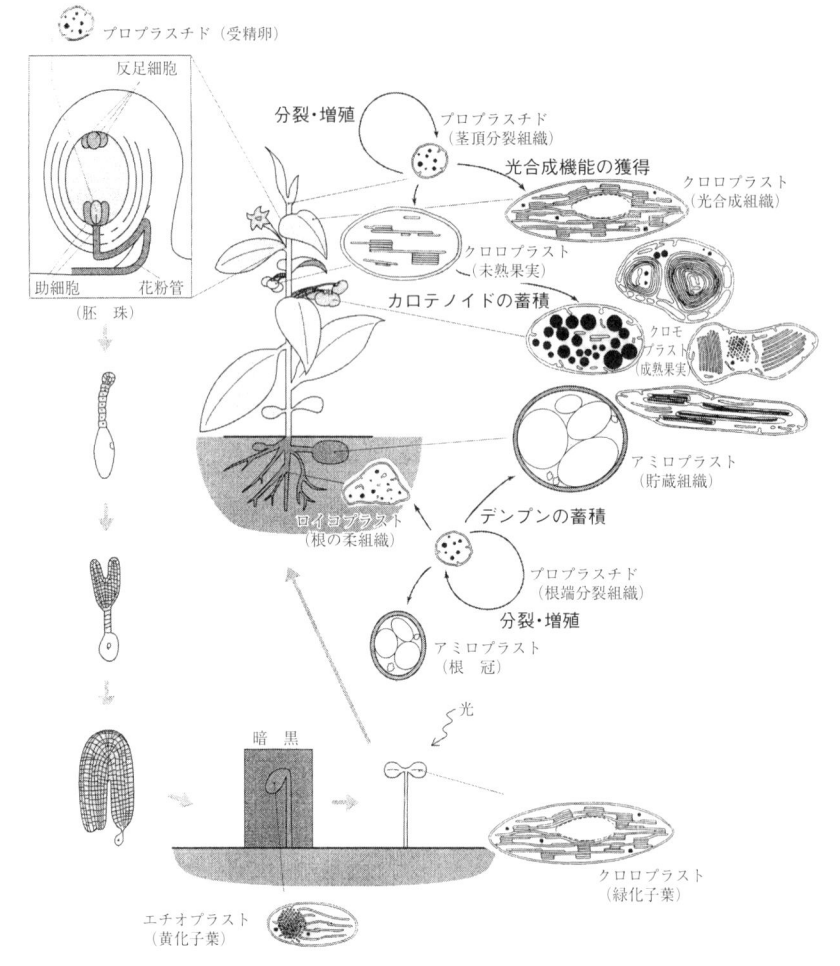

図 5.1 高等植物におけるプラスチドの組織特異的分化の様子を示す模式図（柳田ほか編, 1999 の p.28, 図 2・15 を改変）

ラスチドが娘細胞に分配され，有性生殖過程の場合は生殖細胞（多くの場合，雌性配偶子である卵細胞）の中に存在するプラスチドおよびその遺伝子が次世代に伝達される．こうしたプラスチドの連続性は，プラスチドが自分自身の形成に必要な遺伝情報の一部をコードする独自の DNA をもつことから当然予測される性質である．

プラスチド DNA はどのような遺伝子をコードしているのであろうか．1986 年

にタバコとゼニゴケのプラスチド DNA の全塩基配列が日本の研究グループによって初めて決定され，その後多くの植物種についてもプラスチドゲノムの構造解析が進んだ．その結果，陸上植物のプラスチド DNA は 150 kbp（キロ塩基対）程度の環状分子で，100 種類以上の遺伝子をコードしていること，そのうち転写・翻訳などの遺伝情報発現系に関するものが約 60 種，光合成に関するものが約 30 種あることなどが明らかになった[4]．

初期の顕微鏡観察の結果から，プラスチドは細胞内で独自に成長・分裂することができる自律的なオルガネラであるという考えが提出されていた．しかしながらプラスチド DNA にコードされ，プラスチド内部で転写・翻訳される遺伝子の種類は上記のようにきわめて限られており，プラスチドを構築するために必要な遺伝子産物の大部分は細胞核 DNA にコードされ，細胞質で翻訳されてからプラスチドに輸送される．このことから明らかなように，プラスチドの増殖と分化は細胞核の支配下にある．細胞核によるプラスチド機能のコントロールはプラスチドの DNA 複製，転写，翻訳，プラスチドの分裂をはじめ，光合成，窒素および硫黄の同化，脂質合成など広範囲に及んでおり，プラスチドは完全に自律的なオルガネラであるというよりは，独自の遺伝情報をもつが細胞核の支配も受ける「半自律的な」オルガネラであると理解すべきであろう．しかしながら，プラスチドの分化・発達を制御する情報の流れは細胞核からプラスチドへの一方通行ではなく，プラスチドから細胞核への情報の流れ（プラスチドシグナル）の存在も示唆されており，プラスチドの形成は細胞核とプラスチドの相互作用の所産であるといえる．

独自の DNA と遺伝情報発現系をもつ半自律的なオルガネラであることから，プラスチドの起源については共生説が唱えられている[3]．これは，細胞骨格系をもちエンドサイトーシスにより細胞外の物質を取り込む能力を発達させた原始真核細胞に好気性細菌が細胞内共生してミトコンドリアになり，さらにシアノバクテリアが細胞内共生してクロロプラストになった，という説である．この過程では共生体遺伝子の喪失や宿主（細胞核）への移行，タンパク質の輸送や各種代謝産物のやりとり，共生体の増殖制御を可能にするための機構の確立などを経て，細胞核による支配（オルガネラ化）が確立したものと考えられている[4]（7 章参照）．

b. 機能と構造

植物の生活環，あるいは組織・器官分化の過程を追ってプラスチドの分化を考

える場合には，受精卵あるいは分裂組織に存在するプロプラスチドが出発点となる．しかしながら，プラスチドの起源がシアノバクテリアのような光合成原核生物と考えられていること，体制の単純な単細胞藻類のプラスチドはその全生活環を通じてクロロプラストの状態を保つことなどからわかるように，共生起源説あるいは進化系統的な視点からみた場合にはクロロプラストがプラスチドの基本型である．したがって，高等植物においてみられるさまざまなプラスチドは，クロロプラストが本来もっている機能の一部が選択的に抑制あるいは強化されることによって特殊化した状態と見なすことができる[5]．こうした考えに基づき，以下の部分では，はじめにクロロプラストの構造と機能について述べた後，各種プラスチドの特徴について個別に述べつつ，植物の組織・器官分化に伴うプラスチドの分化過程を記述することにする．

1) クロロプラストの構造

クロロプラストは緑葉の葉肉細胞など緑色の細胞に含まれ，光合成を第一の機能とするプラスチドである．藻類には板状，らせん状，コップ状，星形などさまざまな形のクロロプラストをもつものがあるが，陸上植物のクロロプラストは通常，長軸の直径 $5 \sim 10\,\mu m$，厚さ $2 \sim 3\,\mu m$ の凸レンズ型をしている．一つの細胞に含まれるクロロプラストの数は，植物種あるいは細胞の分化・発達段階の違いに応じて1～数千の間で異なるが，陸上植物の葉肉細胞では通常数十ないし100個程度である[6]．

クロロプラストの周囲は2枚の包膜（envelope）すなわち外包膜（outer envelope）と内包膜（inner envelope）によって囲まれており，内部にはチラコイド（thylakoid）と呼ばれる膜系がある．クロロプラストはこれらの膜系と，膜系によって区分される三つの区画，すなわち膜間部分（外包膜と内包膜の間），ストロマ（内包膜とチラコイド膜の間の可溶性部分），チラコイド内腔（チラコイド膜によって囲まれた空間）によって成り立っている（図5.2）．

包膜の厚さは $6 \sim 8\,nm$ で，内包膜と外包膜との間隔はおよそ $5 \sim 10\,nm$ 程度であり，内外の包膜はところどころで接着している．包膜はチラコイド膜に比べ脂質が多く（脂質：タンパク質＝1.4：1），中でもリン脂質の割合が高い．包膜には，クロロフィルは存在しない．外包膜はイオンをはじめ多くの物質を比較的よく透過させるが，内包膜の透過性は低く，種々の輸送タンパク質が埋め込まれている．

チラコイドの基本構造は，厚さ $6 \sim 7\,nm$ の膜からなる扁平（内腔の幅は $10 \sim 30$

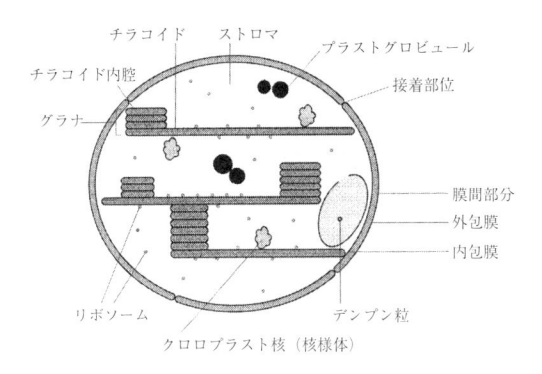

図 5.2 クロロプラストの構造を示す模式図(柳田ほか編, 1999 の p.30, 図 2・16 の一部を改変)

nm)な袋である．直径およそ0.5 μm ほどの円盤状のチラコイドが積み重なっている部分をグラナ(grana)，その部分のチラコイドをグラナチラコイドと呼ぶ．一方，グラナから伸び出している大きなチラコイドをストロマチラコイドあるいはインターグラナチラコイドと呼ぶ．一つのクロロプラストの中にあるチラコイドの内腔は互いに連絡しており，単一の区画を形成している．チラコイド膜には光合成タンパク質複合体が高密度で存在するためタンパク質の比率が高い(脂質：タンパク質 = 1 : 1)．脂質の組成をみると，糖脂質(特にモノガラクトシルジグリセリド，MGDG)が多くリン脂質が少ない．脂肪酸組成についてみると不飽和脂肪酸(特にリノレン酸)の割合が高く，流動性に富む膜であることがわかる．

　ストロマには後述するように各種の可溶性酵素が存在し，クロロプラストのさまざまな代謝機能を支えている．ストロマ中には DNA をはじめとする遺伝情報発現系の装置も存在する．クロロプラスト DNA は，タンパク質と結合してコンパクトに折り畳まれた DNA-タンパク質複合体の状態で存在する．この DNA-タンパク質複合体をクロロプラスト核(あるいは核様体)と呼ぶ[7]．陸上植物の成熟したクロロプラストは，多数のクロロプラスト核をもっており，それぞれのクロロプラスト核は比較的小型(1〜数分子の DNA を含む)でチラコイド膜に結合した状態でクロロプラスト中に散在している．DNA 複製，転写などは，このクロロプラスト核を反応の場として起こる．翻訳はストロマ中あるいはチラコイド膜に結合したリボソーム上で行われる．クロロプラストのリボソームは，細胞質のものよりも小さくバクテリアと同じ 70 S 型であり，阻害剤に対する感受性

もバクテリアのリボソームに類似している．

その他，ストロマ中に存在する特徴的な構造としてデンプン顆粒とプラストグロビュール（plastoglobule）があげられる．クロロプラスト中のデンプン顆粒は，光合成の余剰産物の一時的な貯蔵形態である．プラストグロビュールは，オスミウム酸で固定したクロロプラストの超薄切片にほぼ例外なく認められる直径 50〜150 nm 程度の顆粒であり，チラコイド膜に組み込まれる脂質や脂溶性の成分（キノン化合物やカロテノイド）の貯蔵場所であると考えられている．

2）クロロプラストの機能

ⅰ）光合成　クロロプラストの最も重要な機能は光合成である．光合成による炭酸固定は，プラスチドの中でもクロロプラストに特有の機能である．光合成反応は，チラコイド膜上で起こる反応過程とストロマで起こる反応過程に大別される．

チラコイド膜上には光化学系 II，シトクロム b_6/f，光化学系 I，H^+-ATP 合成酵素などのタンパク質複合体が方向性をもって配列しており，光合成色素による光エネルギーの吸収，光化学反応中心での光化学反応，電子伝達反応が行われ，それに伴ってストロマ側でのニコチンアミドアデニンジヌクレオチドリン酸（NADPH）の生成，チラコイド膜を隔てた水素イオン濃度勾配の形成が起こる．H^+-ATP 合成酵素複合体は，形成された水素イオン濃度勾配に従ってチラコイド内腔からストロマに水素イオンが移動する際に解放されるエネルギーを利用してアデノシン三リン酸（ATP）を合成する．

ストロマには光合成炭酸固定回路（カルビン回路，Calvin cycle；またはカルビン-ベンソン回路，Calvin-Benson cycle）を構成する各種の可溶性酵素が存在し，チラコイド膜上での反応の結果生じた NADPH（還元力）と ATP を利用して CO_2 を固定する反応が行われる．

ⅱ）デンプン合成　クロロプラストのストロマ中には，しばしばデンプン顆粒が認められる．デンプンを合成・貯蔵する能力はクロロプラスト以外のプラスチドにも備わっており，その能力が特に発達しているのがアミロプラストである．陸上植物では，余剰光合成産物の多くはデンプンとしてクロロプラスト内に蓄えられるが，これは一時的な貯蔵物質で，やがて可溶性の糖に分解されて貯蔵部位に転流され，そこに存在するアミロプラスト内で再びデンプンに変換されて蓄積する．

ⅲ）無機態窒素・硫黄の同化　光合成による炭酸固定反応のほかに，窒素お

よび硫黄の固定も植物の独立栄養性を支える重要な代謝機能であるが,クロロプラストはここでも主要な役割を演じている[8].植物は,主として硝酸イオンの形で窒素を取り込む.硝酸イオンは細胞質で亜硝酸イオンに,次いでクロロプラスト中でアンモニウムイオンにまで還元され,最終的にはグルタミン酸のアミノ基として固定される.一方,硫黄は硫酸イオンの形で取り込まれ,最終的にはシステインのSH基として固定される.硝酸イオンや硫酸イオンの同化は,クロロプラスト以外の非光合成型プラスチドでも行われている.

iv) 色素合成その他 クロロフィルは,光合成において中心的な役割を果たす色素であり,グルタミン酸からδ-アミノレブリン酸を経て合成されるが[9],その全過程はクロロプラスト内で起こる.ちなみに,ミトコンドリアの呼吸鎖で働くヘムもクロロフィルと同じポルフィリン化合物である.植物では,ヘム生合成の初期過程はクロロフィル生合成と共通であり,クロロプラスト内部で起こる.

被子植物の場合,クロロフィル合成の中で反応に光エネルギーを必要とするステップがあるため,暗所ではクロロフィルを合成することができない.暗所でクロロフィル形成が阻害され,クロロプラストへの発達を妨げられた状態のプラスチドがエチオプラストである(後述).

クロロフィルを合成・蓄積するのはクロロプラストだけであるが,カロテノイドはそれ以外のプラスチドでも合成される.特に大量のカロテノイドを合成・蓄積するよう特殊化したプラスチドがクロモプラストである(後述).カロテノイドはイソプレノイド化合物に属するが,プラスチドはカロテノイド以外のイソプレノイド化合物の生合成においても大きな役割を果たしており,植物ホルモンであるジベレリンやアブシジン酸(これらもイソプレノイド化合物である)合成の初期反応もプラスチドで行われる.

クロロプラストはまた,植物における主要な脂肪酸合成の場でもある[10].

以上のほかに,クロロプラストの重要な機能として自己増殖をあげることができる.DNA複製と分裂・増殖能力が高いプラスチドが,分裂組織に存在するプロプラスチドである(後述).

3) クロロプラストの構造・機能の分化

クロロプラストという一つのサブタイプの中でも,機能的・構造的な分化はみられる.

C_4植物と呼ばれる一群の植物では,葉肉細胞と維管束鞘細胞が機能を分担して光合成を行っている[11].葉肉細胞ではCO_2をC_4化合物として一時的に固定し,

これを維管束鞘細胞に送り込む働きをしている．維管束鞘細胞では，葉肉細胞から送り込まれてきた C_4 化合物を脱炭酸して CO_2 を遊離し，カルビン回路による正味の炭酸固定を行う．こうした分業により維管束鞘細胞に CO_2 を濃縮し，効率よく炭酸固定を行うことができる．こうした分業を反映して，クロロプラストの構造と機能も2種類の細胞で異なっている（図5.3）．維管束鞘細胞のクロロプラストは通常の C_3 植物の葉肉細胞のクロロプラストと同じようにカルビン回路による CO_2 の固定・還元を行い，多くのデンプン顆粒を含むが，種によってはグラナの発達が悪く，光化学系IIの活性が低い．一方，葉肉細胞のクロロプラストはよく発達したグラナを備えているが維管束鞘細胞のものに比べ小型で，カルビン回路による炭酸ガスの固定・還元は行わず，もっぱら CO_2 の受容体であるPEP（ホスホエノールピルビン酸）の再生を行っている．

　また，気孔の孔辺細胞は，表皮組織系の細胞としては例外的にクロロプラストをもつ．このクロロプラストは葉肉細胞のものに比べ小型でグラナの発達も悪いがデンプンの蓄積量は多い．孔辺細胞のクロロプラストは，気孔の開閉制御にかかわっていると考えられている．

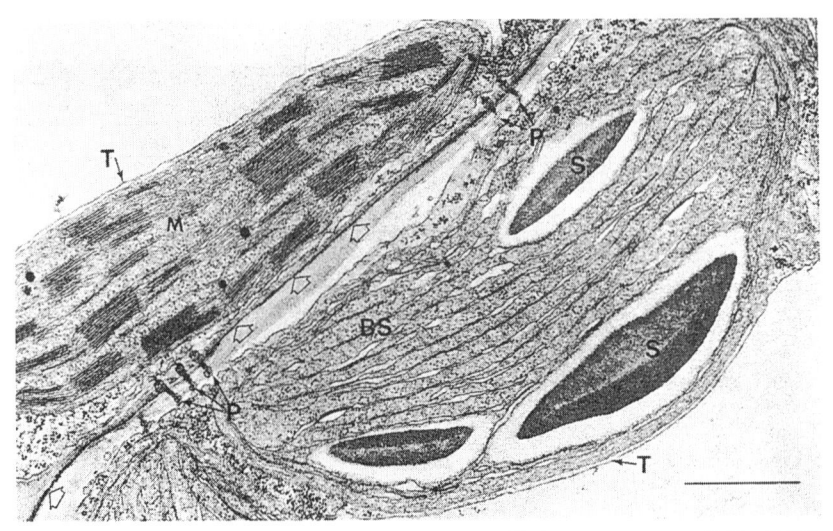

図5.3　C_4 植物（トウモロコシ）葉のクロロプラストの二型性（Mohr and Schopfer（網野，駒嶺監訳），1998のp.240，図15.5）
太い矢印が並んでいる部分が細胞壁．細胞壁の左上が葉肉細胞（M），右下が維管束鞘細胞（BS）．両者の間は，原形質連絡（P）によって結ばれており，代謝産物の交換が行われる．葉肉細胞のクロロプラストはグラナが発達しているがデンプンを含まない．維管束鞘細胞のクロロプラストはグラナ構造を欠くが多くのデンプン（S）を含む．Tは液胞膜（トノプラスト）．バーは1μm.

4) クロロプラスト以外のプラスチド

i) プロプラスチド　プロプラスチドは，茎頂あるいは根の分裂組織に存在する小型（長径 1～1.5 μm）で未分化なプラスチドである．長楕円形，あるいは球形であることが多いが，アメーバ状で不定形のこともある．クロロプラストと異なり，内包膜の陥入やいくつかの小胞などが認められるだけでチラコイド膜系は発達していない．ごく小さなデンプン顆粒を含むこともある．比較的 DNA 含量が高く，大型のプラスチド核（核様体）を少数もつ．この特徴は，特に増殖の初期過程にある細胞中に存在するプロプラスチドで顕著である．これは，オルガネラ（プラスチドおよびミトコンドリア）の DNA 合成が細胞増殖の初期に集中的に行われ，増殖の後半では DNA 合成活性が低下した状態でオルガネラの分裂のみが続いていくという性質があるためである[12]．プロプラスチドの第一の機能は，分裂組織にあってプラスチドの連続性を保ちつつ，より分化した形態のプラスチドの前駆構造になることであると考えられる．しかしながら，プラスチドに備わっている代謝経路のいくつか，たとえばポルフィリン合成や脂肪酸合成は植物細胞にとって必須と考えられることから，分裂組織細胞においてプロプラスチドがこれらの機能を果たしていることは想像に難くない．

ii) エチオプラスト　被子植物では，クロロフィル合成過程の一つのステップ（プロトクロロフィリドからクロロフィリドへの変換）に光エネルギーを必要とするため，暗所ではクロロフィルを合成することができず，したがってクロロプラストも形成することができない．エチオプラストは，暗所で生育させた植物の光合成組織の細胞に存在するプラスチドで，光の欠如によりクロロプラストの発達が途中で停止した状態と見なすことができる．エチオプラストの形状は長径 3 μm 程度の楕円体で，構造上の特徴は，その内部に 1 個ないし数個の，相互に規則正しく連結された管状の膜構造からなる結晶状の構造体が存在することである[13]（図 5.4）．この構造体は，ラメラ形成体（prolamellar body）と呼ばれる．この名称は，光照射に伴ってこの構造体がチラコイド（ラメラ）へと発達することに基づく．ラメラ形成体の周辺からはチラコイド膜がストロマ中に伸び出している．エチオプラストは光合成能力はもたないが，その内部にはしばしばデンプン顆粒が認められる．

エチオプラストには，クロロフィル以外のクロロプラストの構成要素の多くが（比較的少量であっても）すでに存在しており，光が照射されると速やかにクロロプラストに転換する．このきっかけになるのはプロトクロロフィリドからクロ

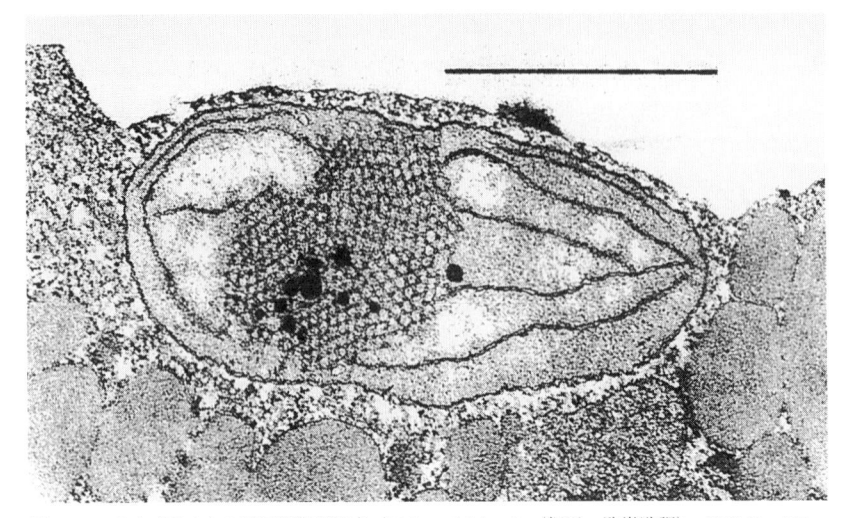

図 5.4 エチオプラストの電子顕微鏡写真（Mohr and Schopfer（網野，駒嶺監訳），1998 の p.139，図 11.10 b）
材料は暗所で3日間生育させたカラシナの子葉．中央に結晶状の構造をしたプロラメラボディがみえ，周囲にチラコイドが伸び出している．プロラメラボディ付近にみえる黒い顆粒はプラストグロビュール．バーは 1 μm．

ロフィリドへの光変換であると考えられる．色素の光変換に伴い，ラメラ形成体の管状の構造は崩れ，チラコイド膜構造へと再構築され，やがて膜の一部が成長し積み重なってグラナ構造が形成されるとともに，光合成電子伝達系が形成されていく．オオムギの黄化芽生えの場合，光照射後4時間程度で完全な電子伝達活性（H_2O から $NADP^+$ までの）が検出されるようになる．

こうしたチラコイド膜系の発達に伴い，プラスチド核（核様体）の存在様式も大きく変化する．エチオプラストや若いクロロプラストのプラスチド核の形状は環状あるいは顆粒状で，プラスチドの周縁部に存在し，包膜に結合している[14]．クロロプラストの発達過程で，プラスチド核は分裂して10〜30個の小顆粒状になりつつグラナ構造の間に分散していき，成熟したクロロプラストでは多数の小型プラスチド核がチラコイド膜に結合した状態でクロロプラスト全体に散在するようになる．このようなプラスチド核の形態変化は，プラスチドゲノムの機能（DNA 複製や転写）の変化と関連があると考えられている．

iii）アミロプラスト　アミロプラストは，大量のデンプンを蓄積・貯蔵するように分化した非光合成型のプラスチドである．主に子葉，胚乳，塊茎などの貯蔵器官に存在するほか，根冠や胚軸の内皮の細胞にも存在する．その内部のほと

んどはデンプン顆粒で占められており，内膜構造はきわめて貧弱である．一つのアミロプラスト内部には，ただ一つの巨大なデンプン顆粒が存在する場合（ジャガイモの塊茎など）も，複数のやや小型のデンプン顆粒を含む場合（根冠など）もある．アミロプラスト自体のサイズも，器官・組織ごとの差が大きい．デンプン顆粒の成長により，最終的にアミロプラストの包膜が破壊される場合もある（ジャガイモのアミロプラストなど）．根冠や培養細胞のアミロプラストにおいては，プラスチド核は小顆粒状をしており，包膜とデンプン顆粒の間に押し込められたような形で存在している．

貯蔵器官におけるアミロプラストの役割は，余剰光合成産物をデンプンの形で貯蔵し，必要なときにそれらを糖あるいはその誘導体に分解して供給することである．

根冠のアミロプラストは，根の重力屈性における重力刺激のセンサーとしての役割をもつ[15]．アミロプラストはデンプン顆粒を含み密度が高いので，重力の方向に従って細胞内を沈降しやすい．根冠の細胞は，アミロプラストの移動の方向と程度を検知し，重力の方向を認識していると考えられている．また，地上部の重力屈性における刺激の感受部位は中心柱を取り巻く内皮であり，内皮細胞に存在するアミロプラストがやはり重力刺激のセンサーとして働いていると考えられている．

iv）クロモプラスト　クロモプラストは，多くの果実，花弁，あるいはある種の植物の根に存在し，黄色，赤色，あるいは橙色を呈する非光合成型のプラスチドである．クロロフィルは含まないが，大量のカロテノイドを合成・蓄積している．代表的な例として，トマトやトウガラシの果実，ヒマワリの花弁やスイセンの副花冠，ニンジンの根などに存在するクロモプラストをあげることができる．

クロモプラストは，形態的には非常にバラエティーに富んでいる（図5.1参照）．クロモプラストはしばしばクロロプラストから分化する．このため，クロロプラストと同様のサイズ，外形を示すことも多いが，アメーバ状で不定形の場合も，また結晶のような外観を示すこともある．カロテノイドは，クロモプラスト内部のプラストグロビュール，管状構造の束，膜状構造，あるいは膜に囲まれた結晶構造の中に存在する．

これら多様なクロモプラストのすべてが遺伝情報発現能力やプラスチド核を保持しているかは明らかではないが，少なくともある種のクロモプラストはクロロプラストに戻りうることから，DNAおよび遺伝子発現の能力を保持していると

考えられる．たとえば，スイセンの副花冠やヒマワリの花弁，トマトやトウガラシの果実に存在するクロモプラストは転写活性やプラスチド核を保持していることが明らかになっている[16,17]．

クロモプラストにどのような代謝機能が存在するのかはあまり明らかになっていない．多くの場合，クロモプラストが形成されるのは花や果実など成熟し，老化しつつある器官であるため，クロモプラストはクロロプラストの老化した形態の一つとしてとらえることも可能である．実際に，ある種のクロモプラストでは生合成活性はほとんどなく，クロロフィル，膜，リボソーム，ストロマのタンパク質などが分解されていることが知られている．

花や果実にクロモプラストが存在する意義としては，その色によって動物を誘引することにあるという考えが一般的である．

v) その他のプラスチド　植物の組織・器官の中には，上記以外にもさまざまな形のプラスチドが存在する．

茎や根の白色柔組織の細胞には，プロプラスチドに類似した，内膜構造の未発達なプラスチドが存在する．これらは，ロイコプラスト（白色体）あるいは単にプラスチドと呼ばれる．分裂組織のプロプラスチドと異なる点は，すでに分裂・増殖を停止しており，プラスチド核も小型でDNA含量が低いことである．これらのプラスチドも脂質や炭水化物，ポルフィリン化合物の代謝など，細胞にとって必須な機能を果たしていると考えられる．

プラスチドの中にはしばしばタンパク質の塊や結晶をもっているものもあり，プロテオプラスト（proteoplast）あるいはプロテノプラスト（proteinoplast）と呼ばれる．また，単子葉植物や多肉植物の表皮細胞などには多量の油滴や脂質をもつプラスチドがあり，エライオプラスト（elaioplast），リポプラスト（lipoplast）などと呼ばれる．また，プラスチドにテルペノイド化合物生合成の機能があることは前述のとおりであるが，マツなどの樹脂を分泌する細胞に存在するプラスチドは小胞体で完全に囲われており，樹脂の前駆体であるテルペノイド化合物の顆粒を含んでいる．これら脂質やタンパク質，樹脂などを合成・貯蔵するプラスチドは，プラスチドのもつ多様な生合成機能や高い物質集積機能を如実に示している．

5) プラスチド分化のダイナミクス

プラスチドは，これまで述べてきたようなさまざまな形に分化する．この分化はダイナミックであり，かつ連続的，可逆的である．したがって，必ずしも上記

のような典型的なプラスチドに分類しきれないタイプのプラスチド，中間的な性質を示すプラスチドも存在する．

　一例として，アブラナ科植物の胚と芽生えの子葉におけるプラスチドの変換をあげる[18]．多くの植物種にみられるように，胚発生の過程では一時的に光合成能のあるクロロプラストが発達する．これはいったんデンプン粒を蓄積し，クロロプラストとアミロプラストの中間的な性質をもったクロロアミロプラストと呼ばれる状態になるが，種子の成熟・乾燥に伴ってデンプン，クロロフィル，チラコイドの分解が起こり，退化した，比較的多量のプラストグロビュールをもつプラスチドになる．この状態のプラスチドも「プロプラスチド」と呼ばれることがあるが，いったん分化したクロロプラストが退化して生じたものであり，分裂増殖の活性も低い点で分裂組織に存在するプロプラスチドとは異なる．この種子を暗黒中で発芽させると子葉の中のプラスチドはエチオプラストへと発達し，光を照射するとクロロプラストへの転換が起こる．このように，胚発生/発芽の期間を通じてプラスチドはその構造と機能を連続的/可逆的にめまぐるしく変えていることがわかる．

　また，別の例としてヒマワリの花弁やトマト果実の発達過程をあげることもできる．この場合，花弁や果実の発達に伴ってプロプラスチドから一度クロロプラストができ，それがさらにクロモプラストへと連続的に変換していく．改めて強調しておきたいのは，こうした変換過程では既存のプラスチド一つ一つの性質が連続的に変化しているのであって，既存のプラスチドが分解されて新たな性質をもったプラスチドが形成される結果として花弁あるいは果実全体の性質が徐々に変化しているのではない，ということである．したがって，分化の途上では（たとえばクロロプラストとクロモプラストの）中間的な性質をもったプラスチドが観察されることになる．また，こうした中間的な状態がある程度安定して続く場合もある．たとえば，ある種の植物の赤色の葉のプラスチドは，内部にカロテノイドを含んだ赤色の顆粒と通常のチラコイド膜系の両方をもっており，クロロプラストとクロモプラストの中間的な性質を示すことが知られている．

　プラスチドは，どこまで分化しても再び他の型のプラスチドに再分化することができるのであろうか．完全に分化したクロロプラストをもつ葉肉細胞プロトプラストからの植物体再生を考えれば，プラスチドのもつ可逆的な分化能力の高さは明らかであり，さまざまに分化したプラスチドも潜在的には他の型のプラスチドに可逆的に再分化する能力をもっていると考えることができる．しかし，プラ

スチド分化の可逆性のためには，プラスチドが遺伝情報発現能力を保持していることが必須である．分化に伴ってプラスチドがDNAや転写/翻訳能力を喪失する場合（たとえば，多くの植物種の花粉形成過程では，プラスチドDNAが消失する．また，クロモプラストの発達過程でプラスチドリボソームが消失する例も報告されている）には，プラスチドゲノムにコードされる遺伝情報を発現する能力が失われるため，プラスチドの可逆的な分化能力は失われてしまうであろう．

10) プラスチド構造のダイナミクス

従来の固定した試料の観察からは，クロロプラストをはじめとするプラスチドの構造は比較的安定しており，個々のプラスチドも独立した存在としてとらえられることが多かった．しかし，最近になって蛍光を発する緑色蛍光タンパク質（green fluorescent protein, GFP）によってプラスチドを標識し，生きた状態で細胞内のプラスチドの挙動を蛍光顕微鏡で連続的に観察する方法が確立した．この方法で観察すると，プラスチドはその表面からチューブ状の突起(ストロミュール)を伸ばし，他のプラスチドと接触・物質交換を行う場合があることが報告されるようになってきた[19]．この突起の観察される頻度や突起の安定性は，組織やプラスチドの分化状態によって異なるようである．このように，プラスチドはその分化能力が柔軟であるばかりではなく，構造的にも柔軟な変化を示すことが明らかになりつつある．こうしたプラスチドの柔軟性は，植物細胞の高い分化能力を支えるものであるといえよう．

〔酒井　敦〕

文献

1) Kirk, J. T. O. : Tilney-Bassett RAE, The Plastids : Their Chemistry, Structure, Growth & Inheritance, Elsevier/North-Holland Biomedical Press (1978)
2) Sugiura, M. : *Plant Mol. Biol.*, **19** : 149-168 (1992)
3) Margulis, L. : Origin of Eukaryotic Cells, Yale University Press (1970)
4) Kuroiwa, T. *et al.* : *Int. Rev. Cytol.*, **181** : 1-41 (1998)
5) Mullet, J. E. : *Ann. Rev. Plant Physiol. Plant Mol. Biol.*, **39** : 475-502 (1988)
6) 村上　悟：葉緑体（宮地重遠ほか編），pp.27-71，理工学社 (1980)
7) Kuroiwa, T. : *Int. Rev. Cytol.*, **128** : 1-62 (1991)
8) 長谷俊治：植物細胞工学, **5** : 378-386 (1993)
9) Schon, A. *et al.* : *Nature*, **322** : 281-284 (1986)
10) Sasaki, Y. *et al.* : *Plant Physiol.*, **108** : 445-449 (1995)
11) Hatch, M. D. : Biochim. : *Biophys. Acta*, **895** : 81-106 (1987)
12) Kuroiwa, T. *et al.* : *J. Cell Sci.*, **101** : 483-493 (1992)
13) Leyon, H. : *Exp. Cell Res.*, **7** : 265-273 (1954)
14) Sato, N. *et al.* : *EMBO J.*, **12** : 555-561 (1993)
15) Sievers, A. and Volkmann, D. : *Planta*, **102** : 160-172 (1972)

16) Hansmann, P. *et al.* : *Planta*, **164** : 459-472（1985）
17) Kuntz, M. *et al.* : *Mol. Gen. Genet.*, **216** : 156-163（1989）
18) Fischer, W. *et al.* : *Bot. Acta*, **101** : 344-354（1988）
19) Köhler, R. H. *et al.* : *Science*, **276** : 2039-2042（1997）
20) 柳田充弘，西田栄介，野田　亮（編）：分子生物学，東京化学同人（1999）
21) Mohr, H. and Schopfer, P. : Plant Physiology, Springer-Verlag（1992）；網野真一，駒嶺　穆監訳：植物生理学，シュプリンガー・フェアラーク東京（1998）

5.2　ミトコンドリア

　ミトコンドリアはプラスチドと同様にバクテリアの共生により細胞が獲得したオルガネラであると考えられている．ミトコンドリアを獲得することで原始細胞は有害であった酸素を呼吸によって同化できるようになり，加えてミトコンドリアから莫大なエネルギーを得ることで植物細胞は単細胞から多細胞へ，さらには海から陸上へと進化していった．したがってミトコンドリアの機能は，高度に発達したミトコンドリア内膜の電子伝達系複合体により生じる電位差と，これらのエネルギーを利用したATPの産生に集約される．自律（または自立）栄養によって成長する植物においては，ミトコンドリアの役割は動物とは異なっているようである．では植物の発生や器官分化においてミトコンドリアはどのように制御されているのであろうか．植物におけるミトコンドリアの組織別分布や形態の分化は，プラスチドほど成長に依存せず，また劇的な形態変化を伴わない．しかし配偶子形成などの生殖成長期には多くのエネルギーを必要とすると考えられ，この時期においてはミトコンドリア数の増大や遺伝子発現の活性化が起こることがヒマワリなどで報告されている[1]．さらに植物でのミトコンドリア欠損はクロロプラスト（葉緑体）の発達異常を伴うことや，光呼吸に関与するミトコンドリア内の酵素複合体の活性は光に強く影響を受けることが知られており，植物細胞におけるミトコンドリアの動態は，プラスチドなど他のオルガネラ機能と深くかかわっていることが明らかになってきた[2]．

a.　形態と分化
1）電子顕微鏡による観察
　ミトコンドリアは，一般に0.5〜1.0 μmの2重膜構造をしたオルガネラとして観察され，その形状も多様であることが知られている．エネルギーを大量に消費する細胞，たとえばラットの肝細胞などでは細胞あたり数千のミトコンドリアが

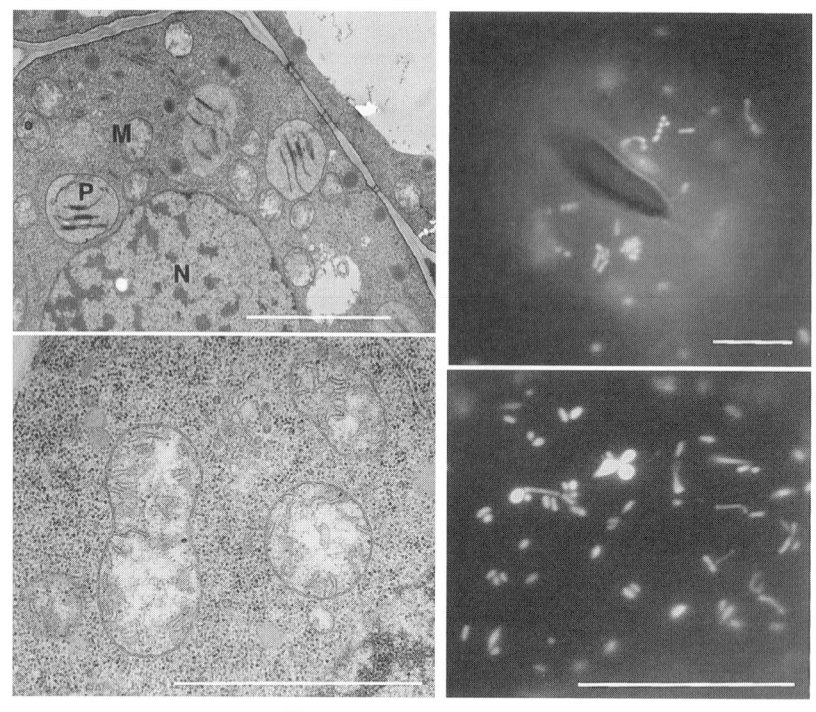

図 5.5 ミトコンドリアの形態
(左) 電子顕微鏡によるオオムギ葉鞘細胞でのミトコンドリアの形態. バーは 1 μm. M：ミトコンドリア, N：核, P：プロプラスチド. (右) GFP によるシロイヌナズナのミトコンドリアの観察. 上が孔辺細胞, 下は子葉細胞のミトコンドリア. バーは 20 μm.

存在し, 細胞の 1/3 ほどの体積を占めている. 呼吸鎖を担う内膜も高度に発達してクリステを形成し, 全細胞膜の 1/3 にも達する. 一方, 図 5.5 のように高等植物の葉肉細胞を電子顕微鏡で観察すると, 動物と同じような棒状および球状のミトコンドリアがみられるが, 動物ほどにクリステが発達したものは観察されない. 葉肉細胞の場合はその体積のほとんどを占めるオルガネラはクロロプラストと液胞で, これらのオルガネラと細胞膜との間にミトコンドリアが観察される.

2) DAPI 染色による観察

二本鎖 DNA の特異的色素である DAPI (4′,6-diamidino-2-phenylindole) でテクノビットなどの超薄樹脂切片を染色することにより, ミトコンドリア DNA (mtDNA) の挙動を調べながらミトコンドリアの量的および質的変化を探ることができる[3]. mtDNA の量や遺伝子発現による解析によると, 組織・生育時期によるミトコンドリアの数や形状の変化は根端および茎頂の分裂組織で比較的多く観

察され，細胞分裂直後の細胞ほど多くのミトコンドリアが存在する傾向にある．mtDNA はミトコンドリアのマトリクス（内膜に囲まれた部分）に存在するが，裸の DNA ではなく，タンパク質と結合し核様体を形成している．これら細胞内ミトコンドリアの DAPI による蛍光量は，ミトコンドリアによりかなり異なることから，分裂や増殖，あるいは融合によって mtDNA の質的変化も同時に起こっている可能性もある．

3）生体染色による観察

位相差顕微鏡や，ミトコンドリアに特異的な $DiOC_6$（3,3′-diahexyloxa-carbocyanine）などの蛍光色素で細胞を染色することにより，生細胞においてミトコンドリアを観察することは従来から可能であったが，最近オワンクラゲ（*Aequorea victoria*）由来の緑色蛍光タンパク質（green fluorescent protein, GFP）の遺伝子を用いて生細胞中のミトコンドリアを簡単に検出することが可能になった[4]．まずミトコンドリアに輸送されるある種のタンパク質前駆体がもつミトコンドリア局在化シグナル（主にアミノ末端側に位置する）と GFP を融合したタンパク質をつくる遺伝子を構築し，形質転換によりその遺伝子を導入したトランスジェニック植物をつくりミトコンドリアを観察する．シロイヌナズナやイネを用いた実験では，花粉など自家蛍光が強い組織以外ではミトコンドリアをみることが可能である（図 5.5）．根や葉の表皮細胞では，ミトコンドリアは細長い棒状や球状をしており，これらが原形質を活発に動き回っている．ミトコンドリアの局在は微小管の局在と一致することから，細胞骨格に沿って原形質流動で動いていると考えられるが，明らかにこれらの動きとは一致しないミトコンドリアも観察されることから，能動的な運動も行っているのであろう．また細胞内におけるミトコンドリアの局在にも偏りがあるが，これは ATP の需要や，他オルガネラとの物質交換を反映していると思われる．たとえば孔辺細胞では気孔の開閉により多くのエネルギーを消費するが，これらの細胞では非常に発達したクロロプラストを取り囲むように棒状のミトコンドリアが局在するのが観察される（図 5.5）．

b. 機　　　能―植物の特徴―

呼吸鎖による電子伝達系とプロトン勾配による ATP の産生は，内膜にある五つのタンパク質複合体によって行われる．図 5.6 に示すように，複合体 I および II からユビキノンを経由して複合体 III およびシトクロム c へ伝達された電子は，最終的に複合体 IV で水分子へ渡される．一方で植物や一部の細菌には，こ

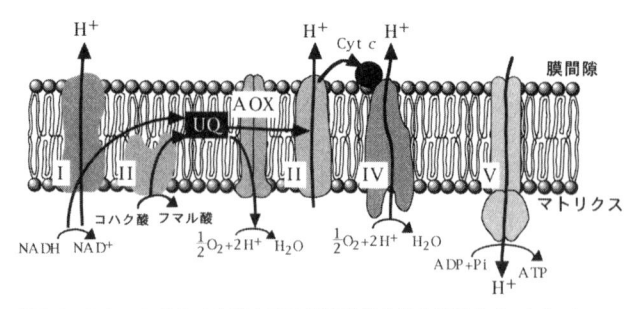

図 5.6 ミトコンドリア内膜の電子伝達系複合体と電子およびプロトンの流れ
I：NADH 脱水素酵素複合体，II：コハク酸脱水素酵素複合体，III：シトクロム b/c_1 複合体，IV：シトクロムオキシダーゼ，V：ATPase．

のシトクロム系を経ずに直接ユビキノンから電子を受け取る末端酸化酵素が存在することが知られている．これは，シトクロム系の鋭敏な阻害剤であるシアンに対する耐性呼吸として知られていた．この末端酸化酵素はオルタナティブオキシダーゼ（alternative oxidase, AOX）と呼ばれる[5]．生化学および分子生物学的な研究から，AOX をコードする遺伝子も多くの植物から単離されている．ミトコンドリア内膜には二量体として存在し，何らかの電子伝達物質によって還元型となり活性化されることが明らかとなっている．

　AOX による電子伝達はシトクロム系とは異なりプロトン勾配を形成せず，ATP の産生に寄与しない．植物にしかない AOX は一体どのような役割をしているのであろうか．現在までに考えられている AOX の機能としては，まずシトクロム系による過剰な ATP 生成の抑制が考えられる[5,6]．電子伝達系とトリカルボン酸（TCA）回路の循環は密接に関連しているが，TCA 回路による代謝物の必要度と ATP の生成は必ずしも一致するとは限らず，前者の要求度が高い場合にはシトクロム系により ATP が過剰につくられてしまうために，AOX が使われるという考え方である．そもそもシトクロム系以外の末端酵素の存在は，ユリ科植物の葯における熱の発生（これは熱によって芳香族物質を大気上へ拡散し，虫類を誘引するために重要な役割となる）などにおいて古くから予想されており，事実，このような時期に AOX が機能していることは上の説を支持する根拠の一つである．つまりミトコンドリアが AOX によって ATP ではなく熱というエネルギーを供給している例である．

　AOX 遺伝子の発現について調べると，シトクロム系の特異的阻害剤であるア

ンチマイシン A により誘導され，シトクロム系と拮抗的に働いていることを示している．さらに発現誘導を調べると，AOX は乾燥，冠水，傷害などのストレスによっても誘導されることが明らかとなった．このような外部環境変化と AOX の機能については詳しくはわかっていないが，一つの可能性として活性酸素の消去が考えられる[6]．この仮説は，AOX 遺伝子は過酸化水素によって誘導され，さらに単離したミトコンドリアにおける過酸化水素の発生が AOX の阻害剤で抑制されることなどに基づいている．活性酸素は環境ストレスのシグナルとして重要な働きをする一方で細胞には有害な物質であるため，AOX はこれらを消去するために誘導されるのかもしれない．

c. ゲノム構成と遺伝子発現
1) ミトコンドリアゲノムの構造と遺伝情報

植物のミトコンドリアゲノムは，動物や菌類と比べて非常に多様であることがこれまでの研究から明らかになっている[6,7]．特にゲノムサイズが種によって顕著に異なるのが特徴である．このようなゲノムサイズの違いは，種間によりゲノムに含まれる遺伝情報には大きな差がみられないが，介在配列が非常に異なることに起因している．また反復配列を介して頻繁に組み換えが起こり，結果として不均一な分子種を起こすために複雑なゲノム構成をしていると考えられる．ミトコンドリアゲノムの解析は，クローニングされた mtDNA の物理地図作製などによると，すべての遺伝情報をもった環状の DNA（マスターサークル）があると予想されるが，このような環状分子が実際に存在するかどうかは確認されていない．一方で，反復配列間における組み換えにより一部を欠損した DNA（サブゲノミックサークル）を生じることは明らかであるが，マスターサークルとサブゲノミックサークルとがミトコンドリアゲノムの構成やその機能にどのようにかかわっているかは現在のところ不明である．ゲノム内における DNA 組み換えは，偶発的にいくつかのミトコンドリア遺伝子の一部を取り込んだ融合遺伝子を生じることがあり，これらが副次的に細胞質雄性不稔などに関与することも報告されている．

最近，全塩基配列が決定されたシロイヌナズナでは，367 kbp のミトコンドリアゲノム中に，31 個のタンパク質（呼吸鎖の複合体とリボソームのサブユニット）をコードする遺伝子，三つのリボソーム RNA 遺伝子と，22 個の tRNA 遺伝子がコードされている[8]．これらの配列は，イントロンを含めても全ゲノムのわ

ずか 18% であり，残りは核ゲノムに由来すると思われるレトロトランスポゾン様の配列や，クロロプラスト DNA 由来の DNA などを含んでいるがこれらも全ゲノムの数%にすぎない．シロイヌナズナ mtDNA の例は，高等植物におけるミトコンドリアゲノムの多様性，つまり，動物とは対照的なゲノムの冗長性と，おそらく他のオルガネラとの偶発的な融合によるゲノム再編の足跡を示している．

2）ミトコンドリアの遺伝子発現

植物ミトコンドリアの遺伝子発現はリボソームなどの構成から考えると原核生物型であるが，進化の過程で大きく核に依存するようになったために独自の発現制御機構を備えるに至ったと考えられている．

i）転　写　ミトコンドリア遺伝子は，比較的保存された 10 bp 前後のプロモーター配列をもっており，ファージ型の転写装置をもっていることが予想されていた[6]．トウモロコシやエンドウの解析結果からは，単子葉植物と双子葉植物とではコンセンサス配列には若干の違いがあるらしい．最近，植物には核にコードされた RNA ポリメラーゼ遺伝子が少なくとも二つあり，そのうちの一つはミトコンドリアで，残りはクロロプラストで働くことがシロイヌナズナやトウモロコシで明らかにされている．

ii）転写後制御　ミトコンドリア遺伝子の多くはオペロンを形成し，共転写された後にプロセシングを受け，さまざまな転写産物を生じる．このようなエンドヌクレアーゼによる転写後のプロセシングと修飾は mRNA の安定性に深く関係していると考えられる．特に 3′ 末端側に位置する非翻訳領域は転写後制御に深くかかわっている．また，一部の mRNA 分子は 3′ 末端にポリ（A）が付加された構造をしていることが最近明らかになり，mRNA の安定性に関与することが示唆された[6]．これは，ミトコンドリアが原核生物型の遺伝子発現をするにもかかわらず，真核生物型のポリ（A）付加という修飾機構をもつことを示しており，進化的な観点からも興味深い．また，ミトコンドリアの遺伝子の多くはタイプ II のイントロンを含んでおり，スプライシングによって成熟型 RNA となる．さらに nad 5 遺伝子では，エキソンがゲノム内に点在して別々に転写され，転写後に成熟型 mRNA を生じるトランススプライシングという現象も知られている[7]．

植物ではミトコンドリア遺伝子の転写産物のほとんどが転写後にシトシンからウラシルへの塩基置換を受けることが知られている．これは RNA エディティングと呼ばれ，mRNA 上の特定のシトシン残基に起こり，多くの場合は翻訳され

るアミノ酸配列を置換する．RNAエディティングにより開始や終始コドンをつくる例も数多く知られているため，必須の発現機構であると思われる．従来から植物のミトコンドリアは，核とは異なる遺伝暗号を使うと考えられていたが，これはtRNAによって翻訳される遺伝暗号が異なるのではなく，RNAエディティングによってmRNAが修飾されていたためであった．RNAエディティングのしくみ，特になぜ特定の塩基が修飾されるのかについては不明の点が多いが，エディティングはどうやらシトシン残基のアミノ基転移によるということが明らかにされつつある[9]．

iii）翻訳 植物ミトコンドリアの翻訳装置は基本的に原核生物型であり，50Sおよび30Sリボソームから構成されている．構成要素であるrRNAと一部のリボソームタンパク質はミトコンドリアゲノムにコードされているが，それ以外は核ゲノムにコードされている．翻訳にはすべての遺伝子を翻訳するためのtRNAのセットが必要であるが，ミトコンドリアゲノム内にはこれらのすべてがコードされておらず，一部のtRNAは細胞質から輸送されることが明らかとなっている[10]．さらに，ミトコンドリアゲノムに存在するtRNA遺伝子の一部は，明らかにプラスチドゲノムに由来すると考えられる遺伝子がミトコンドリアで機能するようになった結果であった．このようにミトコンドリアのtRNA分子は，プラスチド由来，ミトコンドリア内在型，および細胞質からの3種が存在している．tRNA分子のミトコンドリアへの輸送機構については未だ明らかではないが，tRNAにアミノ酸を転移するtRNA-アミノアシル化酵素はすべて核ゲノムにコードされているので，これらとともに運ばれることが示唆されている[10]．

d．オルガネラ間の物質移動と相互作用
1）遺伝子の転移とタンパク質の移動
　これまで述べたように，ミトコンドリアの正常な機能は，核とミトコンドリアの両方にコードされた遺伝子が互いに協調して発現しなければ保てない．というのも，共生から生じたミトコンドリアが，それ自身のタンパク質合成を核に任せるようになったからであり，逆にミトコンドリアはこれらを細胞質から輸送する機構を獲得したのであろう．ミトコンドリアから核への遺伝子の転移は，おそらくまずRNAを介して核ゲノムに遺伝子が転移し，遺伝子が重複する状態となり，核遺伝子の産物がミトコンドリアへ輸送されるようになるとミトコンドリア本来の遺伝子が突然変異によって不活化され，最後にはミトコンドリアから失わ

れる，という過程を経ているようである．これらを支持する報告として，マメ科植物における *cox2* 遺伝子のように，遺伝子がミトコンドリアにある種と核にある種，さらには両方にあるがミトコンドリアの遺伝子が不活化されている，という例が報告されている[11]．

核に転移したミトコンドリアの遺伝子は，多くがアミノ末端側に局在化シグナルをもった前駆体タンパク質として合成され，ミトコンドリアへ輸送される．最近，オルガネラへのタンパク質輸送に関して一部のものはオルガネラ間で共有されていることが明らかとなっている[12]．その顕著な例はtRNA-アミノアシル化酵素である．シロイヌナズナの例では，アラニンやバリンのtRNA-アミノアシル化酵素は一つの遺伝子から細胞質とミトコンドリアで使われる酵素がつくられており，メチオニンあるいはヒスチジンtRNAのアミノアシル化酵素は一つの遺伝子からミトコンドリアとクロロプラストの両方で使われる酵素がつくられている．このように，従来はミトコンドリアがもっていたはずの遺伝子を核に転移した結果，クロロプラストも含めたオルガネラ間での物質移動が活発に起こるようになったと思われる．

2）他のオルガネラとの相互作用

ミトコンドリアはグリコール酸代謝経路の一部としてグリシン脱炭酸酵素（PDC）複合体とセリンヒドロキシメチルトランスフェラーゼ（SHMT）をもっており，これらの代謝経路の物質輸送においてペルオキシソームやクロロプラストなど他のオルガネラの活性と深くかかわっている．グリコール酸経路では，RuBisCOのオキシゲナーゼ活性により2-ホスホグリコール酸が生じ，これがペルオキシソームを経てグリシンとなる．グリシンはミトコンドリアのPDCおよびSHMTによりセリンとなり，再びペルオキシソームを経てクロロプラストでホスホグリコール酸となる．このような光条件におけるRuBisCOが触媒する酸化反応である光呼吸に呼応してPDCの活性が制御されている．つまり暗発芽実生ではPDCの活性は低いが，光条件に移すとその活性が著しく上昇することが知られている[13]．PDC複合体を構成する構造タンパク質はすべて核遺伝子にコードされているが，これらの発現は光依存的であることが示されている．このような光呼吸におけるオルガネラ間の物質移動と酵素活性の変化に象徴されるように，ミトコンドリアの活性は光条件や酸素分圧，ATP産生能などの影響を受けると考えられ，結果的に他のオルガネラ活性にも深く関係すると考えられる．

高等植物では，近縁異種の戻し交雑によって核と細胞質を置換した植物をつく

ると，花粉の形成が阻害される場合がある．これを細胞質雄性不稔（CMS）というが，主に遺伝学的解析から，CMS は核とミトコンドリアの両オルガネラでの遺伝子発現の相互作用によって起こると考えられている．CMS にはミトコンドリア遺伝子産物が関係していることが多くの植物で報告されているが，それらの遺伝子は前述した組み換えによって起こる融合遺伝子でその種類は非常に多様である[14]．また，CMS を回復する核の遺伝子（回復遺伝子）の一つについてはトウモロコシでクローニングされたが，これはアルデヒドデヒドロゲナーゼをコードすると考えられ，ミトコンドリアの遺伝子発現に影響を与える遺伝子ではなくて，むしろ何らかの代謝経路と関係しているのかもしれない．

同様にミトコンドリアがクロロプラストの発達にも深くかかわっていることが，やはり遺伝学的に知られている．トウモロコシやシロイヌナズナの母性遺伝をする突然変異の解析から，ミトコンドリアゲノムの構造変化を伴ったミトコンドリア変異が，副次的にクロロプラストへ影響を及ぼすため斑入りや縞といった形質を示すことが報告されている[2,7]．ミトコンドリア遺伝子の変異はおそらく植物の成長に致死的であるため，これらの変異体は変異した遺伝子と正常な遺伝子をヘテロにもっており，両遺伝子のバランスによってミトコンドリアの欠損が生じ，結果として斑入りや縞になる（図 5.7）．ほとんどが異常なミトコンドリアになった場合には非常に成長が遅れて致死的な植物となる．このようなミトコンドリアゲノムの構造変化にはミトコンドリアゲノムの維持に不可欠な核の遺伝子が深くかかわっているが，どのような機構によるのかは未だ明らかでない．

以上，植物におけるミトコンドリアの分化・機能と遺伝情報発現について述べた．植物におけるミトコンドリアの研究は，形態観察に基づいた細胞学的手法と，変異体の解析による分子生物学的手法の両面から解析されており，前者からは細胞レベルでのミトコンドリア分裂や融合の機構解明が期待でき，後者からはミトコンドリア独自の遺伝情報発現機構の解析

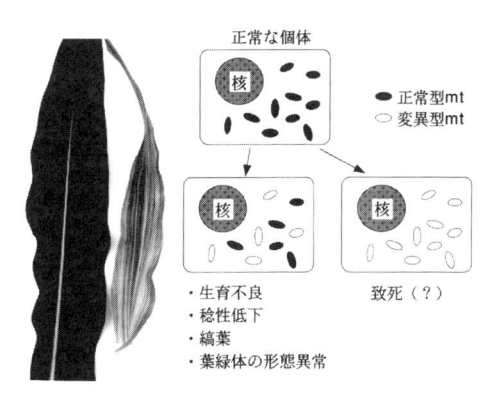

図 5.7 変異体におけるミトコンドリアの分離
写真はトウモロコシのミトコンドリア突然変異体 NCS 6（右）と野生型（左）の葉．

と，オルガネラ間相互作用についての研究の進展が期待される．これらの研究により，ミトコンドリアの分裂と植物の器官形成との関連，さらには他のオルガネラとの物質交換とそのしくみが明らかになるであろう． 〔坂本 亘〕

文献

1) Smart, C. J. *et al.* : *Plant Cell*, **6** : 811-825 (1994)
2) 坂本 亘：日本農芸化学会誌，**71**：1292-1294 (1997)
3) 河野重行：植物の分子細胞生物学―細胞工学別冊　細胞の構築・ダイナミズム・シグナル応答―，植物細胞工学シリーズ 3 (中村研三ほか監修)，pp.124-139，秀潤社 (1995)
4) Köhler, R. H. *et al.* : *Plant J.*, **11** : 613-621 (1997)
5) Vanlerberghe, G. C. and McIntosh, L. : *Ann. Rev. Plant. Physiol. Plant Mol. Biol.*, **48** : 703-734 (1997)
6) Mackenzie, S. and McIntosh, L. : *Plant Cell*, **11** : 571-585 (1999)
7) Schuster, W. and Brennicke, A. : *Ann. Rev. Plant Physiol. Plant Mol. Biol.*, **45** : 61-78 (1994).
8) Marienfeld, J. *et al.* : *Trends Plant Sci.*, **4** : 495-502 (1999)
9) Smith, H. C. *et al.* : *RNA*, **3** : 1105-1123 (1997)
10) Maréchal-Drouard, L. *et al.* : *Ann. Rev. Plant Physiol. Plant Mol. Biol.*, **44** : 13-32 (1993)
11) Nugent, J. M. and Palmer, J. D. : *Cell*, **66** : 473-481 (1991)
12) Small, I. *et al.* : *Plant Mol. Biol.*, **38** : 265-277 (1998)
13) Oliver, D. J. : *Ann. Rev. Plant Physiol. Plant Mol. Biol.*, **45** : 323-337 (1994)
14) Hanson, M. R. *et al.* : *Ann. Rev. Genet.*, **25** : 461-486 (1991)

6. 細胞オルガネラの動態

6.1 核とオルガネラの相互作用

　植物細胞には複数のオルガネラが存在しているが，その中でプラスチドとミトコンドリアは，独自のゲノムと転写・翻訳装置をもっている．これらのオルガネラで機能する転写・翻訳装置や光合成装置のコンポーネントの一部はオルガネラゲノムにコードされているが，オルガネラを構成する他のコンポーネントは核ゲノムにコードされている．また，複数のサブユニットから構成されるオルガネラタンパク質の中には，核とオルガネラの両方のゲノムに遺伝子がコードされているものもある．このため，植物の組織・器官の違い，また成長段階や環境の変化に応じて，核とオルガネラゲノム間において協調した遺伝子の発現の制御が必要となる．ここでは核とオルガネラ間にみられる遺伝子発現の相互制御機構について，突然変異体の解析から得られた知見を中心に解説する．

a.　核とプラスチドの相互作用
1）核によるプラスチド遺伝子の転写制御
　プラスチドと総称される色素体は，未分化なプロプラスチド（proprastid，原色素体，前色素体）をベースとして，成熟した葉においてはクロロプラスト（chloroprast，葉緑体），根においてはロイコプラスト（白色体），また花においてはクロモプラスト（有色体）に分化する植物細胞特有のオルガネラである．各器官におけるプラスチドの機能は多様であり，その機能の多様性は核ゲノムとプラスチドゲノムの遺伝子の協調的発現によって制御されている．
　プラスチドゲノムにコードされた遺伝子を転写するRNAポリメラーゼは，唯一そのゲノムにコードされた原核型RNAポリメラーゼ（plastid-encoded plastid RNA polymerase, PEP）であると考えられていたが，このPEPをコードする *rpo* 遺伝子群が欠失している寄生植物ビーチドロップ（*Epifagusvirginiana*）[1]や高温でプラスチドリボソームを欠失したライムギ[2]，さらに，オオムギのプラスチドリ

ボソーム欠失突然変異体[2]においてもプラスチド遺伝子の転写が保持されていることが明らかになった．また，葉緑体の形質転換技術によって人為的に rpoB 遺伝子を欠失させ，PEP 活性をなくしたタバコにおいて，プラスチドゲノム上のいくつかの遺伝子が転写されていることも明らかになった[3]．これら一連の知見から，プラスチド遺伝子の転写は，rpo 遺伝子群がコードする PEP に必ずしも依存していないことが示唆されてきた．近年，ホウレンソウの葉緑体から分子量 110 k のシングルサブユニットの RNA ポリメラーゼの存在が報告され[4]，この RNA ポリメラーゼは核ゲノムにコードされており，NEP（nuclear-encoded plastid RNA polymerase）と命名された．サブユニット構造とプロモーター認識の特徴からミトコンドリアに局在するファージ型 RNA ポリメラーゼと類似していることも明らかになった[4]．2002 年 4 月現在，シロイヌナズナにおいて NEP をコードしていると考えられる遺伝子が 3 種類クローニングされている（rpoT；1，rpoT；2，rpoT；3）[5]．細胞内移送実験において，rpoT；1 産物は N 末端側の特徴からミトコンドリアに移送されることが，rpoT；3 は同様にプラスチドに移送されることが確認されているが[5]，rpoT；2 に関しては，その移送ペプチドのプロセシングの違いによってミトコンドリアとプラスチドの両方に移送されることも報告されている[6]．これらの遺伝子産物の推定分子量は 113 k で，ホウレンソウ葉緑体から単離された RNA ポリメラーゼの分子量とほぼ一致することから，プラスチド内で実際に機能する RNA ポリメラーゼではないかと考えられている．しかしながら，現時点においてこの NEP の RNA ポリメラーゼ活性は確認されておらず，NEP 機能の活性化は別の核コードのサブユニットが必要であることが示唆されている．

　高等植物の成育過程においてプラスチドはプロプラスチドからクロモプラスト，ロイコプラスト，またクロロプラストに分化し，この間にプラスチド遺伝子の発現が活性化されることが知られている．このプラスチドの分化過程において，まず NEP による PEP コアサブユニット（rpo 遺伝子群）およびリボソームなどの翻訳系遺伝子の転写が誘導され，その後 PEP が光合成関連の遺伝子を転写するというカスケードが考えられる．NEP の発見と同時に，PEP の転写活性には核にコードされている σ 因子が関与していることが明らかになった[7,8]．シロイヌナズナをはじめさまざまな植物種でこの σ 因子をコードする遺伝子がクローニングされており[7,8]，シロイヌナズナからクローニングされた σ 遺伝子の発現は光によって制御されていることが見出されている[7,8]．プラスチドの光合成遺伝子

の発現が光によって誘導され，この光誘導性はフィトクロムを介していることが報告されている[9]．また，光情報はフィトクロムを経由して核へ伝達されることも明らかにされている[10]．これらの知見から，プラスチドの分化に伴うプラスチド遺伝子の発現は核コードNEPの活性の増加に始まり，引き続く光合成遺伝子の発現は光シグナルを介した核による制御を受けていることが考えられる．

2）核によるプラスチド遺伝子の転写後制御

1980年代後半に，タバコやイネなどの複数の植物種でプラスチドゲノムの全塩基配列が決定され，プラスチド遺伝子の発現パターンについて詳細に調べられるようになった．その結果，プラスチドの分化過程を通じて，個々のプラスチド遺伝子産物の蓄積パターンが大きく異なるにもかかわらず，相対的な転写速度はそれほど変わらないという報告がなされている[11]．このことは，個々のプラスチド遺伝子の最終的な発現レベルの決定には，スプライシングやプロセシング，mRNAの安定化，翻訳などを含む転写後の制御が大きな役割を果たしていることが考えられる．

プラスチド遺伝子の多くは，原核生物にみられるような遺伝子クラスター（オペロン）を形成しているため，多数の遺伝子が連続したmRNAとして転写されるポリシストロニックな構造をとっている．このような前駆体RNAは，転写後，翻訳を受けるべき領域だけを含むRNAに修飾される．ポリシストロニックなRNAから遺伝子単位が切り出され（プロセシング），同時にイントロンをもつものはスプライシングを受ける．

前述した，プラスチドリボソームが欠失しているオオムギのalbostrians変異体では，リボソームタンパク質L2をコードするプラスチド遺伝子（rpl 2）の転写産物はスプライシングを受けないが，その他のリボソームタンパク質をコードする遺伝子（rpl 16など）のmRNA前駆体は正常にスプライシングを受ける[12]．また，リボソームタンパク質遺伝子（rps 12）のmRNA前駆体のエキソンのシススプライシングは起こらないが，エキソン間のトランススプライシングは正常に起こる[13]．このことはトランススプライシングには核遺伝子が関与し，エキソンのシススプライシングにはプラスチドリボソームか，あるいはプラスチド遺伝子産物が関与していることを示唆している．

トウモロコシのプラスチドRNAスプライシング突然変異体crs（chloroplast RNA splicing）において，プラスチドRNAのスプライシングのメカニズムが調べられている[14]．crs突然変異体では光合成遺伝子であるatpF，petBやrps 16を

はじめ7種類のmRNA前駆体のイントロンがスプライシングされない．これに対して，グループIIイントロンをもつ *IRF 170*（intron-containing reading frame 170）mRNA前駆体と，グループIイントロンをもつロイシンtRNA前駆体のスプライシングは *crs* 突然変異の影響を受けない．このようにプラスチドRNAのスプライシングには遺伝子ごとに異なる複数の核遺伝子産物が関与することが明らかになっている．

　プラスチドの翻訳装置は，転写装置と同様に，リボソームの大きさやリボソーム遺伝子の相同性などから，基本的には原核型のシステムと考えられている．プラスチドゲノム上にはtRNA，リボソームタンパク質，翻訳開始調節因子など，翻訳に関する少数の遺伝子がコードされているのみである．よって，プラスチド内の翻訳は，主に核にコードされた遺伝情報に基づき制御されていると考えられる．プラスチド内の翻訳に関与する核遺伝子の変異体は単細胞藻類でいくつか単離されているが，いずれも光化学系I，もしくは光化学系IIの特定のサブユニットタンパク質合成を翻訳段階で阻害する．高等植物においては，翻訳活性を全般的に阻害する多数の変異体が見つかっているが[15]，特定のプラスチド遺伝子の翻訳に影響するものは非常に少ない． *crp 1* はトウモロコシの変異体で，シトクロム b_6/f 複合体のサブユニット遺伝子 *petA*, *petD* の翻訳を阻害する[16]．また，同じトウモロコシの *atp 1-1* 変異体は *atpB/E* のmRNAの翻訳を阻害する[17]．これらの変異に対する原因遺伝子は特定の遺伝子の翻訳段階で機能する制御因子であり，核によるプラスチド内の遺伝子発現制御の発生段階および組織特異性を決定していると考えられている．

3）プラスチドから核へのシグナル

　これまで核に依存したプラスチド遺伝子の発現制御について述べてきたが，これとは反対に，核遺伝子の発現をコントロールするプラスチドからのシグナルが存在する．たとえば，クロロフィルa/b結合タンパク質遺伝子（*CAB*）やリブロースビスリン酸カルボキシラーゼ小サブユニット遺伝子（*RBCS*）などプラスチド局在タンパク質をコードする核遺伝子は，プラスチドが光障害のような損傷を受けるとそれらの転写量が急激に低下する[18]．このことは，オルガネラの生理的状況を核が感知するメカニズムが存在していることを示している．以下に，そのメカニズムについて最もよく調べられている *CAB* 遺伝子の発現制御について述べる．

　クロロフィルは光合成のための光捕捉に必要であるが，カロテノイドはそれに

加え，過剰な光エネルギーを放出することによって光合成系を保護する役割も担っている．カロテノイドの生合成はプラスチドで行われるが，その合成経路中のすべての酵素は核にコードされている．カロテノイドが欠損した突然変異体では，プラスチドで発生した酸素ラジカルが引き金になって光合成装置が損傷を受ける．そのような植物では *CAB* 遺伝子の mRNA の蓄積が阻害される．ノルフラゾン（除草剤の一種でカロテノイド生合成を阻害する）処理すると同様な現象が誘発されるが，ノルフラゾンで処理してプラスチド機能を抑制しても *CAB* mRNA の発現量が減少しない突然変異体 *gun*（genome uncoupled）がシロイヌナズナから分離されている[19]．この変異の原因遺伝子の産物は，プラスチドシグナルを感知して核遺伝子の発現をコントロールするシグナル伝達系のコンポーネントであると予想されている．プラスチドシグナルの実体は明らかにされていないが，有力な候補としてクロロフィル中間体があげられている．最近，*gun* 変異株の原因遺伝子の一つである *GUN 5* がクローニングされ，Mg-Chelatase の H サブユニット遺伝子（*CHLH*）であることが明らかになった[20]．したがって，Mg-Chelatase が触媒するステップの上流の中間体（ProtoIX），または下流の中間体（Mg-ProtoIX）がプラスチドシグナルとして働いている可能性が示唆されている．さらに，クラミドモナスにおいて光によって転写誘導される *HSP 70* 遺伝子が，暗所で外部から Mg-ProtoIX を与えられると，光非依存的に誘導されることが報告されている[21]．これらの知見は，クロロフィル中間体がプラスチドから核へのシグナルの一つとして働くことを示唆している．

b. ミトコンドリアと核，プラスチドの相互作用

植物のミトコンドリアゲノムは動物のミトコンドリアやプラスチドのゲノムよりサイズが大きい．ミトコンドリアは数百種類のタンパク質から構成されていると考えられるが，ミトコンドリアゲノム上にはそのうちの少数がコードされているだけである．1997 年にシロイヌナズナのミトコンドリアゲノムの全塩基配列が決定されたが，機能が推定された遺伝子は rRNA，tRNA，ミトコンドリア内膜に存在する酵素，複合体のサブユニットの遺伝子など 57 種類であった[22]．したがって，プラスチドと同じように遺伝子発現やミトコンドリアの生理的な機能の多くは核にコードされた遺伝情報によって制御されていると考えられる．

高等植物のミトコンドリアは，育種上の重要性から主に細胞質雄性不稔（cytoplasmic male sterility, CMS）の研究対象となってきた．CMS の多くはミト

コンドリアゲノムの構造的変異によって引き起こされるが，その一部は核コードの稔性回復遺伝子（*Fr*）[23]の影響を受けることから，核ゲノムとミトコンドリアゲノムの相互作用によって形成されると考えられている[24]．稔性回復遺伝子はCMSの関与するミトコンドリア遺伝子の発現を直接的または間接的に制御していると思われるが，そのメカニズムは解明されていない．

CMS以外のミトコンドリアの機能にかかわる突然変異体は，その多くが致死性となることなどから，ほとんど単離されていないが，トウモロコシにおいて葉が縞模様を形成する突然変異体（nonchromosomal stripe，*NCS*）が知られている[25]．*NCS*の中には細胞質遺伝をするものが含まれており，ミトコンドリアゲノムの一部に構造的な異常が引き起こされる．さらに，ミトコンドリアの異常と同時に葉緑体の構造も異常となる変異体も報告されている．これらの変異体は，核-オルガネラ間の相互作用を考える上で興味深い．シロイヌナズナの*CHM*（chloroplast mutator）変異体は，葉はまだら模様の表現型を示すが，*NCS*と同様，ミトコンドリアの機能変異と葉緑体の発達の阻害を同時に引き起こす．今後，これらの変異の原因遺伝子が単離され機能解析が進むことで，分子レベルでの核とミトコンドリア間の相互作用のメカニズムが明らかにされると思われる．

c. 細胞の分化に伴う核とプラスチドの相互作用

高等植物において，葉が葉原基から発生・分化する過程でプラスチドは光合成能をもつ葉緑体へと分化する．この分化の過程では，核およびプラスチドにコードされたさまざまな遺伝子が適切な時期に協調的に発現する必要がある．ここでは，イネの*virescent*と呼ばれる温度感受性突然変異体を用いた解析を中心に，葉の発生・分化過程においてプラスチドの葉緑体への分化がどのようにプログラムされているか概説する．

1) 葉細胞の分化とプロプラスチドから葉緑体への変換

葉緑体の分化は葉の成長と密接に連動するが，その過程は核の遺伝情報にプログラムされていると考えられている．葉細胞が光合成能を獲得する分化過程において，プロプラスチドから葉緑体への変換は，いくつかのステージに分けることができる（図6.1）．まず最初にプラスチドの分裂と，プラスチドゲノムの複製が開始され（第1段階），次にプラスチド内の転写活性の上昇が起こる（第2段階）．引き続き光合成関連の遺伝子の発現レベルの著しい上昇が起こり（第3段階），チラコイド膜構造が発達した成熟葉緑体となる．葉緑体の変換が終了した後，一

6.1 核とオルガネラの相互作用

	葉緑体の分化	葉細胞の分化
第1段階	プラスチドの分裂 プラスチドDNAの複製	葉細胞の分化決定 分裂開始 葉原基の形成
第2段階	転写・翻訳活性の上昇	伸長開始
第3段階	転写・翻訳産物の蓄積量の上昇	光合成能の確立
第4段階	光合成能維持のためのタンパク質合成	伸長終了 光合成能維持

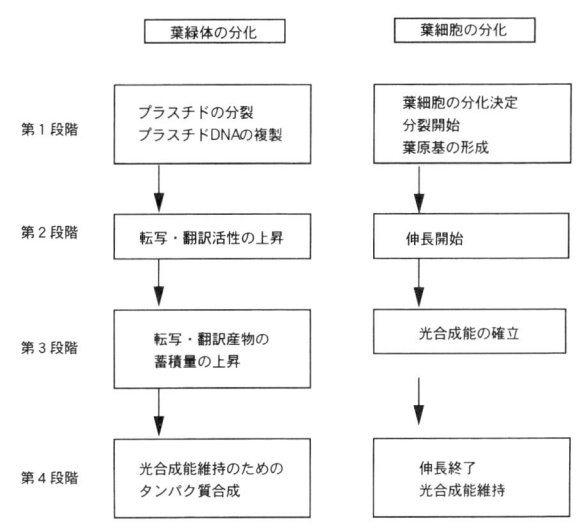

図 6.1 単子葉植物のプラスチド分化過程
プラスチドの分化過程は大きく四つの段階に分けることができる．右には対応する葉および葉細胞の分化過程でみられる現象を示す．

部の光合成関連の遺伝子は光合成機能の維持のため発現するが，葉緑体の遺伝子全体の発現レベルは徐々に低下する（第4段階）．このような葉緑体の分化過程において，プラスチドコード遺伝子の転写産物の蓄積パターンを比較すると，オオムギやイネのような単子葉植物の葉緑体では，分化の第2段階で，プラスチドコード遺伝子のうち，遺伝情報発現系の遺伝子が特異的に活性化され，第3段階以降は光合成関連の遺伝子が転写される[26]．このことから，第2段階において，まず NEP が活性化され，これによりプラスチドコードの遺伝情報発現系の遺伝子（PEP のコア酵素遺伝子を含む）の発現が起こり，プラスチド内の転写・翻訳活性が上昇すると考えられる．それによって第3段階以降の光合成関係の遺伝子の発現が引き起こされるという連続的な流れが想定できる．

2）葉緑体分化に伴うプラスチド遺伝子の発現と NEP の活性化

プラスチドの RNA ポリメラーゼの活性化とプラスチド遺伝子の発現のプロセスは，葉の特定の発生段階で核から伝達されるシグナルによって開始され，制御されていると思われる．

イネ植物は，茎頂における葉原基の形成の周期（葉間期）と出葉の周期（出葉間隔）が一定であり，任意の葉が葉鞘から抽出を開始したときには，成長点近傍

には葉原基を含む発生段階が異なる四つの未出葉の幼葉が常に準備されている[27]．そのため，葉原基をP1として，P2，P3，P4，P5（出葉開始した葉），P6（成熟葉）の六つのステージを定義することができる（図6.2（b））．また，成長点近傍を含む植物体の縦断切片を作製することで，葉原基から抽出を始める

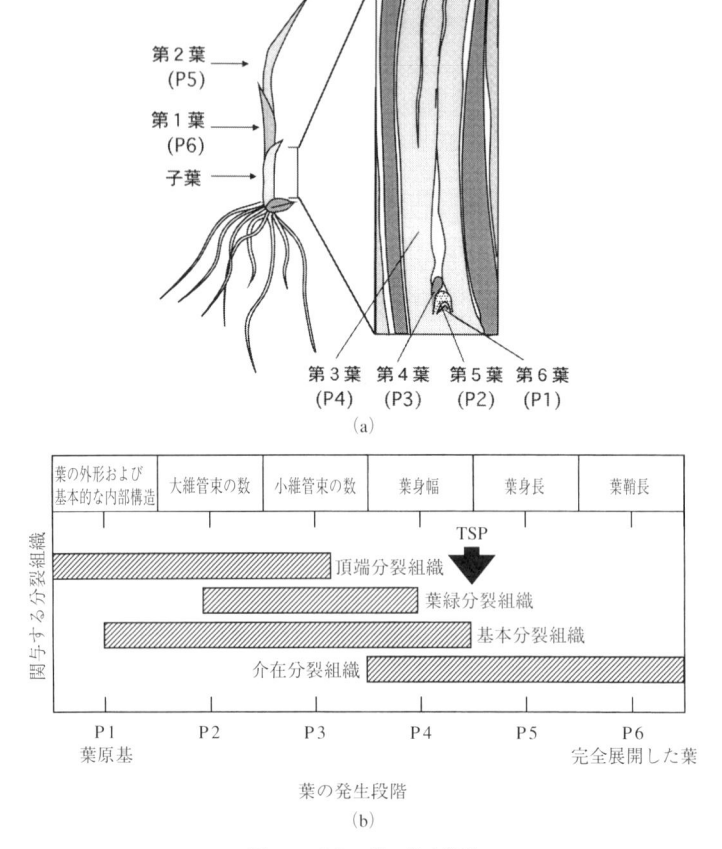

図 6.2 イネの葉の発生段階

(a) イネの第2葉完全展開時における成長点近傍の縦断面図．第2葉展開時には葉鞘内部にすでに第3葉～第6葉の未成熟葉が形成されている．それぞれの葉に対応する発生段階（P1～P6）を示した．
(b) イネの葉の各発生段階において決定される葉の構造と関与する分裂組織．P1（葉原基）からP6（完全展開葉）までの各発生ステージにおいては，それぞれ特徴的な葉の構造が決定され，それらに関与する分裂組織も異なっている．TSP（temperature-sensitive period）は温度シフト解析で明らかになったv_1遺伝子の作用する発生段階を示す．

までのP1からP4までの葉を一つの視野のもとで同時に観察することができる (図6.2(a)).

イネの葉緑体形成不全突然変異体 *virescent-1* (v_1) は温度感受性の突然変異体で,許容温度 (30℃) では野生株と同様の表現型を示すが,制限温度 (20℃) で生育させると,葉緑体の分化とクロロフィルの蓄積が阻害され,抽出した葉はクロロシス(白化)の表現型を示す.このような温度感受性突然変異体を用いると,細胞分化の特定の段階で変異の原因となる遺伝子を解析することができる.葉の表現型は不可逆的に決定され,クロロシスを起こした葉は抽出後に許容温度下においても緑化しない.その原因遺伝子 (V_1) は,葉の形成の初期に一過的に機能し,プラスチドの形成に必須の因子をコードしていると考えられる.温度感受性という特性を利用した温度シフト解析から,v_1 変異による温度感受時期 TSP (temperature-sensitive period) は,分化初期のプラスチドを含むP4ステージに存在していると推定されている[28].葉緑体の分化初期では,遺伝情報発現系の遺伝子が発現するが,その一つである *rpoB* 遺伝子は,v_1 変異のTSPと同じP4ステージで特異的に発現することから,V_1 遺伝子産物は遺伝情報発現系の遺伝子の発現に関与していると考えられる[29].また,野生株および許容温度下の v_1 変異体においては,プラスチドの遺伝情報発現系の遺伝子がP1〜P4ステージに相当する葉を含む葉鞘基部の組織で発現し,光合成関係の遺伝子は葉の発生ステージ後期のP5,P6に相当する成熟葉で発現する (図6.3(a))[29].これらの知見は,イネの葉の発生過程において,プラスチド分化の第2段階はP4ステージで,第3段階はP5ステージでスタートし,V_1 が作用するのは葉緑体分化の第2段階であることを示している.ところが制限温度下で生育させた v_1 変異体を同様に調べると,遺伝情報発現系の遺伝子の転写産物はP1〜P4のステージではほとんど蓄積せず,P5,P6ステージで多量に蓄積するが,P5,P6ステージにおける光合成関係の遺伝子の転写産物,翻訳産物の蓄積は著しく阻害される.したがって見かけ上,プラスチド分化の第2段階がP4ステージでは阻害され,P5,P6ステージで引き起こされるものの,第3段階以降が正常に進行しない (図6.3 (b))[29].これらの知見は,葉緑体の分化過程で,遺伝情報発現系をコードする遺伝子の発現は,葉の成長に対して厳密にプログラムされており,その発現が阻害されたりもしくは何らかの要因で発現時期がずれたりした場合,正常に機能しないことを示している.また,一連のプラスチド遺伝子の発現パターンは葉緑体で機能するNEPおよびPEPの機能分担によって形成されていると考えられるが,

(a) 野生株

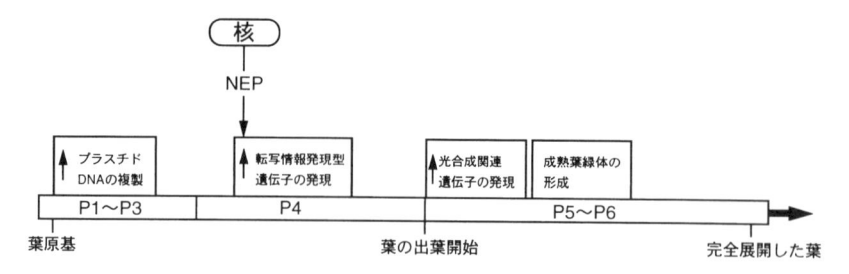

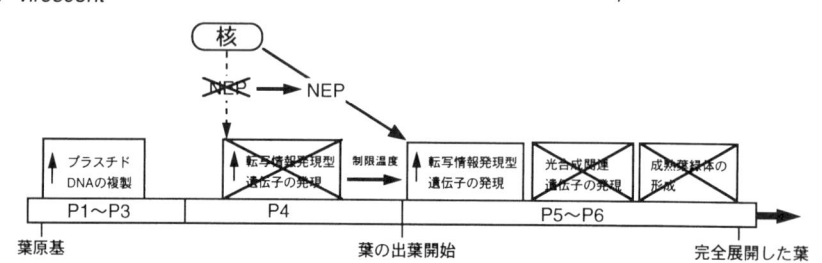

図6.3 イネ v_1 変異が葉緑体の分化に及ぼす影響

野生株の正常な葉緑体分化過程では，プラスチドの遺伝情報発現系遺伝子はP4ステージで活性化される（a）が，v_1 変異体では，制限温度下でそれらの発現がP5ステージ以降にシフトし，それ以降の葉緑体分化のプロセスは阻害される（b）．
NEP：nuclear-encoded RNA polymerase（phage type），PEP：plastid-encoded RNA polymerase（E.coli type）．

制限温度下の virescent 変異体においては，これらのRNAポリメラーゼ遺伝子の発現が異常になっていることがわかっている[30]．このことは virescent 変異の原因遺伝子が，P4ステージでNEPの活性を直接もしくは間接的に調節することによってプラスチドの転写，翻訳活性を制御している可能性を示している．

これまで，核とプラスチドの役割分担や相互の情報伝達機構については，プラスチドにおける光合成系の構築に関連した研究が中心であったが，プラスチド分化の個々のプロセスを開始し，制御するメカニズムについての研究はほとんど進展していない．virescent 突然変異体の解析は，葉緑体分化の鍵となるプラスチドコード遺伝子の発現をNEPの活性化を通じて核が決定していることを示し，プラスチドコード遺伝子の発現制御およびプラスチドゲノムと核ゲノムの相互作用を考察する上で重要な意味をもつと思われる． 〔平田徳宏・射場　厚〕

文　献

1) Morden, C. W. et al. : *EMBO J.*, **10** : 3281-3288 (1991)
2) Hess, W. R. et al. : *EMBO J.*, **12** : 563-571 (1993)
3) Allison, L. A. et al. : *EMBO J.*, **15** : 2802-2809 (1996)
4) Lerbs-Mache, S. et al. : *Proc. Natl. Acad. Sci. USA*, **90** : 5509-5513 (1993)
5) Hedtke, B. et al. : *Science*, **277** : 809-811 (1997)
6) Hedtke, B. et al. : *EMBO Rep.*, **1** : 435-440 (2000)
7) Isono, K. et al. : *Proc. Natl. Acad. Sci. USA*, **94** : 14948-14953 (1997)
8) Tanaka, K. et al. : *FEBS Lett.*, **413** : 309-313 (1997)
9) Zhu, Y.-S. et al. : *Plant Physiol.*, **79** : 371-376 (1985)
10) Arguello-Astorga, G. et al. : *Ann. Rev. Plant Physiol. Plant Mol. Biol.*, **49** : 525-555 (1998)
11) Gruissem, W. et al. : *Cell*, **35** : 815-828 (1983)
12) Hübschmann, T. et al. : *Plant Mol. Biol.*, **30** : 109-123 (1996)
13) Hess, W. R. et al. : *Plant Cell*, **6** : 1455-1465 (1994)
14) Jenkins, B. D. et al. : *Plant Cell*, **9** : 283-296 (1997)
15) Goldshmidt-Clermont, M. : *Int. Rev. Cytol.*, **177** : 115-180 (1998)
16) Barkan, A. et al. : *EMBO J.*, **13** : 3170-3181 (1994)
17) McCormac, D. J. and Barkan, A. : *Plant Cell*, **11** : 1709-1716 (1999)
18) Oelmüller, R. et al. : *Planta*, **168** : 482-492 (1986)
19) Susek, R. E. et al. : *Cell*, **74** : 787-799 (1993)
20) Mochizuki, N. et al. : *Proc. Natl. Acad. Sci. USA*, **98** : 2053-2058 (2001)
21) Hofmann, C. J. et al. : *Mol. Gen. Genet.*, **243** : 600-604 (1994)
22) Unseld, M. et al. : *Nat. Genet.*, **15** : 57-61 (1997)
23) Escote-Carlson, L. J. et al. : *Mol. Gen. Genet.*, **223** : 457-464 (1990)
24) Schnable, P. S. and Wise, R. P. : *Trends Plant Sci.*, **3** : 175-180 (1998)
25) Roussell, D. L. et al. : *Plant Physiol.*, **96** : 232-238 (1991)
26) 楠見健介ほか：蛋白質・核酸・酵素, **43** : 216-225 (1998)
27) 根本圭介, 山崎耕宇：稲学大成, 1－形態論（松尾孝嶺ほか編), pp.522-524, 農山漁村文化協会 (1990)
28) Iba, K. et al. : *Dev. Genet.*, **12** : 342-348 (1991)
29) Kusumi, K. et al. : *Plant J.*, **12** : 1241-1250 (1997)
30) 楠見健介ほか：未発表

6.2　ミトコンドリアの分裂から色素体の核分裂とキネシスへ

　生命が誕生して40億年になる．そのちょうど半分の20億年前にわれわれの目につくほとんどの生物の生命の基本単位である真核細胞が生まれた．分子系統学的研究は，これまでの細胞の進化に関する形態学的成果を強力に支持する結果となった．α-プロテオ細菌が宿主生物に細胞内共生し，ミトコンドリアに変換した．こうしてできたミトコンドリアを含む真核細胞は動物や菌をつくる細胞単位となった．この真核細胞に藍色細菌（シアノバクテリア，ラン藻）が細胞内共生し葉緑体（クロロプラスト）となった．したがってミトコンドリアも葉緑体もその祖先は，自律的に分裂増殖していた細菌であるから，ミトコンドリアや葉緑体

が細菌のように分裂増殖していても不思議ではない．すでに1980年頃，Sidney Altman は光学顕微鏡を用いてミトコンドリアが分裂増殖していることを観察し，現在の共生説の基本となるような，ミトコンドリアが宿主細胞に共生した細菌から発生したと述べている．このような考えが根底にあったことから研究者の多くは電子顕微鏡切片でアレイ形像が観察されれば簡単に「分裂像」と述べていた．すでに指摘してきたように，この像のほとんどが曲がったミトコンドリアの一部を切ることによる人工産物であり，そのミトコンドリアの内部に，分裂中の核（核様体）が観察された例は全くなかった．ミトコンドリアが核分裂を伴いながら分裂増殖していくことが発見されたのは1977年である[1]．

研究には研究目的に合った生物材料を探すことが大切である．1962年に Nass 夫妻によってミトコンドリア DNA（mtDNA）が発見されて以来，mtDNA はミトコンドリア内では「裸」で存在していると考えられていた．1973～1975年，真正粘菌（*Physarum polycephalum*）のミトコンドリアは大量の DNA を含み，それがタンパク質と結合し棒状の核構造をとっていることが発見された（図6.4）．この発見により，まず（1）すべての真核生物のミトコンドリアは，mtDNA がタンパク質と結合して「核」構造をとるという一般概念を生み出せたこと，（2）この概念はミトコンドリアと同じように DNA を含む葉緑体や原色素体（プロプラスチド）などの色素体（プラスチド）へ適用されていった[2]．多くの生物でのミトコンドリアと色素体核を観察したが，やはり粘菌のミトコンドリア核は明確で，ミトコンドリアの分裂増殖の研究にも優れていた．このミトコンドリアで生まれた最も基本的かつ重要な概念は，ミトコンドリアが独自の核分裂を伴いながら分裂増殖していることであった．つまりミトコンドリアの分裂は，「ミトコンドリアの核分裂」と「ミトコンドリア全体の分裂（ミトコンドリオキネシス）」に分けられる．このミトコンドリアの分裂に関する概念は色素体にも適用できた．つまり色素体も核分裂を伴いながら分裂増殖している．こうした歴史や研究経過はすでに，「ミトコンドリア核分裂からミトコンドリオキネシス」で詳しく述べているし[3]，図6.4にまとめられている．本節ではミトコンドリアや色素体の核分裂後に起こる，いわゆるオルガネラの分裂であるオルガネラキネシスのしくみについて述べたい．

a. ミトコンドリアと色素体の分裂装置の発見

ミトコンドリアの核分裂後，ミトコンドリアの中央部がくびれてミトコンドリ

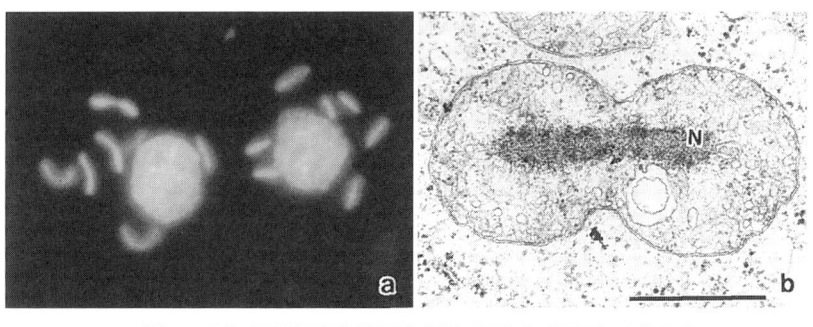

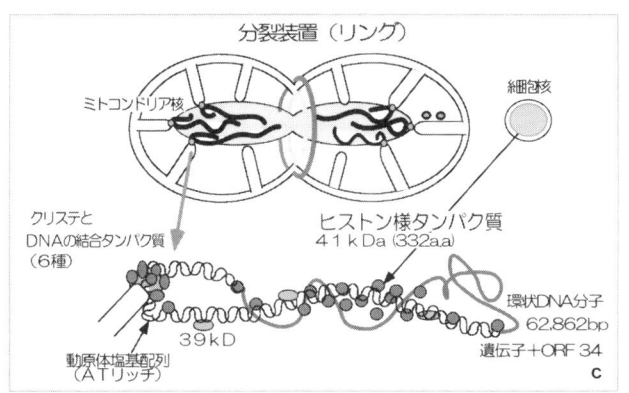

図 6.4 真正粘菌 *Physarum polycephalum* のミトコンドリアの核分裂を伴う分裂
(a) 真正粘菌のアメーバを DNA に結合する蛍光色素 DAPI で染色した蛍光顕微鏡像．細胞核の周辺に 5～6 個のミトコンドリア核がみられる．左の細胞のミトコンドリアは核分裂中のものもみられる．(b) 粘菌のミトコンドリア核分裂を伴うミトコンドリアの分裂を示す透過型電子顕微鏡像．(a) の分裂中のミトコンドリア核像は電子密度の高い黒い部分に対応する．(c) ミトコンドリアの分裂過程を示すモデル．ミトコンドリア核内には 62,862 塩基対からなる環状のゲノムの約 32 コピーあり，41 kDa の分子量の塩基性タンパク質などによって，ミトコンドリア核に組み立てられている．32 本が 62 本に複製され，32 本ずつ娘ミトコンドリアに分配される．この際，ミトコンドリア DNA 上にある塩基性の高い動原体領域がタンパク質を介して膜に結合し，膜の両方向への伸張とともに，ミトコンドリア DNA は引っ張られ分配される．ミトコンドリア核分裂後，中央部がくびれミトコンドリアの分裂（ミトコンドリオキネシス）が起こる．バーは 1 μm．

オキネシスが起こった．しかしそのくびれを起こす構造や装置を，真正粘菌でも他の材料でもなかなか観察することができなかった（図6.4）．ミトコンドリアと類似の核分裂のしくみが色素体にも存在する可能性があった．しかし緑藻，シャジクモ，コケ植物，シダ植物，種子植物など緑色植物の葉緑体は細胞あたりの数が多い上に，葉緑体の分裂は同調しておらず，また葉緑体核は，葉緑体全体に小さく分散しているため，核分裂を観察することが難しかった（図6.5）．ところが，真正粘菌と同じように，葉緑体の核が中央にまとまっている材料が見つかった．

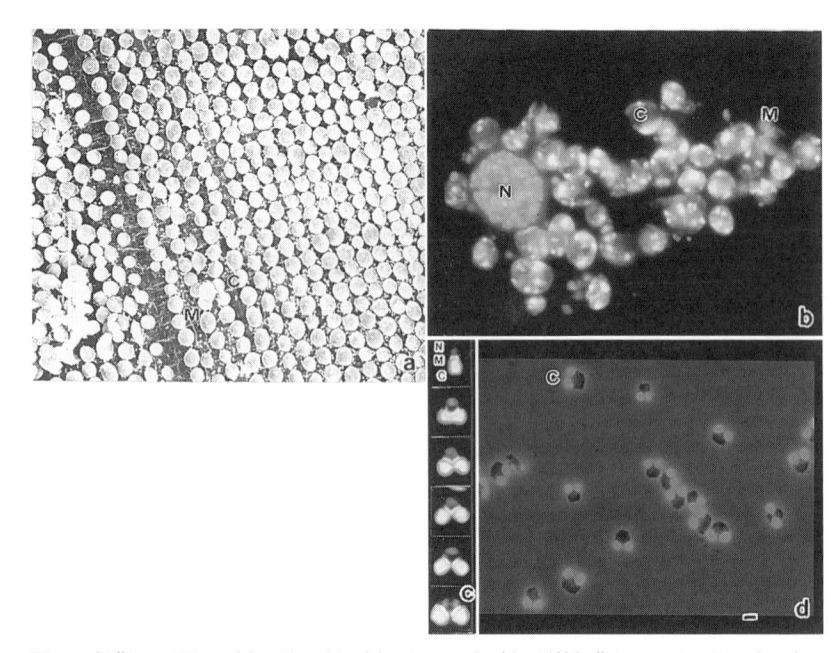

図 6.5 緑藻シャジクモ (a), ゼニゴケ (b), シアニジム類の原始紅藻シアニディオシゾン (c, d) の走査型電子顕微鏡像 (a), DAPI で染色後の蛍光顕微鏡像 (b, c), 位相差蛍光顕微鏡像 (d)

シャジクモの 1 個の細胞は, 数万個以上の葉緑体とミトコンドリアを含んでおり, それらの分裂は同調していない (a). ゼニゴケの細胞は 30 あまりの葉緑体と 30 ほどのミトコンドリアを含んでいる(b). 小さなシアニディオシゾンは細胞核, ミトコンドリア, 葉緑体をそれぞれ 1 個含み, 葉緑体, ミトコンドリア, 細胞核の順に分裂する (c). シアニディオシゾンは光の明暗によって同調的に分裂するようになる. その結果, 葉緑体 (自家蛍光) も同調的に分裂する (d). シアニディオシゾンの細胞はシャジクモやゼニゴケの 1 個の葉緑体に相当する. m:ミトコンドリア, c:葉緑体, n:細胞核. バーは 1 μm.

原始紅藻類のシアニジム類である (図 6.5). 1986 年, まずイデユコゴメ (*Cyanidium caldarium*) でミトコンドリアと同じように核分裂と葉緑体キネシスを調べている際に, 葉緑体の分裂, すなわち葉緑体キネシスを起こす分裂装置が (図 6.6, 6.7)[4], さらに 1993 年に同じ紅藻の仲間のシアニディオシゾン (*Cyanidioschyzon merolae*) でミトコンドリアの分裂装置が発見された (図 6.8)[5]. 葉緑体の分裂装置はミトコンドリアのものよりも大きいため, 葉緑体の分裂機構に焦点を絞り, その展開からミトコンドリオキネシスの機構を解明する方法をとった.

色素体が分裂によって増殖することは 1800 年代にすでに報告されているが[6], 分裂と同様に de novo の合成, 細胞核からの出芽などの報告も 1970 年代までであり, くびれ分裂により増えるという説は最近まであまり受け入れられていなかっ

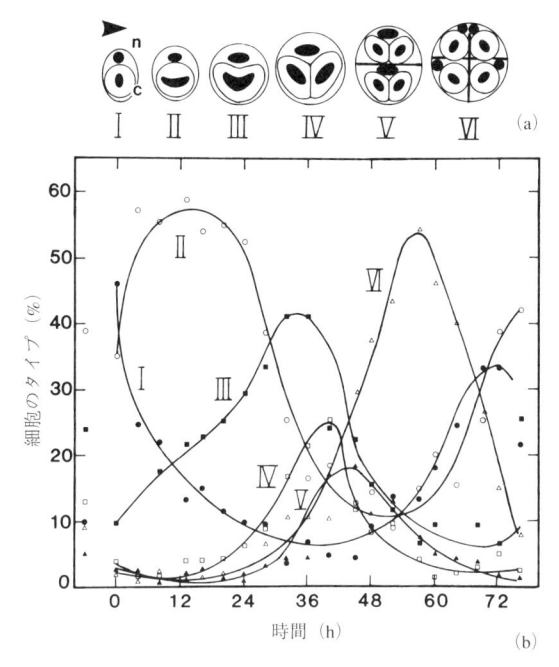

図 **6.6** 原始紅藻のシアニジウム類イデユコゴメ (*Cyanidium caldarium*) の同調的分裂
(a) は細胞の第1回め (I, II, III, IV) と第2回め (V, VI) の細胞分裂の各時期を示す. I は間期, II は葉緑体の分裂開始, III は葉緑体の分裂後期, IV は葉緑体の分裂終了, V は2回めの葉緑体分裂の終了, VI は2回めの細胞質分裂の終了. 4個の内性胞子が形成される. (b) は (a) の各時期の出現頻度を示している. 小さな細胞を遠心で集め, それらを培養すると順次に I〜VI が現れることがわかる.

た.電子顕微鏡法の技術の発達に伴い,色素体内に DNA とリボソームの存在が認められ,さらに蛍光顕微鏡法の発展により,オルガネラの核(核様体)分裂が観察されるようになった.これらのことがきっかけとなり,ようやく色素体が分裂により増殖することが認められるようになった.しかし未だに色素体は,内包膜が分裂面部分で突出し,隔壁を形成することにより分裂するとの報告がある.しかしこれは人工産物を観察した間違いである.

1986〜1988年,物理的に細胞分裂を同調化させたイデユコゴメを用いて(図6.6),第1回めと第2回めの葉緑体の分裂において,分裂面の外側(外包膜の細胞質側表面)に,分裂装置の一部である色素体分裂リングが観察された(図6.7)[2]. 続いて Hashimoto によりさらにマカラスムギにおいて,葉緑体の分裂面には内外

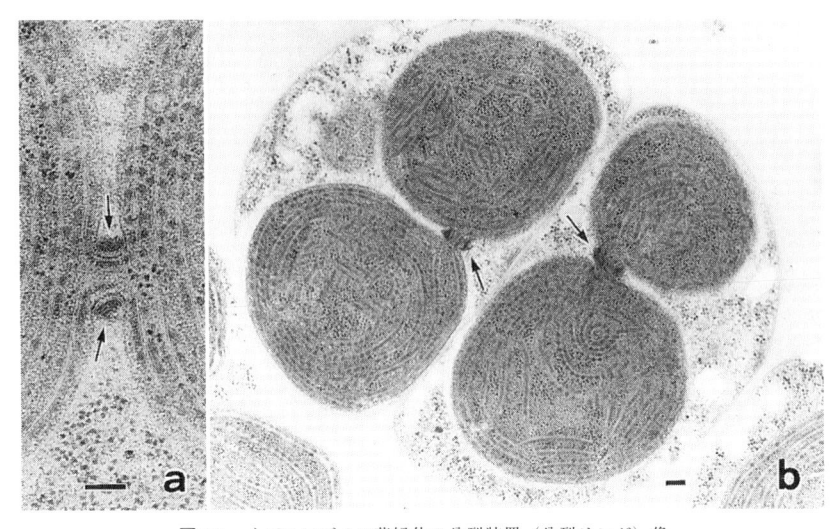

図 6.7　イデユコゴメの葉緑体の分裂装置（分裂リング）像
同調的分裂後，第一葉緑体分裂（図 6.6（a）のIIIとIVの間の時期）と第二葉緑体分裂（図 6.6（a）のIVとVの間の時期）の際に，アレイ形になった葉緑体のくびれ部分に現れた分裂装置．くびれの部分に1対の電子密度の高い太い構造が細胞質側（矢印）と細い構造が基質側に観察される．これらは2重のリング構造の断面である．バーは100 nm.

2重のリング（外包膜の細胞質側表面と内包膜のストロマ側表面）からなる分裂装置があることが報告された[7]．その後現在までに，色素体分裂装置，特に外側のリングは，紅色植物や藻類，コケ植物，シダ，種子植物などの緑色植物，さらに二次共生によって生まれたとされる黄金藻の黄色植物の葉緑体の分裂の際においても観察されている．また葉緑体の仲間の原色素体，アミロプラストなどに観察され，植物細胞に普遍的に存在する構造であることが明らかとなってきた（表 6.1）[8]．分裂装置の構造を系統的に比較してみると，進化的に原始的な生物ほど大きくはっきりとした色素体分裂装置をもっている．分裂装置を構成する内外の2重のリングはおおむね観察されているが，ケイ藻や一部の緑藻においては内側のリングが観察できないものもある．さらについ最近，シアニディオシゾンの葉緑体の内外包膜間に，分裂装置を構成する三つめのリングが観察され，色素体分裂装置が3重のリング状構造から形成されていることが明らかとなった[9]．色素体分裂装置は，内，外，そして内外包膜間のリング（中間のリング）が基本的なセットと考えられる．

表 6.1 各器官で観察される色素体分裂（PD）リングとミトコンドリア（MD）リング

種類	細胞・組織	オルガネラ	段階	分布
PD ring				
Rhodophyta				
Cyanidium caldarium RK-1	Single cell (4 endospores)	Chloroplast	Early, middle, late	Cytoplasm (outer), matrix (inner)
Cyanidioschyzon merolae	Single cell (binary fission)	Chloroplast	Early, middle, late	Cytoplasm (outer), matrix (inner)
Chromophyta				
Heterosigma akashiwo	Single cell (binary fission)	Chloroplast	Middle, late	Cytoplasm (outer)
Mallomonas splendens	Single cell (binary fission)	Chloroplast	Middle	Cytoplasm (outer)
Chlorophyta				
Closterium ehrenbergii	Single cell (binary fission)	Chloroplast	Late	Cytoplasm (outer)
Nannochloris bacillaris	Single cell (binary fission)	Chloroplast	Early, middle, late	Cytoplasm (outer), matrix (inner)
Trebouxia potteri	Vegetative cells	Chloroplast	Middle, late	Cytoplasm (outer)
Pyraminomonas virginica	Single cell	Chloroplast	Middle	Cytoplasm (outer)
Bryophyta				
Funaria hygrometrica	Protonema	Chloroplast, amyloplast	Late	Cytoplasm (outer)
Odontoschisma denudatum	Gemma initiating cells	Chloroplast	Middle, late	Cytoplasm (outer), matrix (inner)
Tracheophyta				
Ophioglossum reticulatum	Leaf	Amyloplast, amylochloroplast	Late	Cytoplasm (outer), matrix (inner)
Gleichenia sp.	Leaf	Chloroplast	Late	Cytoplasm (outer), matrix (inner)
Hymenophyllum tunbrigense	Root, stem, leaf	Amylochloroplast, chloroplast	Late	Cytoplasm (outer), matrix (inner)
H. wilsonii	Root, stem, leaf	Amylochloroplast, chloroplast	Late	Cytoplasm (outer), matrix (inner)
Trichomanes meifolium	Root, stem, leaf	Amylochloroplast, chloroplast	Late	Cytoplasm (outer), matrix (inner)
T. petersii	Stem, leaf	Amylochloroplast, chloroplast	Late	Cytoplasm (outer), matrix (inner)
T. bimarginatum	Stem, leaf	Amylochloroplast, chloroplast	Late	Cytoplasm (outer), matrix (inner)
Athyrium sp.	Stem	Amyloplast	Late	Cytoplasm (outer), matrix (inner)
Ceratopteris richardii	Stem	Amyloplast	Late	Cytoplasm (outer), matrix (inner)
Dryopteris filix-mas	Stem	Amyloplast	Late	Cytoplasm (outer), matrix (inner)
Pteridium aquilinum	Root, stem, leaf	Amyloplast amylochloroplast, chloroplast	Late	Cytoplasm (outer), matrix (inner)
Gymnosperms				
Ginkgo biloba	Sperm	Proplastid, chloroplast	Late	Cytoplasm (outer)
Angiosperms				
Avena sativa	Leaf	Proplastid, chloroplast	Late	Cytoplasm (outer), matrix (inner)
Nicotiana tabacum	Cultured cell, leaf	Proplastid, chloroplast	Late	Cytoplasm (outer), matrix (inner)
Phaseolus vulgaris	Leaf	Proplastid, chloroplast	Late	Cytoplasm (outer), matrix (inner)
Spinacia oleracea	Root, leaf	Proplastid, chloroplast	Late	Cytoplasm (outer), matrix (inner)
Triticum aestivum	Leaf	Chloroplast	Late	Cytoplasm (outer), matrix (inner)
MD ring				
Rhodophyta				
Cyanidium caldarium RK-1	Single cell (4 endospores)	Mitochondrion	Middle	Cytoplasm (outer)
Cyanidioschyzon merolae	Single cell (binary fission)	Mitochondrion	Early, middle, late	Cytoplasm (outer), matrix (inner)

詳細は Kuroiwa et al. (1998) を参照のこと．

b. 原始紅藻を用いたミトコンドリアと葉緑体の分裂機構の解析

電子顕微鏡で実際に観察される色素体分裂装置のリング構造は，多くの植物に

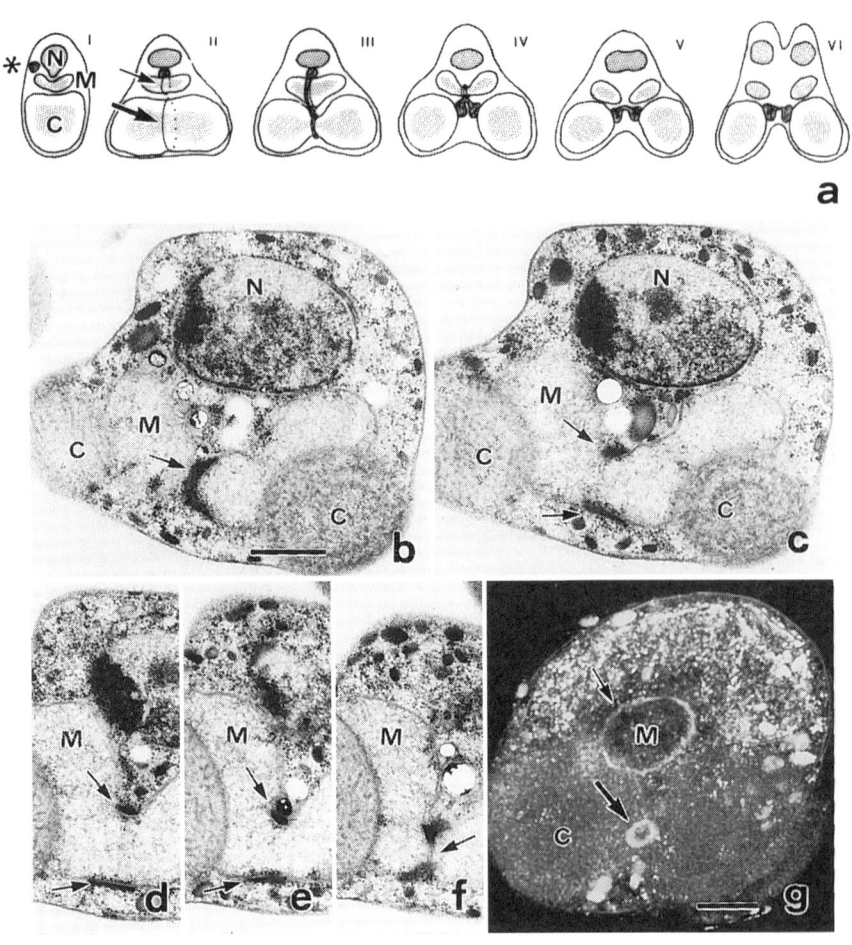

図 6.8 原始紅藻シアニディオシゾン (*Cyanidiochyzon merolae*) の分裂過程 ((a) のI〜VI) とミトコンドリアの分裂装置の連続切片による透過型電子顕微鏡像 (b〜f). 細胞は細胞核(N), ミトコンドリア(M), 葉緑体(C)そしてペルオキシソーム(*)を1個ずつ含み, 葉緑体, ミトコンドリア, 細胞核, ペルオキシソームの順に分裂し, 最後に細胞質分裂が起こる(a). 葉緑体の分裂が終了直後の細胞を, ミトコンドリアの一方の端から他端に向かう5枚の連続切片を作製してみる. ミトコンドリアの分裂面中央に現れた電子密度の高い分裂装置 (矢印) がリングであることがわかる. この分裂の少し前の時期の電子顕微鏡像を3枚重ねるとリング構造がはっきりしてくる(g). 上の大きいリング (小さい矢印) がミトコンドリア, 下の小さなリング (大きな矢印) が葉緑体の分裂リングである. バーは500 nm.

おいて微小であり、しかも分裂の最終段階でしか観察できない．また色素体の分裂は同じ細胞内でも同調していないことが多く，色素体分裂装置の形成過程，収縮様式などを明らかにすることは困難であり，その構造や機能を同定することは不可能に近い．これらの問題を克服する材料として，紅藻シアニディオシゾンが使われている．その利点としては次のようなことがあげられる．(1) 細胞は直径約 $2\mu m$ で，細胞核，ミトコンドリア，葉緑体をそれぞれ一つずつもち，さらにわずかな細胞質中に，1層の小胞体（ER），1個のゴルジ体，1個のペルオキシソームを含んでいる．また葉緑体，ミトコンドリア，細胞核の順に分裂する（図6.5）．このように細胞の構成が単純なので，電子顕微鏡による解析が容易である．(2) 細胞壁がないので細胞分画に適している．(3) 細胞とオルガネラの分裂が，明暗周期により高率で同調する（図6.5）[10]．(4) 3重のリングからなる色素体分裂装置を観察できる[9]．シアニディオシゾンの色素体分裂装置は，これまで調べられた植物の中で最も大きく，分裂開始から最後まで観察することができるほどである．このようなことからシアニディオシゾンは色素体の分裂機構を形態学的，生化学的，そして分子生物学的に解析するのに現在のところ最も適した材料である．もう一つ重要な現象がある．ミトコンドリアの分裂装置が明確に観察される唯一の材料である（図6.8）．葉緑体の分裂装置の構造や機能，そして挙動と，ミトコンドリアのそれらがきわめて類似しているため（図6.8），葉緑体の分裂装置の構造や機能がわかればミトコンドリアの分裂機構の解析への糸口がつかめると考えられる．ミトコンドリア分裂装置は外側のリングと内側のリングからなる．現在のところミトコンドリア分裂装置の生化学的研究は進んでいないが，この解析によって真核細胞の誕生と進化に関する問題，ミトコンドリア病や老化などの諸問題もかなりわかるのではないかと期待している．

1) 葉緑体の分裂装置の形成

シアニディオシゾンはオルガネラの分裂装置が分裂初期から観察できるので，その形成順序をとらえることができた[16]．分裂面がくびれる前に，まず，色素体分裂装置の内側のリングが約 60 nm の幅で形成され，その後中間と外側のリングが形成される．色素体分裂装置形成後，ミトコンドリア分裂装置が形成される．分裂面から最も遠い位置にあったペルオキシソームが分裂赤道面上に移動し，外側のリングに接触すると分裂装置が収縮する．紅藻シアニジウムやツノゴケにおいても，葉緑体の分裂面周辺にペルオキシソームが観察されており，ペルオキシソームが色素体分裂装置の収縮に関与している可能性がある．また高等植物にお

いては，ERが狭窄部周辺に認められる[8]．ペルオキシソーム以外の膜系も分裂装置の収縮に関与している可能性がある．

2） 葉緑体の分裂装置の収縮

葉緑体の分裂を生体観察したところ，葉緑体分裂面の直径は等速度で減少していた．分裂面を円と仮定したならば，その周長，つまり色素体分裂装置の3重のリングの長さは等速度で減少していることになる．実際にその周長変化を調べてみると等速度で収縮していた．ではこのとき，分裂装置を形成する三つのリングはそれぞれどのように変化するのであろうか．色素体分裂装置の外側のリングは，厚さと幅を増し体積を変化させずに収縮するのに対し，内側と中間のリングは厚さを変えず，体積を減少させながら収縮することがわかった（図6.7）．この際，リングの電子密度は変化しないので，外側のリングの構成分子数は変化せず，内側と中間のリングの構成分子数が減少していくものと考えられる[11]．内側と中間のリングの収縮は，脱重合と共役している可能性が高い．色素体分裂装置は，形成直後は内側，中間，外側のリングの順に幅が広いが，最終的には等しい幅になる．外側のリングが幅や厚さを増しながら収縮している様子は，紅藻シアニジウムなどでも観察できる．また，幅の協調的な変化については，緑藻ナノクロリスの外側と内側のリングで報告されており[19]，それぞれ異なった収縮様式をもつ三つのリングが，協調的に収縮するシステムがあることがわかってきた．

3） 葉緑体の分裂装置の制御

このような色素体分裂装置の挙動は，どのように制御されているのだろうか．その分子レベルでの機構を明らかにするためには，分裂装置を構成するタンパク質群，それらをコードする遺伝子群を同定するのが近道であると考えられる．シアニディオシゾンの色素体全ゲノムの中で，分裂にかかわる可能性をもつのはftsH遺伝子だけであり，分裂装置の構成タンパク質とその制御因子は核ゲノムにコードされていると予想される．これまでにローダミンファロイジン染色やサイトカラシンを用いた実験によって，アクチン繊維の色素体分裂への関与が示唆されてきた．しかし，免疫電子顕微鏡法により詳細に検証した結果，シアニジウムにおいて，アクチンの存在を示す金粒子は細胞質分裂の収縮環には検出されたが，色素体分裂装置上には検出されなかった．この結果は色素体分裂装置にアクチンが含まれないことを強く示唆している．このようなことから，構成タンパク質群を同定するためには，分裂装置を単離して，直接，生化学的に解析することが必須である．このために高度な同調培養系を確立し，破砕法と分離法を検討し，

色素体分裂装置を保持した分裂中の葉緑体を単離することに成功した[12]．さらに，単離葉緑体を界面活性剤で処理し，ストロマとチラコイドの大半を除去した結果，包膜に付着した形で分裂装置を分画することができた．この画分を分解能の高いネガティブ染色で観察した結果，外側のリングが繊維束からなり，その1本の繊維が，直径約5 nmのタンパク質からできていることがわかった．まもなくこの繊維の構成タンパク質ならびに遺伝子が決定されよう．

c. 葉緑体分裂の突然変異体を用いた解析

色素体の分裂と分化にかかわる遺伝子群を同定する目的で，シロイヌナズナに対してエチルメタンスルホン酸（EMS）処理やT-DNAタギングを行うことにより，葉肉細胞の葉緑体数が異常になる arc（accumuration and replication of chloroplasts）突然変異体が多数単離された[13]．野生株の葉肉細胞には細胞あたり平均120個の葉緑体が含まれるが，たとえば arc 2，arc 3 変異体の葉肉細胞には，それぞれ 40 個，20 個しか葉緑体が含まれず，これらの葉緑体は野生株のものよりも大きい．このことは，葉緑体の成長は起こるが，分裂が完全ではないが抑制されていることを示している．中でも興味深いのが arc 5 変異体で，葉緑体の分裂がくびれの途中で止まってしまう性質をもっている．しかしこれらの変異体は，茎頂分裂組織の原色素体の数が野生株と変わらない．高等植物には茎頂と根端に分裂組織があり，ここで分裂して増殖する未分化な細胞が，さまざまな組織の細胞へと分化し，それぞれの器官をつくっていく．分裂組織内において，色素体はクロロフィルをもたずチラコイドの未発達な原色素体という姿で存在する．原色素体は，葉肉細胞へと分化していく過程で葉緑体へと分化していく．原色素体の分裂が正常であることから，上記のような arc 遺伝子群は，すべての色素体分裂に関与するわけではなく，分化した葉緑体の分裂にのみ関与するものと考えられる．そもそも原色素体の分裂までもが完全に停止するような変異体は致死となるために得ることはできない．現在のところ，原色素体の分裂頻度が減少する変異体として，唯一 arc 6 変異体が単離されており，分裂組織の細胞には野生型より少数で大きな原色素体が観察される．しかし，どの細胞にも葉緑体が観察されるということは葉緑体の分裂がすべて阻害されているわけではない．arc 遺伝子は現在のところ一つも単離されておらず，実際にどのような機能をもっているかは不明である．

d. 原核生物の細胞質分裂に関与する *ftsZ* 遺伝子からの葉緑体の分裂の解析

色素体分裂装置が発見され，核ゲノムが分裂装置を使って色素体の分裂を支配していることがわかってきた．その結果，原核生物において細胞分裂にかかわっていた遺伝子群が，宿主細胞核にコードされ，色素体の分裂を制御していると推測されるようになった．原核生物の細胞分裂には，fts（filamentous temperature-sensitive）遺伝子群が関与する．これらに変異のある大腸菌では，核分裂は起こるが細胞質分裂が起こらず，細胞が伸長し続けて繊維状になる．中でも FtsZ タンパク質は，免疫電子顕微鏡法により，分裂時に分裂面細胞膜直下にリング状構造（Z リング，FtsZ リングとも呼ばれる）を形成することが示された．この *ftsZ* 遺伝子は，すべての細菌と古細菌に存在することから，細菌の細胞分裂において共通かつ中心的な役割を担っていると考えられる．Z リングの in vivo における構造は電子顕微鏡で直接観察できないが，FtsZ タンパク質が GTPase（グアノシントリホスファターゼ）活性をもち，in vitro において繊維状に重合することが示され，さらに，X 線回折によりチューブリンに似た立体構造をしていることが明らかになった[15]．Z リングの形成の細胞内での位置は *minC*，*minD*，*minE* 遺伝子群により決定されていることも最近明らかとなってきている[16]．

1991 年に原核生物の Z リングが発見されてから，ディジェネレート PCR（ポリメラーゼ連鎖反応）法により，シロイヌナズナの核ゲノムから *ftsZ* 遺伝子が単離された．その後の解析から，シロイヌナズナの核ゲノムには少なくとも三つの *ftsZ* 遺伝子がコードされていることが判明し，そのうちの一つは色素体への移行シグナルをもち，in vitro で単離葉緑体に取り込まれるのに対し，残りの二つは移行シグナルをもたず，単離葉緑体に取り込まれないことが示された[17]．この結果から植物細胞には 2 種類の FtsZ タンパク質があり，一方は色素体内で，もう一方は細胞質で機能することが示唆された．さらにアンチセンス RNA により発現を抑制すると，どちらの種類の場合でも葉緑体の分裂が阻害され，巨大な葉緑体が各細胞に一つずつ含まれるようになった[17]．すでに，同様の結果がヒメツリガネゴケの *ftsZ* 遺伝子破壊株でも報告されており，*ftsZ* が確かに色素体分裂に関与することが示された[18]．しかし矛盾点も多く残っている．細胞は分裂し色素体は分裂しないのであれば，なぜ色素体をもたない細胞が出てこないのか．勝手な想像だが FtsZ がなくてもある程度の回数で（1 回の細胞分裂周期に少なくとも 1 回）色素体を分裂させることのできる機構があるか，または *ftsZ* 遺伝子は複数であるから，一つが発現しなくても別の FtsZ がある程度発現し代役を

6.2 ミトコンドリアの分裂から色素体の核分裂とキネシスへ　　　　157

果たしうるのかもしれない．シロイヌナズナでの結果から，細胞質で働くと予想される FtsZ が外側の色素体分裂リングに，葉緑体内で働くと予想される FtsZ が内側のリングに関与するという説が提唱されたが[17]，まだそれぞれの FtsZ の詳しい局在はわかっていない．また，シアニディオシゾンを含め近縁の単細胞紅藻

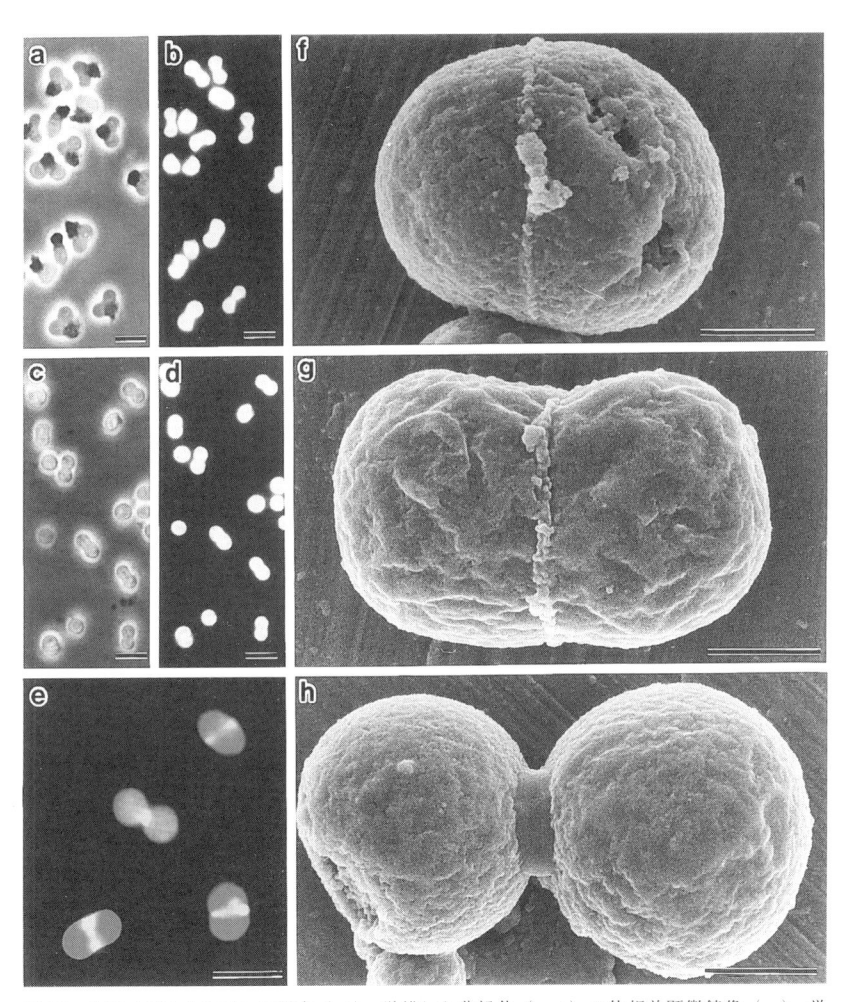

図 **6.9**　シアニディオシゾンの細胞（a,b），単離した葉緑体（c〜h）の位相差顕微鏡像（a,c），蛍光顕微鏡像（b,d,e）そして走査型電子顕微鏡像（f,g,h）
(a)，(b) と (c)，(d) はそれぞれ同視野像．表層タンパク質を染色する N-hydroxy-sulfo-succinimidyl biotin で染色した単離された葉緑体．分裂面に強く光るリングが観察される（e）．アレイ形をした単離葉緑体に色素体分裂装置が保持されているのが観察される（f〜h）．バーは 2 μm

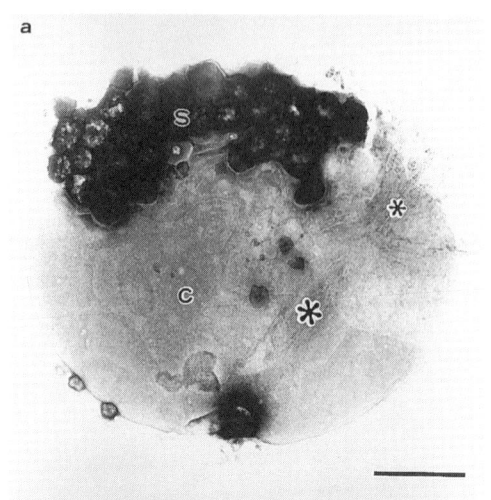

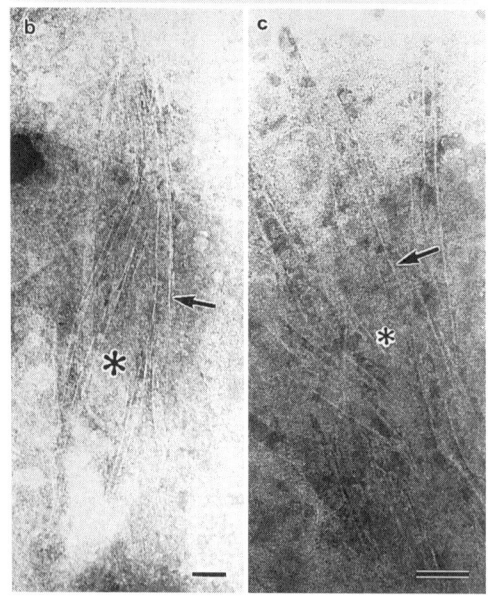

図 6.10 分裂リングの微細構造
シアニディオシゾンの細胞を陰染色した電子顕微鏡像. 上部にデンプン粒（S）がみられる. 分裂赤道面上（*）の部分を拡大すると, その部分にのみ細い繊維の束が観察される. これが色素体の分裂装置がゆるんだ状態と考えられる. バーは 100 nm.

から複数の *ftsZ* を単離したが, 移行シグナルをもたないものは見つかっていない. 葉緑体の分裂は植物の普遍的な原理であるから, シロイヌナズナでもシアニディオシゾンでも同じ遺伝子が働いているに違いない. *ftsZ* 遺伝子と葉緑体分裂装置の研究との最高の合意点は, FtsZ タンパク質が分裂装置に局在することであった. この仮説に反して, 大腸菌の FtsZ に対する抗体は, 免疫電子顕微鏡法により, クリプト藻の葉緑体に分散して反応した. また像は示されていないが, 特に分裂面には反応しないと報告された[19]. 同様に, 枯草菌の FtsZ に対する抗体はシアニディオシゾンの葉緑体に分散して反応し, 分裂装置には反応しなかった（図 6.9）[20]. こうしたことから, 原核生物から真核生物になる過程で, FtsZ の機能が変わっていった可能性も考えられる. 今後免疫電子顕微鏡法や緑色蛍光タンパク質（green fluorescent protein, GFP）を用いたさらに詳細な解析から FtsZ の局在が明らかにされてくることが期待される. また *ftsZ* 以外に, *minD* と *minE* に類似した配列が緑藻クロレラの

色素体ゲノムに見つかっている[21]．原核細胞の細胞分裂システムが，どこまで真核生物に残されていて色素体分裂にかかわっているのかは，まもなく明らかになろう（図6.10）．

なお，その後，FtsZ が確かに葉緑体分裂面の内側にリングを形成すること，および FtsZ リングは3重の色素体分裂リングとは別の構造であることが明らかとなった．これら四つのリングによる色素体の分裂機構に関する最新の知見については文献 22），23）を参照されたい． 〔黒岩常祥・宮城島進也〕

文　　献

1) Kuroiwa, T., Kawano, S. and Hizime, M. : *J. Cell Biol*., **72** : 687-697（1977）.
2) Kuroiwa, T. : *Int. Rev. Cytol*., **75** : 1-59（1982）
3) Kuroiwa, T., Ohta, T., Kuroiwa, H. and Kawano, S. : *Micros. Res. Tech*., **27** : 1-13（1994）
4) Mita, T., Kanbe, T., Tanaka, K. and Kuroiwa, T. : *Protoplasma*, **130** : 211-213（1986）
5) Kuroiwa, T., Suzuki, K. and Kuroiwa, H. : *Protoplasma*, **175** : 173-177（1993）.
6) Schimper, A. F. W. : *Bot. Zeit*., **41** : 105-114（1885）
7) Hashimoto, H. : *Protoplasma*, **135** : 166-172（1986）
8) Kuroiwa, T., Kuroiwa, H., Sakai, A., Takahashi, H., Toda, K. and Itoh, R. : *Int. Rev. Cytol*., **181** : 1-41（1998）
9) Miyagishima, S., Itoh, R., Toda, K., Takahashi, H., Kuroiwa, H. and Kuroiwa, T. : *J. Electr. Microsc*., **47** : 269-272（1998）
10) Suzuki, K., Ehara, T., Osafune, T., Kuroiwa, H., Kawano, S. and Kuroiwa, T. : *Eur. J. Cell Biol*., **63** : 280-288（1994）
11) Miyagishima, S., Itoh, R., Toda, K., Kuroiwa, H. and Kuroiwa, T. : *Planta*, **207** : 343-353（1999）
12) Miyagishima, S., Itoh, R., Aita, S., Kuroiwa, H. and Kuroiwa, T. : *Planta*, **209** : 371-375（1999）
13) Marrison, J. L., Rutherford, S. M., Robertson, E. J., Lister, C., Dean, C. and Leech, R. M. : *Plant J*., **18** : 651-662（1999）
14) Bi, E. and Lutkenhaus, J. : *Nature*, **354** : 161-164（1991）
15) Rothfield, L. I. and Justice, S. S. : *Cell*, **88** : 581-584（1997）
16) Rothfield, L. I. and Zhao, C.-R. : *Cell*, **84** : 183-186（1996）
17) Osteryoung, K. W., Stokes, K. D., Rutherford, S. M., Percival, A. L. and Lee, W. Y. : *Plant Cell*, **10** : 1991-2004（1998）
18) Strepp, R., Scholz, S., Kruse, S., Speth, V.and Reski, R. : *Proc. Natl. Acad. Sci. USA*, **95** : 4368-4373（1998）
19) Fraunholz, M. J., Moerschel, E. and Maier, U.-G. : *Mol. Gen. Genet*., **260** : 207-211（1998）
20) Kuroiwa, T., Takahara, M., Miyagishima, S., Ohashi, Y., Kawamura, F. and Kuroiwa, H. : *Cytologia*, **64** : 333-342（1999）
21) Wakasugi, T. *et al.* : *Proc. Natl. Acad. Sci. USA*, **94** : 5967-5972（1997）
22) Miyagishima, S., Takahara, M. and Kuroiwa, T. : *Plant Cell*, **13** : 707-721（2001）
23) Miyagishima, S., Takahara, M., Mori, T., Kuroiwa, H., Higashiyama, T. and Kuroiwa, T. : *Plant Cell*, **13** : 2257-2268（2001）

7. オルガネラの起源とその進化

　少なくとも 300 万種,おそらくは 1,000 万種の生物が生存している.絶滅した種の数はそれをはるかにしのぐだろう.分類学の目的はさまざまな生物を特定の分類群に当てはめることのみにあると思われがちだが,こうした枚挙的な営みの一方で,分類学にはきわめて哲学的で思想的な一面がある.それは,分類学の最上層である「界」のとらえ方に如実に表れており,オルガネラすなわちミトコンドリアと色素体(プラスチド)の起源と進化をどう考えるかにも大きく影響する.

a. 生物の系統と地質年代
1）5 界説と共生説[1,2]

　Aristotle（B.C.384〜B.C.322）の時代から 20 世紀中頃まで,生物を動物と植物の 2 界に分類することで,ほとんどの生物学者が満足していた(図 7.1).しかし,1950 年代後半から 1960 年代になると,生化学や電子顕微鏡による観察によって,細胞以下のレベルの基本的な類似性や差異が明らかになり,原核細胞と真核細胞の差異が明瞭に認識されるようになった.Whitaker（1924〜1980）によって 1959 年に提案された 5 界説は,生物をモネラ（原核生物）,原生生物,菌類,動物および植物の 5 界に分類することによって,原生生物や菌類を無理やり動物や植物に分類する必要をなくし,生物の系統をより自然に理解することを可能にし

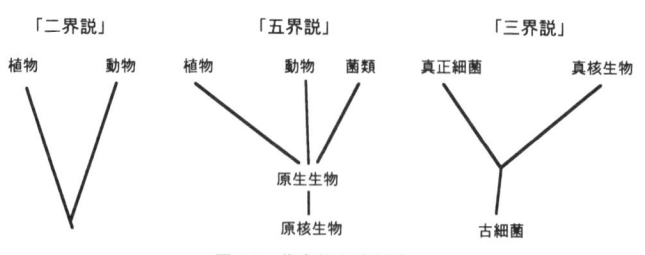

図 7.1　代表的な分類法
「界」をどう設定するかは,現生の生物をどう分類するかというだけでなく,それらがいかにして進化してきたかを考える思想的基盤でもある.

た．また，原生生物の祖先型とされる原核生物は他の4界を構成するすべての真核生物とは全く異なっており，地球上の生物に認められる唯一最大の進化的不連続を強く認識させるものでもあった．

原核生物から真核生物への進化の不連続性を説明するのが共生説である．現代の共生説は，1981年に発行されたMargulisの『細胞の共生進化（Symbiosis in Cell Evolution）』によって流布したものである．彼女の共生説は，5界説が提示する原核生物から真核生物への進化の不連続性をきわめて巧妙に説明する理論であったが，それ自身が5界説を基礎に組み立てられた論理でもあった[3]．

2）古細菌[4〜6]

1969年，Woeseらは，16 SrRNAを比較する簡便な方法（16 SrRNAオリゴヌクレオチド法）を考案し，きわめて広い範囲の生物の系統を調べ，メタン細菌の一群が他のどんな原核生物とも異なっていることを見出した．彼らは，生物界をこれまでのように原核生物と真核生物に分けるだけでは不十分で，原核生物を真正細菌とメタン細菌に二分し，生物界全体で三つのグループを考えるべきだとした．メタン菌は原始地球の状態に似た嫌気的な大気組成（H_2+CO_2）を好み，地球上に古くから生息していたと考えられるので，この第三のグループは古細菌と名づけられた（図7.1）．

生物が原核生物（prokaryote）と真核生物（eukaryote）に明確に二分されることを示したのは5界説であるが，古細菌の発見は，原核生物が，古細菌（archaebacteria）と真正細菌（eubacteria）に二分されることを明確にした．こうした発見によって，それ以前の共生説では不明確であった真核細胞の宿主が明らかにされ，真核生物は二つの異なる起源をもつ生物の共生による複合細胞で，ミトコンドリアや色素体の起源となったのは好気性バクテリアやシアノバクテリアといった真正細菌であるが，宿主となったのは嫌気的な古細菌とされるようになった（図7.2）．細胞内共生の宿主は，古細菌

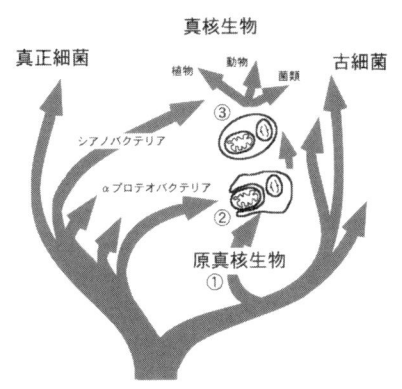

図7.2 現代の細胞内共生説によるミトコンドリアの起源[9]
原真核生物は古細菌の系統から分岐したと考えられている．番号はそれぞれのイベントを示す．① 細胞骨格と細胞内膜系が発達し，固形物を飲み込めるようになる．② 消化されなかったα-プロテオバクテリアが細胞内共生する．③ 共生体がミトコンドリア化し，遺伝子の多くが失われる．

と真正細菌が共通祖先から分岐したのと同じ頃か，それ以後に原真核生物として古細菌から分岐したとされている．

3）地質年代（図7.3）[7,8]

地球は，約46億年前にできたといわれているが，その歴史の大部分は生命とともにあった．最初の生物は，グリーンランドのイアス産の39億年前の炭化物を多量に含む変成岩（化学化石）の研究から，ほぼ40億年前には原始海洋の形成とともに生まれ，中央海嶺上の熱水噴出口に貼りついて，熱水からエネルギーをもらって生活していたと考えられている．最古の生物化石は，オーストラリア西部，ノースポール近くのピルバラ金鉱の岩石で発見されたバクテリア様の繊維状細胞で，約35億年前のものである．

始生代や原生代に最も豊富に見出される化石は，ストロマトライトと呼ばれる薄い水平な層からなる数インチの幅の柱状ないし丸屋根形の岩石で，シアノバクテリアからなる原核生物の群落が層状に堆積したものである．最古のストロマトライトは27億年前のものといわれている．シアノバクテリア以前の地球環境は強い還元状態にあり，初期の生命体はこうした還元的環境に適応した嫌気的な原核生物であった．シアノバクテリア以後は，増え続ける酸素に対して，遊離酸素が還元されてできる毒性の強い活性酸素（O_2^-，H_2O_2など）を解毒化する酵素が必要となる．こうした状況のもとで，酸素を積極的に有効利用して，有機物を酸化分解することによって活動エネルギーを得る酸素呼吸型の生物が現れ，その後の地球表層を支配するようになった．

シアノバクテリアの活動が最も盛んだった21億年前頃に，それまでとは全く異なる生物が登場した．その頃の縞状鉄鋼層が露出するミシガン州の鉱山で，グリパニアと呼ばれる幅1 mm，長さが9 cmのリボン状の生物化石が発見され，その大きさから真核生物ではないかと考えられている．また，19億年前以降の地層からは植物細胞と思われる微化石が，17億年前の地層からは真核生物の膜に

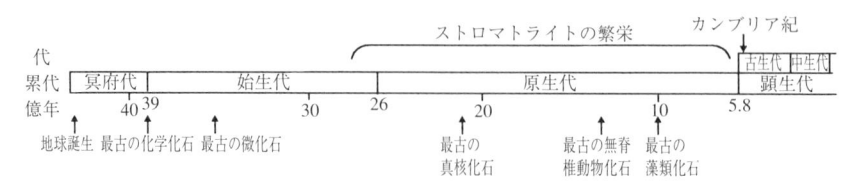

図7.3 地質年代[1,7,8]
地質年代と化石の出土状況をごく簡単に示した．

特徴的な有機高分子が抽出されている．現生生物との対比が可能という意味では，13～10億年前の原生代後期の無脊椎動物や藻類の化石が疑いのない最古の真核多細胞生物ということになる．こうした多細胞生物の出現によって，原始の地球環境は一変し，それまで地球上を覆っていたストロマトライトの大群落は急速に衰えていった．生物の多細胞化は，核膜を形成しミトコンドリアや色素体を獲得した真核生物の出現によって，初めて可能となったものである．

b. ミトコンドリアの起源と進化

Margulis 以来の一般的な共生説では，以下の3点を暗黙のうちに仮定している．(1)宿主となった生物は自ら十分な量のアデノシン三リン酸（ATP）を合成できず，(2)共生体となった生物は必要以上に ATP を合成でき，(3)余剰の ATP を体外に排出することができた．しかし，生物学的にみると，必要なエネルギーを確保できない生物（宿主）が存在し，細胞外へ排出するほど ATP を過剰に生産する生物（共生体）がいたとは考えられない．ATP の需要と供給という関係は，2種の生物が共生した結果ではあったとしても，共生開始の前提条件とはとうてい考えられない[9]．

1) 水素説[10]

酸素呼吸と ATP を仲立ちとする従来の説（ATP 説）に対して，共生のきっかけとなったのは，水素と二酸化炭素だったと仮定する新しい共生説（水素説）が提案されている（図 7.4）．嫌気条件下で有機物を分解して，水と二酸化炭素を老廃物として細胞外へ排出する従属栄養の水素排出性細菌（真正細菌）がいる．これに対して，同じ嫌気条件下で，メタン細菌（古細菌）は，水素と二酸化炭素をエネルギー源として独立栄養生活を営む（図 7.4(a)）．初期の地球環境においては，海底火山の熱水帯など，水素ガスや二酸化炭素の供給は十分であったと考えられる．しかし，原始地球の環境が変わり，水素ガスの噴出量が減少してくると，古細菌は水素を求めて水素排出性細菌への依存度を高めていったと考えられる（図 7.4(b)）．現生でも，深海の沈殿物中などの嫌気条件下で，水素排出性細菌と栄養共生している古細菌が知られている．

ATP 説でも水素説でも宿主には独立栄養の古細菌を考える．しかし，現生の真核生物は基本的には従属栄養的であり，いかにして宿主が独立栄養型から従属栄養生物型へ転換したかが問題となる．宿主が共生体の排出する水素を効率よく取り入れるためには，共生体との接触面積をできるだけ大きくする必要がある．

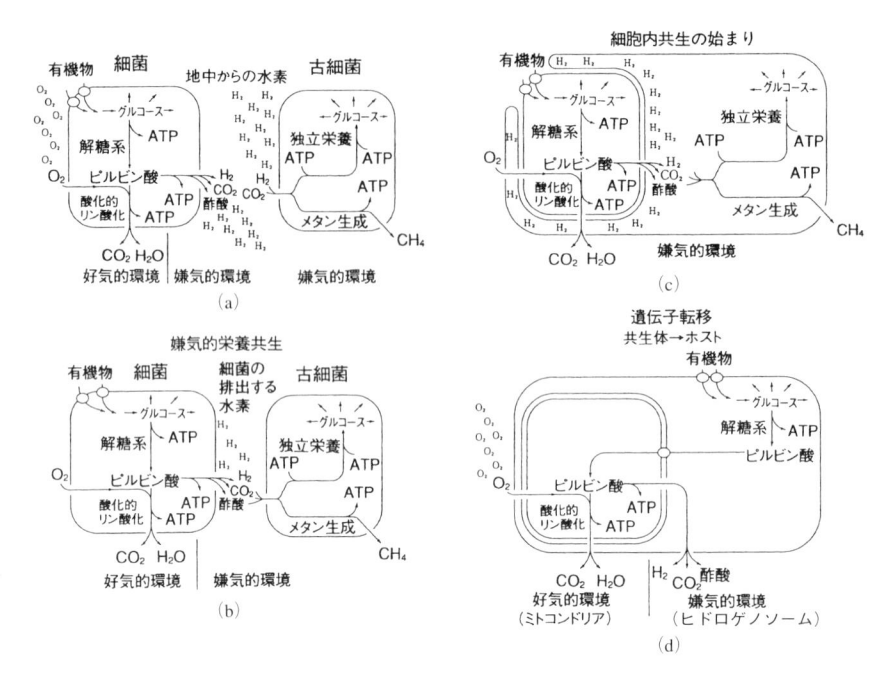

図7.4　水素説[10]

水素説によるミトコンドリアとヒドロゲノソームの成立過程を説明する模式図．嫌気条件での共生や，独立栄養生物であった宿主が従属栄養生物になった理由が遺伝子転移によってうまく説明されている（本文参照）．

最も効果的なのは共生体を細胞内に取り込むことである（図7.4(c)）．しかし，独立栄養性の宿主の膜系は本来有機物の取り込みに適しておらず，細胞内共生によって従属栄養性の共生体は外界から栄養物を取り込めなくなる．水素説では，共生体からの遺伝子転移によって，宿主の膜系が有機物の取り入れに適した従属栄養性のものになったと仮定する（図7.4(d)）．真核生物の核遺伝子に真正菌に類似しているものがあることは以前から知られていた．その中には，遺伝子発現やタンパク質合成に関与するものだけでなく，代謝系や解糖系に関与する遺伝子が多く含まれていることが，最近のゲノムプロジェクトによって明らかにされつつある．

宿主が従属栄養型に転換すると，共生関係を支えていた水素は必要でなくなる．宿主は，共生体から解糖系を獲得したことで最低限のエネルギーは確保できるようになり，解糖系から生じる多量のピルビン酸を共生体へ輸送し，ATPを生産させることが可能となるからである．一方，遺伝子の大半を宿主に転移した

共生体は，いっそう宿主への依存度を高め，ミトコンドリアとして特殊化したと考えられる．従来，共生体から宿主への遺伝子転移は，共生説を最も強く支持する証拠とされてきたが，その理由は十分説明されないままであった．水素説による遺伝子転移の説明はそれを補完するものでもある．

2) ミトコンドリアをもたない真核生物[2,11]

ミトコンドリアをもたない真核生物が注目されている．それは真核細胞が成立した進化の初期の状態を反映するものと考えられるからである．トリコモナスは，ヒトの腸管や膣などに生息する繊毛虫類で，ミトコンドリアをもたず，ミトコンドリアが退化したとされるヒドロゲノソームをもつ．ヒドロゲノソームは二重膜で囲まれたミトコンドリア様の細胞小器官である．シトクロム系はもちろん，ミトコンドリア内膜に特徴的なカルジオリピンや独自のDNAは存在しないといわれている．ヒドロゲノソームの代謝系は，ピルビン酸を基質として酢酸をつくり，基質レベルのリン酸化反応によってATPを合成し，ヒドロゲナーゼの働きで水素イオンを還元して分子状水素を放出する．これは水素説で仮定する細胞内共生のごく初期の共生体の特徴に酷似している．ATP説では，ミトコンドリアの祖先として好気性の真正細菌を考えるが，水素説では通性嫌気性細菌を考える．大腸菌など多くの通性嫌気性細菌は，好気的条件下では酸化的リン酸化，嫌気条件下では解糖によってATPを合成するが，解糖系で生じたピルビン酸をさらに利用して水素とATPを生成するものもいる．水素説で考える共生体は，後者のような通性嫌気性細菌である．細胞内共生後にも嫌気条件下で生息し続けることが可能だとすれば，共生体は酸化的リン酸化能を失いヒドロゲノソームになる（図7.4(d)）．一方，宿主が新たに出現した好気条件下にその生息域を広げた場合，共生体は水素生成能力を失ってミトコンドリアになったと考えられる．ミトコンドリアはピルビン酸を代謝するシステムである．原始的なミトコンドリアがはじめから酸化的リン酸化をしていたと考えるより，原始的な電子伝達系が好気的環境に適応して現在の様式へ進化したと考える方が妥当であろう．嫌気条件下で細胞内共生が始まったとする水素説は，この過程をうまく説明できる．

3) ミトコンドリアのゲノム進化[12,13]

ミトコンドリアゲノムは，一般的に環状二本鎖DNAであるが，その特徴はサイズにある．マラリア原虫の6 kbp（キロ塩基対）から，マスクメロンの2,400 kbpまで，その差は実に400倍にも達する．ミトコンドリアの祖先である真正細菌は，宿主の核へ遺伝子を転移し，自らは遺伝子を失っていったと考えられている．ミ

トコンドリアで機能するタンパク質のうち，ミトコンドリアゲノムにコードされているものは 10% 程度であり，残る 90% は核ゲノムにコードされ，細胞質中で合成された後，ミトコンドリアへと輸送される．核へ転移した遺伝子にはスプライシングや RNA エディティングの痕跡があることから，遺伝子転移は RNA を介していたと推定されている．

動物のミトコンドリアゲノムは 16〜18 kbp と小さく，遺伝子転移を裏づけるものである．一方，高等植物のミトコンドリアゲノムは 91〜2,400 kbp と大きく，DNA の水平伝播などによって DNA が増幅したものと考えられている．高等植物のミトコンドリアゲノムの遺伝子数は動物と比べて極端に多いわけではないが，遺伝子間の塩基配列いわゆるジャンク DNA の量は動物に比べてはるかに多い．こうした領域には色素体あるいは核由来の塩基配列がしばしば認められる．植物のミトコンドリアは，一方では核へ遺伝子を転移し，他方では外来の DNA を取り込んでいることになる．その結果，遺伝子密度が低下し，より大きなサイズが必要となったと考えられる．

動物と植物では各遺伝子の進化速度も対照的である．動物の場合，ミトコンドリアゲノムの遺伝子構成と配置は保守的だが，遺伝子自身の塩基置換の頻度（進化速度）はきわめて速い．その進化速度は，哺乳類の場合核遺伝子のほぼ 10 倍で，ウイルスを除けば生物界で最大となる．一方，植物のミトコンドリアゲノムは，遺伝子の構成や配置が多様な反面，個々の遺伝子はきわめて保守的である．その進化速度は核遺伝子の約 1/10 で，保守的といわれる色素体遺伝子と比べてもその 1/3〜1/4 しかない．このため，ミトコンドリアの rRNA（SSUrRNA）遺伝子を用いて作成された初期の系統樹では，進化速度の極端に遅い高等植物が真正細菌とごく最近分岐したことになってしまう．塩基置換の頻度から系統を類推する従来の分子系統学的手法は，ミトコンドリアの起源や進化を探る上ではあまり有用ではない．

代表的な生物種のミトコンドリアゲノムを構成する遺伝子とその数が明らかになっているが，ミトコンドリアが共通してもっているのは，二つの rRNA 遺伝子（*SSU*，*LSU*）と電子伝達系に関与する二つの遺伝子（*cob*，*cox 1*）だけである．他の遺伝子に関しては，特定の種では失われていたり，逆に特定の種のみに認められるなど，きわめて多様性に富んでいる．ミトコンドリアの起源と進化を議論する上で興味深いのは，最小あるいは最大の遺伝子数をもつものである．マラリア原虫（*Plasmodium falciparum*）のものが 6 遺伝子と最も少なく，鞭毛虫の一種

である Reclinomonas americana は既知のものだけで 62 遺伝子と最大である．トリコモナスやアーケゾア（古動物）といった寄生性で嫌気条件下に生息する生物がミトコンドリアを失ったりしていることからみて，寄生性の強いマラリア原虫がごく少数のミトコンドリア遺伝子しかもたないことは理に適っている．

R. americana のミトコンドリアゲノムは 69 kbp と例外的に大きいわけではないが，RNA ポリメラーゼやタンパク質合成の伸長因子など，どのミトコンドリアゲノムにもみられない遺伝子が複数含まれている．また，各遺伝子の配列や予想される遺伝子発現の様式も現生の真正細菌に似ており，このミトコンドリアがその共通祖先に近いことを示唆している．Gray[13]は，R. americana を外群に置き，紅藻から緑藻，そして陸上植物への進化の過程で失われたミトコンドリア遺伝子を示す系統樹を描いている（図7.5）．ミトコンドリアから核への遺伝子転移は，共生初期の限られた時期に起こっただけではなく，進化の各段階で比較的大きな遺伝子転移が次々に起こっていることがわかる．

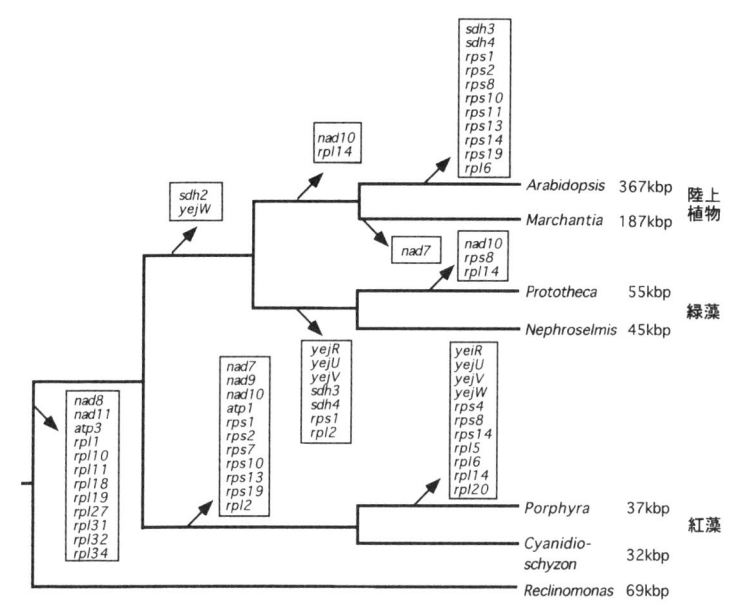

図 7.5 ミトコンドリアゲノムの進化[13]

Reclinomonas americana を外群にして，ミトコンドリアと色素体の遺伝子から推察される植物の系統樹を描き，それぞれの系統が分岐する際にミトコンドリアゲノムから失われた遺伝子群をそこに示した．遺伝子は呼吸鎖，リボソーム，シトクロム c に関連するもののみとした．また，右側に，それぞれのミトコンドリアゲノムのサイズを示した．

今後，ゲノムプロジェクトの進捗に伴い，ミトコンドリアの遺伝子転移を生物の全系統の中に詳細に位置づけることが可能となるものと期待される．

c. 色素体の起源と進化

27億年前，シアノバクテリアの出現によって，地球上の大気は嫌気的なものから酸素を含む好気的なものへと変貌していった．有機物を酸化分解する酸素呼吸型の真核生物が出現し，さらにシアノバクテリアを細胞内共生させる真核生物も現れ，それらは多細胞化とあいまってその後の地球表層を支配するようになった．シアノバクテリアの直系の子孫である藻類や陸上植物の色素体（葉緑体）は，シアノバクテリアがかつてそうであったように光合成によって炭水化物と酸素を生産し，地球表層のすべての生物に不可欠のものとなっている．ここでは，色素体の起源と二次共生について述べるとともに，色素体の獲得と分裂に重要な働きをなす分裂装置の進化について展望する．

1）色素体の共生起源[14]

色素体は，固有のDNAとその複製・転写・翻訳系をもち，分裂によってのみ増殖する．このような細菌に似た性質に加え，光合成の様式や光化学反応系の比較，分子系統解析の結果（図7.6）などから，色素体は，酸素発生型の光合成をするシアノバクテリアの一種が，真核生物に細胞内共生して成立したという説が定説となっている．

酸素発生型光合成を行う原核生物には，シアノバクテリアのほかにも，プロクロロンなど3属3種からなる原核緑藻が知られている．これらの原核緑藻は，酸素発生型光合成系に共通してみられるクロロフィル（Chl）aのほかに補助色素としてChl bをもつが，補助色素の一種であるフィコビリン（Phy）はもたない．そこで，クロロフィル組成の共通性から，紅色植物（Chl a＋Phy）の色素体はシアノバクテリア（Chl a＋Phy）が，緑色植物の色素体（Chl a＋Chl b）は原核緑藻（Chl a＋Chl b）が共生して生まれたとする多起源説も唱えられていた．しかし，分子系統解析などから，原核緑藻はシアノバクテリアと同じ系統群に属し，原核緑藻と色素体に直接の近縁関係がないことも明らかになってきた．緑色植物も含めたすべての色素体の起源はシアノバクテリアであり，緑色植物のChl bは原核緑藻とは独立に色素体成立後に獲得されたものであると考えられる．最近，Chl a合成酵素の分子系統解析から，Chl bとPhyの両方をもった生物が色素体・シアノバクテリア・原核緑藻の共通の起源となったとする説も提唱されている[15]．

7. オルガネラの起源とその進化

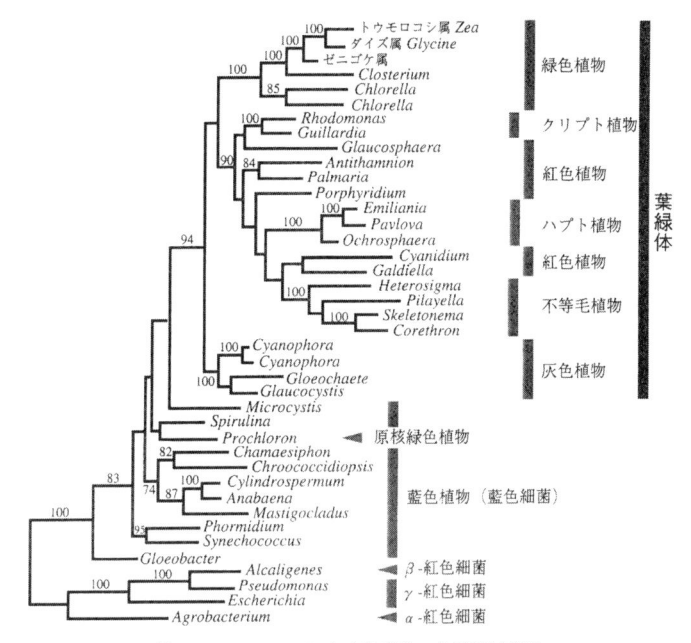

図 7.6 16 S rDNA による色素体の分子系統樹[14]
最尤法により作成した樹形で，枝の上の数字はブートストラップ値（近隣結合法により計算，50％以上のみ記入）を示す．すべての色素体は共通の起源をもち，シアノバクテリアに最も近縁であることを示す．

　シアノバクテリアの共生による色素体の成立は「一次共生」と呼ばれ，これによって生まれた共通の祖先から，紅色植物，緑色植物，灰色植物が進化した．*Cyanophora* などからなる灰色植物は，シアノバクテリアの共生による色素体成立の中間段階を残すものとして興味深い．灰色植物はシアネレ（cyanelle）と呼ばれるシアノバクテリアに形態・色調が酷似した構造をもっており，その二重膜の間にはシアノバクテリアと同様のペプチドグリカンからなる細胞壁が存在する．しかし，シアネレの宿主依存性が高いことから，シアネレはすでに一種の「色素体」といえる．

　色素体は独自のゲノムをもつが，そのサイズはミトコンドリアに比べると比較的均一で 150 kbp 前後，遺伝子の数は 80～190 である．色素体のゲノムサイズはシアノバクテリアより圧倒的に小さく，ミトコンドリアの場合と同様，大半の遺伝子が細胞核へ転移したためと考えられている[16]．約 2,000 以上あったシアノバクテリアの遺伝子は，共生による色素体形成直後に約 200 まで一気に減少したら

しいが，残りの遺伝子はその後も徐々に核へ遺伝子転移したと考えられている．たとえば，光合成暗反応に必須な酵素，RuBisCO は大サブユニット遺伝子 (*rbcL*) と小サブユニット遺伝子 (*rbcS*) からなるが，シアネレや紅藻ではこの両方が色素体ゲノムにコードされているのに対し，緑藻・陸上植物では *rbcL* だけが色素体ゲノムに残され *rbcS* は核ゲノムへ転移している．

2) 二次共生による色素体の多様化[14]

藻類の色素体はきわめて多様性に富んでいる．光合成をする真核生物には，紅色植物，緑色植物，灰色植物のほか，不等毛植物（褐藻，ケイ藻など），ハプト植物，クリプト植物，クロララクニオン植物，ユーグレナ植物，渦鞭毛植物といった生物群がある．前者が2重の包膜をもつ色素体をもつのに対して，後者のうち不等毛植物，ハプト植物，クリプト植物，クロララクニオン植物は四重膜，ユーグレナ植物，渦鞭毛植物は三重膜の色素体をもつ．これらの植物は，一次共生の紅色植物，緑色植物が，別のさまざまな真核生物に取り込まれて成立したことがわかっており．これを「二次共生」と呼ぶ．

色素体遺伝子の分子系統解析から，不等毛植物，ハプト植物，クリプト植物は紅色植物が，クロララクニオン植物，ユーグレナ植物は緑色植物が二次共生したものと考えられる（図7.7）．クリプト植物とクロララクニオン植物は四重膜の色素体をもつが，外側の二重膜と内側の二重膜の間（色素体周縁区画）に痕跡化し

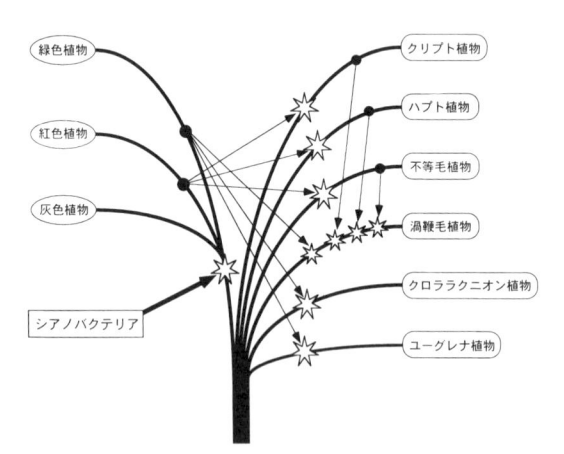

図7.7 二次共生による色素体獲得と植物の多様化
シアノバクテリアの一次共生により紅色植物，緑色植物，灰色植物が生じ，それらが二次共生，さらに三次共生してさまざまな植物群が生じたことを示す模式図．

た核（ヌクレオモルフ）が存在する．ヌクレオモルフは共生体となった紅色植物や緑色植物の核に由来するもので，二次共生の中間段階と考えられている．

　渦鞭毛植物は宿主側からみれば単系統の生物群だが，その色素体の起源は実に多様で，緑藻，クリプト藻，ケイ藻などさまざまな由来をもつものが含まれている．クリプト藻とケイ藻は二次共生植物であるので，それらを共生させた渦鞭毛植物は，三次共生植物ともいえる．渦鞭毛藻の中には，別の藻類を取り込んで一時的な色素体（クレプトクロロプラスト）としてしばらく機能させた後消化してしまうものや，色素体のほかに共生体の核，ミトコンドリア，リボソームなどすべて残したものもいる．一方，渦鞭毛藻の中でも多数を占めるのは，補助色素にペリディニンをもつ三重膜の色素体である．最近，ペリディニン型の色素体ゲノムが1遺伝子ずつの小さな環状DNAに分かれているという知見が得られ，分子系統解析からそれが紅藻型に属することが示唆された[17]．渦鞭毛藻は，色素体獲得の多彩なシステムを解明する上できわめて重要な存在と考えられる．

3）色素体の動態からみた起源と進化

　ミトコンドリアと色素体の起源と進化についての知見は，ゲノムあるいは遺伝子の分子系統解析から得られたものがほとんどである．こうした解析によって，オルガネラの共通祖先を特定することができるし，遺伝子転移や遺伝子構成の進化を的確に把握することができる．しかし，分子系統解析からだけでは，原核生物から真核生物へ，さらには多細胞生物への進化の過程で，オルガネラの機能や動態がどのように変容し，新たな形質が加わったかを明らかにすることは難しい．機能や動態に関与する遺伝子の起源と進化を，それが発現することによって現れる表現型とともに解析する必要があろう．ここではオルガネラの分裂にかかわる構造と遺伝子の最近の知見を紹介し，分裂からみたオルガネラの起源について考えてみる．

　色素体は，真正細菌と同じように，DNAが複製・分配された後，中央部が陥入して分裂することにより増殖する．1986年，原始紅藻のシアニジウムで，色素体分裂面に現れるリング状構造が発見され，色素体分裂リング（PD ring）と名づけられた[18]．PD ringの最も主な構造は色素体の外側（細胞質側）に観察されるが，色素体の内膜内側（ストロマ側）や膜間にもリング状構造は形成され，PD ringは全体として2重または3重の多層構造からなっている（図7.8）．これまでに，PD ringは他の紅藻・緑藻・陸上植物など植物界に広く存在することが確かめられ，色素体の普遍的な分裂装置として認識されるようになった．生物種間でこの

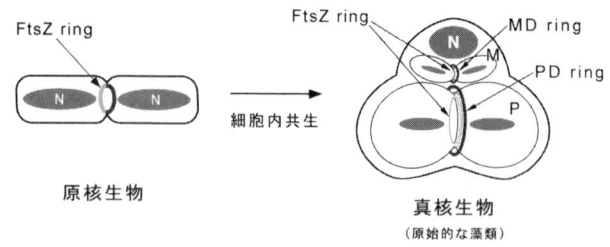

図7.8 原核生物から真核生物への分裂装置の進化
原核生物は，*ftsZ* などからなるリング状構造（FtsZ ring）で分裂する．一方，真核生物に共生してオルガネラ化すると，FtsZ ring と色素体分裂リング（PD ring）やミトコンドリア分裂リング（MD ring）が協調して分裂が制御されるようになる．N は細胞核，P は色素体，M はミトコンドリアを示す．

分裂リングの形態と大きさを比較すると，紅藻のものが最も大きく，高等植物へ進化していく過程で単純化・小型化していったと推測される．また分裂進行に伴い，外側の PD ring の幅と厚さが増加していくことから，外側の PD ring の収縮が色素体分裂の原動力になっていると考えられている．しかし PD ring を構成するタンパク質については，新規のタンパク質とみられているが，未解明のままである．

ところで，色素体の祖先である細菌の細胞分裂には，多数の遺伝子が関与することが知られている．中でも *ftsZ* は，細菌の分裂において最も重要で普遍的な遺伝子とされている．*ftsZ* はこれまで調べられたほぼすべての原核生物で見つかっており，細胞の分裂面にリング状構造（FtsZ ring）を形成する（図7.8）．また，真核生物のチューブリンとも相同性があることから，細胞分裂の原動力となっていると考えられているが，FtsZ ring が収縮する機構はまだ明らかではない．シアノバクテリアにもこの *ftsZ* は存在していることから，色素体分裂にも *ftsZ* が関与している可能性が考えられた．

1995年，高等植物のシロイヌナズナ（*Arabidopsis thaliana*）で，真核生物では初めて *ftsZ* が発見された[19]．シロイヌナズナの *ftsZ* は細胞核にコードされており，シアノバクテリアの *ftsZ* と相同性が高く，色素体へ輸送されることから，この *ftsZ* はシアノバクテリアに由来するもので色素体の分裂にかかわると考えられた．続いて，コケなど他の陸上植物，紅藻類や二次共生藻でも *ftsZ* が発見され，今日では *ftsZ* が植物界に普遍的に存在することが明らかになっている．*ftsZ* を破壊あるいは発現を抑制する実験では色素体が巨大化したことから，*ftsZ*

が色素体分裂に何らかの形で必要であることが証明された[20, 21]．また，原始紅藻シアニジウム類のオルガネラ同調分裂系を用いた実験で，*ftsZ* が細胞周期中で色素体分裂期だけに特異的に発現することが明らかにされた[23]．この FtsZ が色素体でどのような局在と構造をとるか，色素体の細胞内共生による起源から考えれば，色素体の分裂面の内側にリング状構造をつくるだろうと予想される．しかし植物の FtsZ の発見当初は，陸上植物の FtsZ が FtsZ 1 ファミリーと FtsZ 2 ファミリーに系統的に分かれ，FtsZ 1 タイプだけで色素体内部への移行シグナルが見つかったことから，FtsZ 1 と FtsZ 2 がそれぞれ内側と外側の PD ring を構成するという説が提唱されていた[21]．しかしその後，FtsZ 2 タイプも色素体移行シグナルをもつことが明らかになり，2001 年になって，植物の FtsZ が細菌と同じく，色素体分裂面の内側（ストロマ側）にリング状構造を形成することが示され[23, 24]，さらに色素体内側の分裂リングとは別の構造であることが明らかになった[25]．一方で FtsZ-GFP（緑色蛍光タンパク質）融合タンパク質を用いた実験から，FtsZ が色素体を裏打ちする繊維状構造をとるという説も提唱されたが，これは現在のところ過剰発現による人工産物であると考えられている．

　一方，色素体と同様に細胞内共生によって誕生したオルガネラであるミトコンドリアの分裂には，*ftsZ* はかかわっていないと従来考えられていたが，2000 年になって下等な藻類で相次いでミトコンドリア型 *ftsZ* が発見された[26, 27]．また最近になって，ミトコンドリア型 FtsZ もミトコンドリアの分裂面に局在し，内側（マトリクス側）にリング状構造を形成することが明らかになった．しかし，より高等な動植物や菌類ではミトコンドリア型 *ftsZ* が見つからないことから，ミトコンドリア型 FtsZ は進化の過程で別のタンパク質に置き換わっていった可能性が考えられる．

　これまでの研究から，色素体の分裂は，細胞内共生以前からの分裂装置である FtsZ ring と色素体の誕生に伴ってつくられたと考えられる PD ring が協調して行われると考えられる．シアノバクテリアの細胞内共生による色素体の誕生に際して，ホストとなった原真核生物は，共生したシアノバクテリアの細胞分裂装置だった FtsZ ring を保存しつつもその発現を制御するとともに，PD ring をつくり出して色素体の分裂をコントロールしていったと推察される．PD ring と同様の構造はミトコンドリア分裂の際にも観察される（ミトコンドリア分裂リング，MD ring）ことや，ミトコンドリアでも FtsZ が存在し，色素体型 FtsZ と同様の発現・局在を示すことから，原真核生物は両オルガネラの分裂を制御する際に，基本的

に共通の機構を用いたと考えられる．FtsZをはじめとする原核型分裂遺伝子の制御機構を解明することで，細胞内共生による分裂装置の変化を知ることができると期待される．また，PD ringやMD ringの構成成分やそれを制御する遺伝子に関してはまだよくわかっていないが，オルガネラ獲得に際してどのような遺伝子がつくり出されたのか，興味深い．こうしたオルガネラの動態を直接制御する構造物とその形成に関与する遺伝子群を明らかにすることで，オルガネラ獲得の際に実際に働いた分子細胞機構とその後のオルガネラの進化を明らかにできるものと考えられる．

〔河野重行・高原　学〕

文　献

1) Margulis, L. and Schwarts, V. : Five Kingdoms, 2nd Ed., pp.3-21, W. H. Freeman（1982）
2) Stanier, R.Y. *et al.* : The Microbial World, 5th ed., pp.1-689, Prentice-Hall（1986）
3) Margulis, L. : Symbiosis in Cell Evolution, W.H. Freeman（1981）
4) Woese, C. R. : *Sci. Amer.*, **244** : 98-122（1981）
5) 古賀洋介：UPバイオロジー，古細菌，pp.65-97，東京大学出版会（1988）
6) Woese, C. R. *et al.* : *Proc. Natl. Acad. Sci. USA*, **87** : 4576-4579（1990）
7) Pearson, L. C. : The Diversity and Evolution of Plants, pp.3-38, CRC Press（1995）
8) 丸山茂徳，磯崎行雄：生命と地球の歴史，pp.85-160，岩波新書（1998）
9) Doolittle, W. F. : *Nature*, **392** : 15-16（1998）
10) Martin, W. and Müller, M. : *Nature*, **392** : 37-41（1998）
11) Doolittle, W. F. : *Symp. Soc. Gen. Microbiol.*, **54** : 1-21（1996）
12) Gray, M. W. : *Nucl. Acid. Res.*, **26** : 865-878（1998）
13) Gray, M. W. : *Curr. Opin. Gen. Dev.*, **9** : 678-687（1999）
14) 千原光雄(編)：藻類の多様性と系統，裳華房（1999）
15) Tomitani, A. *et al.* : *Nature*, **400** : 159-162（1999）
16) Martin, W. *et al.* : *Nature*, **393** : 162-165（1998）
17) Zhang, Z. *et al.* : *Nature*, **400** : 155-159（1999）
18) Mita, T. *et al.* : *Protoplasma*, **130** : 211-213（1986）
19) Osteryoung, K. W. and Vierling, E. : *Nature*, **376** : 473-474（1995）
20) Strepp, R. *et al.* : *Proc. Natl. Acad. Sci. USA*, **95** : 4368-4373（1998）
21) Osteryoung, K. W. *et al.* : *Plant Cell*, **10** : 1991-2004（1998）
22) Takahara, M. *et al.* : *Curr. Genet.*, **37** : 143-151（2000）
23) Mori, T. *et al.* : *Plant Cell Physiol.*, **42** : 555-559（2001）
24) Vitha, S. *et al.* : *J. Cell Biol.*, **153** : 111-119（2001）
25) Miyagishima, S. *et al.* : *Plant Cell.*, **13** : 2257-2268（2001）
26) Takahara, M. *et al.* : *Mol. Gen. Genet.*, **264** : 452-460（2000）
27) Beech, P. L. *et al.* : *Science*, **287** : 1276-1279（2000）

索　引

α-チューブリン　53
β-1,3:1,4-グルカン　20,27
β-1,4-グルカン　18
β-チューブリン　53
γ-チューブリン　57
δ-アミノレブリン酸　117
σ因子　136

ABCトランスポーター　37
aim 1　109
AOX　128
Ap 1　83
Ap 2　83
Arf　81
AtELP　90
ATP　163
ATP説　163

BP-80　90
BY-2　54

CAB　138
CeSAタンパク質　25
CMS　133,139
COP I　81
COP II　82
C_4植物　117

DAPI　126

EF-1α　57
EGF様モチーフ　91
ERボディ　93

Fr　140
ftsZ　172
FtsZring　172

GFP　3,64,127
GTPase　80

H^+-ATPase　36,116
H_2O_2の消去　97

mtDNA　129,130,146

NEP　136
NOR　48
N-アセチルグルコサミニルトランスフェラーゼ　73
N結合型糖鎖　68

O結合型糖鎖　68

PAC小胞　92
PDC　132
PD ring　171
PEP　135
PEX 5　106
PEX 7　107
Pex 14 p　109
PPB　56
PTS 1型タンパク質　104
PTS 1レセプター　106
PTS 2型タンパク質　104
PV 72　90

Rab/Yptファミリー　80
RBCS　138
Reclinomonas americana　167
RGP 1　73
RNAエディティング　130,166
RNAポリメラーゼ　130
rRNA遺伝子　166
RuBisCO　100

Sar 1　81
Sar/Arfファミリー　81
SHMT　132
SNARE　80
SNARE仮説　84
sse 1　109

stop-and-goモデル　75

TCA回路　128
T-DNAタギング　155
TIP　88
TPRモチーフ　106
tRNA　129,131
tRNA-アミノアシル化酵素　131,132
t-SNARE　84
TSP　143

UDPグルコース　24

VPE　93
v-SNARE　84

Zリング　156

ア　行

アクチン繊維　52,61,63,75
　——を欠く領域　63
アーケゾア　167
アコニターゼ　99
アシル-CoA合成酵素　97
アシル-CoA酸化酵素　98
アデノシン三リン酸　163
アポプラスト　7,23,27,30
アミロプラスト　111
アラビノガラクタンプロテイン　21
アンチポート　38
アンチマイシンA　128

イオンチャネル　11,33,39
維管束　22
維管束鞘細胞　117
イソクエン酸リアーゼ　99
イソジチロシン　26
位置効果　52

索引

一次共生 169
一次能動輸送 33
一次壁 16
イデユコゴメ 148
遺伝子転移 165
インテグリン 18

渦鞭毛植物 170
ウリカーゼ 101

栄養器官型液胞 88
エキソサイトーシス 25, 41
液胞 2, 7, 77, 87
液胞前区画 78
液胞プロセシング酵素 93
液胞輸送経路 77
液胞輸送シグナル 72, 89
液胞輸送レセプター 89
エクステンシン 20, 26
エクスパンシン 27
エチオプラスト 111
エチルメタンスルホン酸 155
エライオプラスト 122
エリシター 28
エレメンタリーフィブリル 18
塩基性タンパク質 45
エンド型キシログルカン転移酵素 27
エンドサイトーシス 41
エンドサイトーシス経路 77
エンドソーム 77

オジギソウ 61
オートファジー 87
オルガネラ 5, 111, 125, 153, 160
オルガネラ膜 11
オルタナティブオキシダーゼ 128
温度感受時期 143
温度シフト解析 143

カ行

回転運動 32
解糖系 164
外包膜 114

化学化石 162
核小体 45
核膜 45
隔膜形成体 53, 56
核膜孔 48
核マトリクス 52
核様体 115, 127
核ラミナ 48
加水分解酵素 87
カタラーゼ 96
活性クロマチン 51
活性酸素 129, 162
活動電位 42
カルビン回路 116
カロース 25, 56
カロテノイド 117
間期 45
間期核 44

気孔 22, 59, 118
キシログルカン 20, 27, 71
キシロシルトランスフェラーゼ 73
キチン 16
キネシン 58
キャリアー 33
共生説 113, 161
共生体 163
共輸送 11
極性形成 86
極微小管 56

クエン酸合成酵素 99
クチクラ 22
屈曲運動 62
クラスリン 83
クラスリンアダプター複合体 83
クラスリン被覆小胞 79, 83, 91
グラナ 115
グリオキシソーム 96, 97
グリオキシル酸回路 97, 99
繰り返し配列 50
グリコール酸経路 100
グリコール酸酸化酵素 100
グリシン脱炭酸酵素 132
クリスタロイド 92

クリステ 126
クリプト植物 170
グルクロノアラビノキシラン 20
グルタミン：グリオキシル酸アミノトランスフェラーゼ 100
グループ I イントロン 138
グループ II イントロン 138
クレプトクロロプラスト 171
クロマチン 44
クロマチン繊維 46
クロモブラスト 111, 135
クロララクニオン植物 170
クロロアミロプラスト 123
クロロシス 143
クロロフィル 117, 168
クロロフィル a/b 結合タンパク質遺伝子 138
クロロプラスト（葉緑体）111, 133, 135
クロロプラスト核 115
クロロプラスト DNA 130

系統樹 166
3-ケトアシル-CoA チオラーゼ 109
ケラチン様タンパク質 64
原核型 RNA ポリメラーゼ 135
原核細胞 5
原核生物 161
原形質流動 13, 62
原形質連絡 7, 29
原色素体（→プロプラスチド）
減数分裂 50

高圧凍結法 3
光化学系 I 116
光化学系 II 116
後期エンドソーム 78
好気性バクテリア 161
光合成 8, 114, 116
光合成電子伝達系 120
合糸期 50
紅色植物 169
孔辺細胞 59, 118, 127

孔辺細胞母細胞　63
孔辺副細胞母細胞　63
高マンノース型糖鎖　69
5界説　160
呼吸鎖　127
古細菌　161
古動物　167
コートタンパク質複合体　73
ゴルジシス区画　70
ゴルジ体　25, 67, 77
ゴルジ体局在化シグナル　73
ゴルジ嚢間輸送　74
ゴルジマトリクス　67
コルヒチン　59

サ 行

サイトカラシン　63
サイトーシス　41
細胞核分裂　56
細胞骨格　18, 52
細胞質　2
細胞質分裂　53, 56
細胞質雄性不稔　129, 133, 139
細胞周期　54, 63
細胞説　1
細胞内可視化技術　3
細胞内共生　113, 161
細胞内区画化　5
細胞内小器官　5
細胞板　22, 53, 75, 78
細胞壁　1, 7, 53, 59, 29, 77
酸化的リン酸化　165
酸性タンパク質　45
三頭酵素　99

シアニディオシゾン　148, 153
シアネレ　169
シアノバクテリア　145, 161
色素体　（→プラスチド）
2,4-ジクロロフェノキシ酪酸　109
脂質二重層　31
シトクロム b_6f　116
シトクロム c　127
ジフェラ酸　26
脂肪酸の分解　97

脂肪酸 β 酸化　97
重合・脱重合　57
収縮環　56
従属栄養　8, 163
自由流動連続電気泳動法　31
重力屈性　121
宿主　163
受動輸送　33
受容体タンパク質　33
小胞シャトルモデル　74
小胞体　76
小胞体残留シグナル　73, 92
小胞輸送　11, 76
初期エンドソーム　79
植物細胞の全能性　1
植物細胞分化の柔軟性　2
シロイヌナズナ　86, 129, 133, 155, 156
進化　2, 160
真核細胞　5
真核生物　161
真正細菌　161
シンプラスト　7, 30
シンポート　38

水性二層分配法　31
水素イオン濃度勾配　116
水素説　163
ステロール　31
ストロマ　114
ストロマトライト　162
ストロミウム　124
スプライシング　166

星状体　56
星状体様の構造　58
生殖成長　28
成長　28
静的残留　84
節間細胞　62
接触感受性チャネル　42
セリン：グリオキシル酸アミノトランスフェラーゼ　100
セリンヒドロキシメチルトランスフェラーゼ　132
セルロース　16, 18, 53
セルロース合成酵素　18, 23

セルロース合成酵素複合体　59
セルロース微繊維　55, 59
全か無かの法則　42
前期前微小管束　55
染色体　44
先端成長　78
セントロメア　48
選別輸送　72
促進拡散　38
側方拡散　32
ソレノイド構造　46

タ 行

対向輸送　11
ダイナミンファミリー　83
ダイニン　58
タイプI細胞壁　19
タイプII細胞壁　19
タイムラプス　65
多頭酵素　98
タバコ培養細胞　54
ターミナルコンプレックス　24
単一輸送　11
タンパク質顆粒　88
タンパク質局在化　84
タンパク質蓄積型液胞　88
単膜系オルガネラ　67

チャネル　33
中間径繊維　52, 64
中心体　57
中葉　20, 22
チラコイド　114
チラコイド内腔　114
チロシンモチーフ　91

通性嫌気性細菌　165

デフォルト経路　72
テロメア　48
電気化学ポテンシャル勾配　33, 34
電子顕微鏡　3
電子伝達系　127
デンプン顆粒　116

道管　22
動原体　48
動原体微小管　56
糖鎖トリミング　70
糖脂質　31
糖タンパク質　68
動的逆送　84
糖ヌクレオチド　71
独立栄養　8, 163
トノプラスト　87
トランス区画　71
トランスゴルジ網　67, 79
トランスポーター　33
トランスロケータータンパク質　11
トリカルボン酸回路　128
トリコモナス　167

ナ行

内在性タンパク質　32
内部共生説　2
内包膜　114

二次共生　170
二次能動輸送　33
二次壁　22
二成分制御系　43
日周期　60
尿酸代謝　97

ヌクレオソーム構造　46
ヌクレオチドジホスファターゼ　71
ヌクレオモルフ　171

稔性回復遺伝子　140

嚢熟成モデル　74
能動輸送　11
ノルフラゾン　139

ハ行

灰色植物　169
ハイブリッド型糖鎖　69
白化　143

白色体　122, 135
発芽　28
パッチクランプ法　40
ハプト植物　170
反復 DNA　45
反復配列　129

光呼吸　97, 100, 132
微小管　24, 52, 54
微小管依存モータータンパク質　56, 58
微小管形成中心　57
微小管付随タンパク質　58
ヒスチジンキナーゼ　43
ヒストン　45
ヒドロキシプロリン結合型糖鎖　70
ヒドロキシプロリンに富む糖タンパク質　20
ヒドロキシピルビン酸還元酵素　100
ヒドロゲノソーム　165
非翻訳領域　130
表在性タンパク質　32
表層微小管　54, 55, 59
表皮細胞壁　22
ビリビン酸　164

フィコビリン　168
フィトアレキシン　28
フェルラ酸　22, 26
不応期　42
不活性クロマチン　51
複合型糖鎖　69, 91
複製開始点　48
ブーケ構造　50
フコシルトランスフェラーゼ　73
不等毛植物　170
プラス端　57
プラスチド(色素体)　7, 111, 135, 160, 168
　　――の連続性　112
プラスチド移行シグナル　173
プラスチド DNA　112
プラスチドシグナル　113
プラスチド分裂リング　171

プラストグロビュール　116
フリップ-フロップ　32
プロクロロン　168
プロテインキナーゼ受容体　33
プロテインボディ　88
プロテオプラスト　122
プロトノプラスト　122
プロトン勾配　128
プロプラスチド　111, 135
プロモーター　130
分解型液胞　88
分化の柔軟性　1
分泌経路　76
分裂期　44
分裂期促進因子　51

平衡電位　35
平衡密度勾配遠心法　31
ペクチン　16, 19, 70
ヘテロクロマチン　47
ペプチドグリカン　169
ヘミセルロース　16, 20, 70
ヘム　117
ペリディニン　171
ペルオキシソーム　96, 132, 153
ペルオキシン　107
変種　46
返送輸送　74

ポアの大きさ　23
包膜　114
ホスホグリコール酸　132
母性遺伝　133
ホモガラクツロナン　19
ポリソーム　10
ポルフィリン　117
ポンプ　33
翻訳　131

マ行

マイナス端　57
膜結合型リボソーム　9
膜タンパク質　32
膜電位　34
膜動輸送　41
マトリクス　16, 127

マラリア原虫　166
マンノシダーゼ　73

ミオシン　62
ミオシンモーター　75
ミカヅキモ　59
ミクロフィブリル　19, 24
ミトコンドリア　125, 131, 145, 160
ミトコンドリア DNA　126, 146
ミトコンドリアゲノム　129, 133
ミトコンドリア分裂リング　173
ミトコンドリオキネシス　146

ムチン型糖鎖　68

メタン細菌　161
メディアル区画　70

木部細胞　22

モネラ　160

ヤ 行

有色体　111, 135
遊離型リボソーム　9
ユーグレナ植物　170
ユークロマチン　47
輸送小胞　67
ユビキノン　127

葉肉細胞　117
葉緑体　(→クロロプラスト)
四頭酵素　99

ラ 行

ラミン様タンパク質　64
ラムノガラクツロナン I　19
ラムノガラクツロナン II　19
ラメラ形成体　119

リグニン　21, 26
リブロースビスリン酸カルボキシラーゼ小サブユニット遺伝子　138
リボソーム RNA　129
リボソーム RNA 遺伝子　47
リポプラスト　122
流動モザイク構造　31
両親媒性　31
緑色蛍光タンパク質　3, 64, 75
緑色植物　169
緑葉ペルオキシソーム　96, 100
リンゴ酸合成酵素　99
リンゴ酸脱水素酵素　99
リン酸化　51
リン脂質　31
リン脂質フリッパーゼ　32

ロイコプラスト　122, 135
老化　28
ロゼット　23, 59

朝倉植物生理学講座 1
植 物 細 胞

定価はカバーに表示

2002 年 9 月 1 日　初版第 1 刷

総編者	駒_{こま}嶺_{みね} 穆_{あつし}
編　者	西_{にし}村_{むら} 幹_{みき}夫_お
発行者	朝　倉　邦　造
発行所	株式会社 朝 倉 書 店

東京都新宿区新小川町6-29
郵便番号 162-8707
電話 03(3260)0141
FAX 03(3260)0180
http://www.asakura.co.jp

〈検印省略〉

© 2002 〈無断複写・転載を禁ず〉　　新日本印刷・渡辺製本

ISBN 4-254-17655-4　C 3345　　Printed in Japan

前埼玉医大 村松正實編著
図解生物科学講座5
分 子 生 物 学
17585-X C3345　　B5判 176頁　本体3800円

DNA・RNAから遺伝子組換え，遺伝子工学，さらに遺伝子診断・治療にいたるまでの分子生物学の基礎を79項目で解説。〔内容〕DNA／RNA／原核生物／真核生物／タンパク質生合成／癌遺伝子／キナーゼ／細胞接着分子／遺伝子組換え，他

前埼玉大 石原勝敏著
図解生物科学講座6
現 代 生 物 学
17586-8 C3345　　B5判 176頁　本体3900円

進展著しく，又学際的色彩の強い生物学を，細胞・遺伝子レベルから発生・神経・進化・生態にいたる範囲を平易に解説。〔内容〕生物学のあゆみ／細胞／生体の機能／生殖と発生／遺伝と遺伝子／ホメオスタシス／進化／生態：環境と適応

前お茶の水大 遠山 益編著
図解生物科学講座7
細 胞 生 物 学
17587-6 C3345　　B5判 200頁　本体4500円

生命現象の理解をひもとく細胞生物学の基礎を93項目で平易に解説。〔内容〕緒論／生体高分子／酵素とエネルギー／生体膜の構造と機能／細胞質内オルガネラの構造と機能／ミトコンドリアとエネルギーの流れ／葉緑体と光合成／他

F.H.ヘブナー著　東大 黒田玲子訳
ゆ か い な 生 物 学
ファーンズワース教授の講義ノート
17093-9 C3045　　A5判 352頁　本体3800円

型破りでユニークな授業風景を演劇仕立てにして展開。〔内容〕生命の定義―バイクは生きている／解糖と発酵―酸素がなくても呼吸はできる／狼人間の遺伝学／進化と自然選択―神は科学の方法をもちいて生命を創造なされた／他

駒嶺 穆・嶋田 拓・堀津圭佑編著
生 物 学 の 世 界
17051-3 C3045　　A5判 228頁　本体3400円

具体的な観察を通して生物学の広さと面白さを示す。〔内容〕太陽の恵み／花の世界／組織培養／ショウジョウバエの眼／カエル跳び／ホルモン／性はあるのか／がん／自己と非自己の認識／微生物と健康／老化のしくみ／わたりと回遊／環境／他

東北大 竹内拓司・前都立大 大羽 滋編
遺 伝 子 の 生 物 学
―ライフサイエンスの基礎―
17058-0 C3045　　A5判 196頁　本体3200円

大学初学年学生を対象に，最近ライフサイエンスとしてとくに重要視されてきている遺伝子の基礎知識を平易に解説。〔内容〕遺伝子とは何か／遺伝子と細胞の働き／個体発生と遺伝子／進化と遺伝子／がんと遺伝子／遺伝子工学と人類の将来

前お茶の水大 遠山 益編著
分 子・細 胞 生 物 学 入 門
17108-0 C3345　　A5判 336頁　本体3600円

〔内容〕細胞／酵素／生体膜／細胞小器官／エネルギー獲得と利用／細胞骨格と細胞運動／核と染色体／遺伝子の分子生物学／遺伝子発現と制御／細胞分裂と細胞周期／細胞の成長・分化／ヒト染色体／発生のしくみと分化／免疫系／神経系／他

東京大学農学部編
農学教養ライブラリー2
生 物 の 多 様 性 と 進 化
40532-4 C3361　　A5判 144頁　本体2700円

さまざまな環境に適応して生存する生物の多様性と進化のメカニズムを探る。〔内容〕生物の多様性の基礎／生命の誕生／魚類の進化と多様性／作物の多様性と進化／昆虫の多様性と進化／森林における生物の多様性／森林とその生態系の進化

根の事典編集委員会編
根 の 事 典
42021-8 C3561　　A5判 456頁　本体18000円

研究の著しい進歩によって近年その生理作用やメカニズム等が解明され，興味ある知見も多い植物の「根」について，110名の気鋭の研究者がそのすべてを網羅し解説したハンドブック。〔内容〕根のライフサイクルと根系の形成（根の形態と発育，根の屈性と伸長方向，根系の形成，根の生育とコミュニケーション）／根の多様性と環境応答（根の遺伝的変異，根と土壌環境，根と栽培管理）／根圏と根の機能（根と根圏環境，根の生理作用と機能）／根の研究方法

藪野友三郎・木下俊郎・村松幹夫・三上哲夫・
福田一郎・阪本寧男著

植　物　遺　伝　学

42010-2　C3061　　A5判 248頁 本体5000円

進歩の著しい遺伝学の基礎知識から最新の成果までを解説した教科書・参考書。〔内容〕形質の多様性／生活環／核遺伝子／染色体と遺伝／細胞質と遺伝現象／遺伝子の分子的基礎／種の分化と遺伝（種分化の遺伝学的機構／栽培植物の起源と分化）

京大 谷坂隆俊編

植 物 遺 伝 育 種 学 実 験 法

42014-5　C3061　　B5判 176頁 本体4900円

遺伝育種研究に不可欠と思われる実験手法を新旧の区別なくできるだけ多くとりあげ詳細に解説。〔内容〕収集と保存／変異の作出／選抜と固定／遺伝分析／観察／組織培養／DNAタンパク質実験／育種対象形質の評価／栽培・管理／加工／他

前東北大 日向康吉著

植　物　の　育　種　学

42018-8　C3061　　A5判 216頁 本体3800円

分子生物学の発展，日本の農業の位置づけの変化から最近の育種学・農学を考える。〔内容〕作物と品種，育種の歴史／育種目標／遺伝子と染色体と形質／生殖様式と遺伝子の行動／基本的育種法／遺伝変異作成の技術／選抜の戦略／育種の組立

京産大 米澤勝衛・阪大 福井希一・
大阪教育大 向井康比己著
新農学シリーズ

植 物 の 遺 伝 と 育 種

40509-X　C3361　　A5判 192頁 本体3600円

遺伝・育種学の基礎的事項はきちんと網羅し，さらに最先端の生物工学，細胞工学，染色体・ゲノム工学，遺伝子工学を紹介した。コンピュータ利用によるデータ解析，画像解析，コンピュータシミュレーションなども解説した初学者への入門書

名城大 新居直祐著

果 実 の 成 長 と 発 育

41020-4　C3061　　B5判 144頁 本体3900円

果実の発育過程を理解するためにその形態形成のメカニズムを平易に解説。〔内容〕果実の発育過程の解析法／花器の構造と果実形成／果実の肥大成長（カキ，モモ，ウメ，スモモ，ブドウ，カンキツ類，ナシ，リンゴ，ビワ）／果実の成熟

広島大学大学院分子生命機能科学専攻編

バイオテクノロジー講義

17106-4　C3045　　B5判 164頁 本体3000円

クローン羊，遺伝子治療，遺伝子組換え農作物，DNA鑑定など，多様に展開するバイオテクノロジーについて，どこからでも読めるように各章を読切りにし，図・写真を多用してその面白さを伝えられるよう平易に解説。巻末に用語集を掲載。

進化生物学研 駒嶺　穆・富山医薬大 三川　潮他編

植物バイオテクノロジー事典

42012-9　C3561　　A5判 424頁 本体16000円

植物組織培養技術は大きく変貌をとげている。本書は専門家のみならず植物バイオテクノロジーに未経験の人もすぐ実験が始められるように，その歴史的展開と全体の俯瞰図を示したあと，下記の内容を約250項目に分け50音順配列で解説するという真に役立つ総合事典。〔内容〕培養基礎技術／プロトプラスト／観察法／細胞・組織の保存／バイオアッセイ／増殖の解析と応用／分化の制御と応用／一次・二次代謝の制御と応用／純系・雑種の育成／突然変異／形質転換／形質発現／他

W.ラウ著
前京大 中村信一・京大 戸部　博訳

植 物 形 態 の 事 典

17105-6　C3545　　A5判 352頁 本体14000円

身近な植物の(外部)形態的構造について多数の図版(253図)を用いて詳細かつ平易に解説された古典的良書。1950年刊(第2版)の翻訳。〔内容〕総論：種子植物の形態形成／種子の構造／種子の発芽／発芽様式と実生の構造／子葉／根／胚軸／茎／葉／花／花芽／受粉，受精および果実の成熟／植物の寿命／植物の生活形。各論：根を利用する植物／胚軸を利用する植物／茎を利用する植物／葉を利用する植物／花および花序を利用する植物／種子および果実を利用する植物

朝倉植物生理学講座〈全5巻〉

駒嶺 穆 総編集

第1巻 **植物細胞**　　　　　　　　　　　　　　西村幹夫 編集
概説／植物細胞の機能と構造のダイナミクス／細胞の構築／単膜系オルガネラとその分化／複膜系オルガネラとその分化／細胞オルガネラの動態／オルガネラの起源とその進化

第2巻 **代　　謝**　　　　　　　　　　　　　　山谷知行 編集　　本体3600円
概説／代謝制御／エネルギー代謝／水代謝／窒素代謝／炭素代謝／硫黄代謝／脂質代謝／二次代謝

第3巻 **光 合 成**　　　　　　　　　　　　　　佐藤公行 編集　　本体3900円
概説／光合成色素系／光化学反応中心と電子伝達系／ATP合成系／光合成の炭素同化系／細胞レベルにおける光合成機能の統御／個葉および個体レベルにおける光合成／群落の光合成と物質生産／光環境の変動に伴う光合成系の機能制御／光合成工学

第4巻 **成長と分化**　　　　　　　　　　　　　福田裕穂 編集　　本体3800円
概説／植物ホルモン／細胞周期／細胞伸長／細胞・組織分化／個体形成／生活環の制御

第5巻 **環 境 応 答**　　　　　　　　　　　　　寺島一郎 編集　　本体3900円
概説／光に対する応答／概日時計による植物の昼夜交替への適応／水分環境に対する応答／温度に対する生理応答／栄養塩などに対する応答／物理的な刺激に対する応答／病原体に対する応答／傷害に対する応答／環境応答の生理生態学

奈良先端科技大 山田康之編
シリーズ分子生物学5
植 物 分 子 生 物 学
17575-2　C3345　　B5判 208頁　本体5500円

環境破壊防御，食糧生産などの問題を背景に，とみに重要性が増してきた植物分子生物学についてわかりやすく解説。〔内容〕植物分子生物学の将来／基礎／細胞内オルガネラゲノムの機構／植物細胞の特徴的遺伝子発現／分子育種学の展開／他

前北大 酒井　昭著
植 物 の 分 布 と 環 境 適 応
—熱帯から極地・砂漠へ—
17094-7　C3045　　B5判 160頁　本体5500円

熱帯・極地・高地・乾燥地など異なる環境下の植物がいかにしてその環境に適応しているのか，その戦略を植物生態・生理学的に述べ，植物の多様性と生きざまを探る〔内容〕総論／低資源高ストレス環境下の植物／木本植物／氷点下温度の植物

国際日本文化研究センター 安田喜憲・岡山理大 三好教夫編
図 説 日 本 列 島 植 生 史
17102-1　C3045　　B5判 320頁　本体14000円

日本列島における現在までの植生史研究の集大成。第1部で植生史研究の基礎と概説を行ったのち，第2部で日本各地の植生史を地域別に詳述，第3部では樹種別の植生の変遷を述べた。巻末には植生史の関連文献を集大成し今後の便を図った

元東大 原　　襄著
植 物 形 態 学
17086-6　C3045　　A5判 196頁　本体4300円

植物の「形」に凝縮された大量の情報を体系的に整理。〔内容〕植物の基本構造／器官と器官系(根,茎,葉)／組織と組織系(細胞,分泌構造)／形態形成と組織形成(胚発生,分裂組織,葉の形成)／生殖に関する構造(花,果実,種子)

京大戸部　博著
植 物 自 然 史
17087-4　C3045　　A5判 200頁　本体3200円

陸上植物の歴史を自然と人間社会の関わりをからめて解説。〔内容〕始まりと初期の陸上植物／コケ植物の世界／維管束植物とは／化石で知られる初期，現在の無種子植物・裸子植物／種子の始まり／被子植物と多様性，系統と分類／種の絶滅

上記価格（税別）は 2002 年 8 月現在